JN301173

Mes Bordeaux
ボルドー・魅惑のワイン

ボルドー・ワインアカデミー会員
塚本俊彦［著］

朝倉書店

目次

まえがき ii
PRÉFACE（1）／ニコラ・ド・バイヨンクール iv
PRÉFACE（2）／パスカル・リベローガイヨン vi
PRÉFACE（3）／ジャン・クロード・ベルエ x

第1章　魅惑のボルドー・ワイン 1

第2章　ボルドー・ワイン・テイスティングノート 55

第3章　ボルドーのシャトー紹介 167

第4章　ワインにまつわる文化的考察 235
　　　　郷愁の葡萄酒に寄せて（今道友信）............... 236
　　　　葡萄酒坏雑考（由水常雄）............... 238

付録　シャトー・オーナーお勧めのチーズ 245
あとがき 251

各章扉デッサン　第1章　Bacchante et l'Amour
　　　　　　　　第2章　Bacchus
　　　　　　　　第3章　Le vignoble
　　　　　　　　第4章　Le cratère

まえがき

　現代は，文明が発達し，便利になる一方で，失われていっているものがたくさんある．さしずめ「味わい」などは，広い意味でいっても，狭い意味でいっても，その最たるものではあるまいか．かつてアナログのレコードに記録されていた音楽も，デジタル媒体に記録されるようになってから，端正さを増す一方で，どこか画一的に感じられるようになり，演奏者の心の動きや演奏会場の状況のようなものがあまり伝わってこなくなったような気がする．それと同じような現象がワインの世界でも起こっている．いいのか悪いのか——客観的には，なんともいえない．だが，主観的には，どうしようもないむなしさを感じる．飲めば飲むほど，いや，こんなものではなかったはずだ，もっとなにかがあったはずだという思いが湧いてきて，消え去ったものに猛烈に愛惜の情をおぼえる．

　子どものころのある夏の日，母の実家の山梨の降矢家に行くと，離れでなにか書き物をしておられる「先生」の姿があった．外の畑は一面，大きく開いたぶどうの葉で覆われ，そのつややかな緑の表面が反射する明るい光に満ちあふれており，離れの部屋の濃い陰翳を背に黙々と書き物をしておられる「先生」の姿がひときわ印象的だった．

　「神様」になるかたとは知らなかった．「先生」，つまり，のちに「日本の醸造学の神様」と呼ばれるようになる坂口謹一郎博士のことだ．祖父・虎馬之甫に親しみをおぼえてくださっていたのか，東京大学在学中から祖父が経営していた甲州園によくいらっしゃり，畑でメルロー種の果実につくぶどう酒酵母の分離を試みたり，離れで博士論文を書いたりなさっては，夜になると，祖父と一升瓶にはいったぶどう酒を酌み交わしておられた．

　あれからもう70年近い歳月がたつ．いつのまにか私も，日本最古のぶどう酒醸造場のひとつとして125年の歴史を歩んできた甲州園（現ルミエール）とその歴史の半分以上をともにしてきたことになる．

　よもや自分が祖父の後継者としてぶどう酒造りをすることになろうとは……いったんは経済学の道を志し，まだ良質ワインを目指す気運に乏しかった甲州のぶどう酒醸造業界でそんな戸惑いを拭えずにいた私にとって，それではこの道で誰からも認められる作品を——と思う，私の根に宿る祖父譲りの矜持をくみとり，広い見地から，長い目で，やさしく指導してくださったのは，祖父の後継者だからということで，ぶどう酒醸造のことをなにも知らない私を研究生として受け入れてくださった，坂口先生を始めとする理化学研究所のみなさんだった．

　飯田茂次先生は清酒研究の第一人者だった．私が途中でカリフォルニア大学に留学し，今日のカリフォルニア・ワインの隆盛を導いた功労者のひとりであるメイナード・アメリン先生のもとで，清酒の酵母を使って6℃での白ワインの低温醸造に成功することができたのも，飯田先生のご指導があったからだった．また，上席研究員と

して私の上につかれ，のちに協和発酵の社長になられた加藤幹夫さんは，「お互いに，いつか世界最高の酒を造ろう」と励ましてくださり，ワイン造りでいちばん大切なのは，原料のぶどうをよく分析することだと教えてくださった．金升酒造の副社長になられた高橋剛さんや実践女子大学の教授になられた渡部一穂さんも，私が後継者であるにもかかわらず甲州園の理解が得られず，必要な薬品を買えずに苦労していたときに，その購入費を工面して応援してくださった．

　私はワインを造りつづけてきたが，もしかすると，この私自身が1本のワインのようなものだったのかもしれない．みなさんが降矢虎馬之甫というテロワールを見込んで，そこから芽を出そうとしていた私を，暖かい日も，寒い日も，ずっとかたわらから見守り，大きく育ててくださったのかもしれない．

　さて，では，それから50年ほどのときを経て，フランスから農事功労勲章をいただき，ヴィーニョ・リュブリャーナという国際ワイン・コンクールで23年間にわたって審査員を務めてきたスロベニアからも功労勲章をいただき，ボルドー・ワインアカデミーにも東洋から初めて客員会員として迎えていただいた私は，果たしてボルドーのグレイト・ヴィンテージのワインのように，そうしたみなさんの心遣いや労に報いることのできる作品となりえたのだろうか．私が中国でワインの醸造を始めたときにも病床から励ましてくださった坂口先生の力強い墨跡が，いまも脳裏によみがえる．

　みなさんとの研鑽のなかで，私は1800年代のものから始まり，数多くのボルドー・ワインを飲んできた．造り手の素手と自然の共同作品として生み出され，いまでは，時代の近代化の陰で，絶えてつくられることのなくなったかけがえのないワインの数々だ．「これぞワイン」といえる味わいが，そこにはあった．そんなワインを数多く飲んできた体験をいま，活字として残しておくことが，降矢虎馬之甫というテロワールから出て，理化学研究所のみなさんという，この上ない栽培の名手に育てていただいた私という果実が，また次のみなさんを育むテロワールとして，果たしておかなければならないことではないかと思い，本書を著すことにした．どうかみなさんがこのテロワールからよりよい養分を吸収され，味わい深いワインと出会われ，味わい深い人生を送られることを祈念したい．

2010年6月

塚本俊彦

PRÉFACE (1)

Gages, le 18.12.09

Ci dessous le petit texte demandé
par Jérémy pour le livre Tsukamoto.

Avec mes compliments.

L. de Sauv.

Le livre de Monsieur Tsukamoto
nous touche particulièrement parce qu'il est
l'expression d'une passion de plusieurs années
pour les vins de Bordeaux.
Je suis sûr que cet ouvrage permettra
de transmettre aux générations futures
d'amateurs japonais l'amour des vins
de Bordeaux, et c'est avec toute la reconnaissance
et par la plus grande fierté des vignerons de
Bordeaux.

Lear de Sauv.

Le livre de Monsieur Tsukamoto nous touche particulièrement parce-qu'il est l'expression d'une passion de plusieurs années pour les vins de Bordeaux.

Je suis sûr que cet ouvrage permettra de transmettre aux générations futures d'amateurs japonais l'amour des vins de Bordeaux, et ce avec toute la reconnaissance et pour la plus grande fierté des vignerons de Bordeaux.

le 18 décembre 2009

Nicolas de Bailliencourt

Château Gazin
Grand Chancelier de l´Académie du Vin de Bordeaux

（日本語訳）

　塚本氏の本は，ボルドー・ワインにこめられた情熱を表現してくれており，大きな感動を与えてくれるものです．この作品は，これからボルドー・ワインを飲んでくださるかたがたに，そこにこもった愛情を伝えてくれるに違いありません．ボルドー・ワインの生産者の感謝の的となり，また，誇りともなることでしょう．

2009 年 12 月 18 日

ニコラ・ド・バイヨンクール

シャトー・ガザン
ボルドー・ワインアカデミー会長

PRÉFACE (2)

Monsieur Toshihiko Tsukamoto me fait le grand honneur de me demander de rédiger une préface pour le nouvel ouvrage qu'il prépare sur《les vins de Bordeaux》. Je dois dire que j'apprécie tout particulièrement cette opportunité compte tenu de la personnalité de l'auteur et de la notoriété qu'il a acquise auprès des professionnels par sa connaissance des différents types de vin de notre région et aussi pour son rôle majeur pour les faire connaître auprès des amateurs japonais. Je le remercie sincèrement d'avoir bien voulu me confier cette tâche dont je m'acquitte avec un réel plaisir.

Monsieur Tsukamoto est président honoraire de la société Lumière SA qu'il a, sinon créée, tout du moins fortement développée à partir d'une société familiale : la Koshuen Cie. Son but était, au départ, d'exercer le métier de négociant en vins qui correspondait pour lui au désir d'avoir une activité en rapport avec un produit noble : les grands vins. A ce titre il a été un grand importateur de tous les vins du monde avec une prédilection particulière pour les vins de Bordeaux. Il est en effet un amateur éclairé des vins de Bordeaux, connaît parfaitement leur diversité et sait apprécier leurs nombreuses qualités, leur richesse, leur complexité et cette grande élégance qui leur confère une classe exceptionnelle.

Mais son activité commerciale n'a été qu'un aspect de sa réussite dans le domaine du vin. Monsieur Toshihiko Tsukamoto s'est surtout fait remarquer par la création d'un domaine viticole, le Château Lumière, situé dans le vignoble réputé de Yamanashi. Les vins du Château Lumière sont reconnus aujourd'hui comme étant parmi les plus prestigieux d'Asie. Ils ont reçu de nombreuses récompenses internationales. L'un d'eux a été servi lors d'un dîner officiel organisé en l'honneur du Président Bill Clinton.

Il faut ajouter à cette réussite commerciale une formation œnologique lui permettant d'exercer les fonctions de vinificateur au Château Lumière. Cette formation a été acquise auprès d'une personnalité japonaise bien connue en France, le professeur Sakaguchi, spécialiste des industries de la fermentation. Monsieur Tsukamoto a fréquenté également l'Institut National de la recherche Scientifique et différentes institutions spécialisées. Très rapidement, à partir de 1967, il a obtenu dans des concours internationaux de brillants résultats et remporté de nombreuses médailles d'or et autres récompenses prestigieuses pour ses vins.

Ces nouveaux succès s'ajoutant à la réussite de la société Lumière ont imposé son nom comme étant celui de l'homme qui, le premier, a prouvé que le Japon pouvait produire des vins de classe internationale. Aujourd'hui les vins du Château Lumière, encore désignés comme les « vins de Tsukamoto » sont recherchés en Europe et dans le monde. La recherche d'un équilibre entre la qualité et la quantité a toujours été un thème dominant dans l'histoire des vins de ce vignoble. La tradition est de produire des vins élégants, de grande classe, conférant à la viticulture japonaise un éclat particulier.

Cette maîtrise des techniques de la vigne et du vin a incité Monsieur Tsukamoto à approfondir ses connaissances non seulement des différents vins produits dans le monde, en particulier à Bordeaux, mais encore à comprendre les raisons naturelles et humaines à l'origine de leur typicité et de leur qualité. Il a parfaitement intégré les notions de terroirs responsables de l'identité des différents crus et de leur hiérarchie, et également la notion de millésime qui dépend des conditions de maturation des raisins, lesquelles varient d'une année à l'autre et influent sur la qualité des vins.

Monsieur Tsukamoto a approfondi ses connaissances concernant l'influence des conditions naturelles -sols et climats- sur les caractéristiques des vins. On peut en juger par les questions qu'il a été amené à poser aux spécialistes de la viticulture et de l'œnologie. Il a compris l'importance des conditions naturelles sur la physiologie de la maturation des raisins ; elles induisent une variation des différents éléments de la constitution chimique du raisin : variations des taux de sucre (et donc du degré alcoolique du vin), acidité, éléments aromatiques, substances tanniques, ces caractéristiques étant modifiées en fonction du sol et du climat. Ainsi, les conditions du milieu peuvent-telles influencer la typicité d'un cépage.

On comprend dans ces conditions que Monsieur Tsukamoto ait été Directeur de l'œnologie et de la recherche technique du Japon et que ses compétences aient été reconnues par l'O.I.V. et par l'Union des Œnologues de France. Mais en plus de son intérêt pour les problèmes techniques, il a approché le vin sur un plan esthétique. On peut expliquer la préférence que M. Tsukamoto donne aux vins de Bordeaux par le fait qu' il retrouve dans chacun d'eux, avec leurs spécificités, la finesse et la délicatesse qui en font de véritables œuvres d'art. C'est exactement ce but qu'il a recherché pour ses vins, au Japon. Ainsi a-t-il développé également un intérêt particulier pour les arts de la table en s'intéressant à la mise en valeur des grands vins grâce à leur présentation et à leur service dans les châteaux bordelais.

Un autre de ses centres d'intérêt a été l'association des mets et des vins. Elle constitue un bon exemple de la réflexion artistique en matière de gastronomie. Il est certain que la diversité et la qualité des spécialités de la cuisine japonaise se prêtent parfaitement à la recherche de différentes harmonies avec les vins de Bordeaux. Le choix des vins les plus appropriés à la mise en valeur des sushi, sashimi et autres tempura est un exercice de gastronomie enthousiasmant.

Monsieur Tsukamoto est sans doute une personnalité marquante du monde international du vin. C'est ainsi que l'Académie du Vin de Bordeaux l'a élu, en 1988, membre correspondant, très apprécié de ses confrères académiciens. Il a bénéficié de l'aide de cette Académie pour la préparation de son ouvrage, les propriétaires académiciens lui permettant de rassembler des documents fiables. C'est pourquoi son travail de recherche apporte de nombreuses informations qui confèrent à son ouvrage un caractère de référence pour les amateurs de grands vins de langue japonaise. Son livre participera au développement de la connaissance des vins de Bordeaux au Japon et mériterait d'être traduit en Français.

Monsieur Tsukamoto a reçu de nombreuses distinctions pour la qualité de ses vins, en particulier deux prix au Concours International de Ljubljana, en 1999 et en 2005. Qui plus est, le Prix du Mérite lui a été remis des mains mêmes du Président de la Slovénie. La République Française l'a distingué en lui décernant la croix de Chevalier du Mérite Agricole, en 1999, et surtout a voulu l'honorer en lui conférant le grade de Chevalier dans l'Ordre National du Mérite.

Je ne peux que souhaiter à l'ouvrage de Monsieur Tsukamoto le plein succès qu'il mérite. Je me réjouis qu'il constitue une précieuse contribution à la notoriété des grands vins de Bordeaux comme à celle des vins du Japon.

Bordeaux, le 14 septembre 2009

Professeur Pascal Ribéreau-Gayon

Doyen honoraire de la Faculté d'œnologie de l'Université de Bordeaux 2
Membre correspondant de l'Académie des Sciences
Membre de l'Académie d'Agriculture de France
Académicien du Vin de Bordeaux.

（日本語訳）

　なんとも光栄なことに，塚本俊彦さんから，新著『ボルドー・魅惑のワイン』に序文を寄せてほしいとのご依頼をいただいた．著者のお人柄や，われらがボルドーのワインのことを誰よりもよくご存じであること，また，その魅力を日本のワイン愛好家のみなさんに伝える重要な役割を担っておられるかたであることも考えると，このような機会を与えていただいたことは望外の喜びと言わざるをえない．私を信頼し，このようにうれしい役割を授けてくださったことに，心よりお礼を申し上げたい．

　塚本さんは一族が営んでこられた甲州園をただ大きくするだけでなく，株式会社ルミエールとして再生させ，現在はそこの名誉会長を務めておられる．最初にお会いしたときは，憧れのグラン・ヴァンを扱う仕事がしたいとのお気持ちから，ワイン商のお仕事を始められたころだった．そして，世界のあらゆるワインを輸入する一大ワイン商となられたが，なかでもボルドーのワインに対する愛情はひとしおだった．まさにボルドー・ワインの通である．ボルドーのあらゆるワインについてその特徴を完全に熟知しておられるし，そのさまざまな品質，豊かさ，複雑さ，そしてなによりボルドー・ワインのボルドー・ワインたるゆえんであるあの優雅さを味わうすべも心得ておられる．

　だが，塚本さんはただワイン商として成功しただけではない．なによりワインの世界での功績として大きいのは，日本の有名なワインの産地，山梨にシャトー・ルミエールというワイナリーを打ち立てられたことだろう．今日，シャトー・ルミエールのワインはアジア最高のワインとして認められている．数々の賞を受賞しているし，かつて，ビル・クリントン大統領が日本に来たときの公式の午餐会でも，このワインが使われている．

　ワイン商としての成功のほかに，このシャトー・ルミエールのようなワインの醸造を可能にした醸造学の知識についても触れておく必要がある．塚本さんの知識は，フランスでも発酵学の権威として有名な日本人，坂口謹一郎教授から授かったものである．また，理化学研究所など，さまざまな専門の研究機関でも多くの知識を吸収された．そして，たちまちにして，1967 年から世界のワイン・コンクールで金賞など，数々の賞を受賞し，輝かしい実績を積み重ねてきておられる．

　ワイン商として成功されたばかりでなく，日本でも世界に通用するワインを造れることを証明した最初の人である．今日，シャトー・ルミエールのワインは「ツカモトのワイン」として，ヨーロッパを始め，世界の人たちから注目されている．ルミエールはその歴史のなかでつねに品質と生産量のバランスを追究してきた．エレガントで風格あるワインを造ろうとする姿勢を貫き，ワインの質を一気に高めたのである．

　ぶどう栽培とワイン醸造の技術をマスターすることにより，塚本さんは世界，とりわけボルドーのワインをより深く理解し，それらのスタイル（ティピシテ）や品質が自然や人間によってもたらされることも理解した．さまざまなクリュの個性やそれらの格に影響するテロワールの概念を完全に理解されているし，その年その年のぶどう果の成熟度によって左右されるヴィンテージの概念も自分のものになさっている．

　自然条件 —— 土壌や気候 —— がワインの個性に及ぼす影響を深く理解されたのだ．それは，ぶどう栽培や醸造学の専門家に投げかけられる質問によってもわかる．塚本さんは，自然条件がぶどうの成熟のプロセスに重要な影響を及ぼし，糖度（アルコール度数），酸度，香りの成分，タンニン分といった，ぶどうの化学的なパラメータがそれによって変わってくること，その特徴が土壌と気候によって変化し，セパージュに表れるスタイル（ティピシテ）もその生育のプロセスに左右されることを理解したのだ．

　その結果，塚本さんは日本のワイン醸造とその技術研究の第一人者として認められ，その専門的な知識と経験は世界葡萄葡萄酒機構（OIV）とフランス醸造組合（UŒF）からも認められている．だが，技術ばかりを追求したのではなく，ワインの美も追求した．ボルドーのワインをとくに好んでおられることは，そのワインを語るときに，あたかも芸術作品を語るように，その個性や繊細さやデリカシーを語られるところからもわかる．それが，まさに塚本さんがワインに求めているものでもある．だから，ボルドーのあちこちのシャトーでグラン・ヴァンをふるまわれても，つねにテーブルの周辺を始め，その場を美しく飾ることを忘れられたことがない．

　塚本さんがもうひとつ強い関心を寄せられているのは，ワインと料理の組み合わせである．美食にも芸術的セン

スが表れる．多様で質の高い日本料理は，ボルドーのワインと組み合わせて味わうのにふさわしい．鮨，刺身，天ぷらなどのおいしさを引き出すのに最適なワインの選択は見事であり，美食を追究しようとする情熱が満ちあふれている．

塚本さんは世界のワイン界の至宝と言える．だから，ボルドー・ワインアカデミーも1988年にその人物を高く評価し，客員会員になっていただいた．そして，本書をまとめるにあたっては，アカデミーも協力し，会員シャトーがそれぞれ独自の資料を提供した．だから，本書には，日本のグラン・ヴァンの愛好家にとってよい参考書になるだけの豊富な情報が盛り込まれている．本書はボルドーから日本へワインの知識を広げるものであり，逆に，フランス語として訳して紹介してもよいものだろう．

塚本さんはご自分が造ったワインで数々の賞を受賞している．とりわけ，リュブリャーナ国際ワイン・コンクールでは1999年と2005年の2度，最高賞を受賞している．その上，スロベニアの大統領からじかに功労勲章も授与されている．フランス共和国もその功績を称え，1999年に農事功労シュヴァリエの十字勲章を授与し，国家功労シュヴァリエの称号も授与しようとした．

塚本さんの新著が，しかるべき評価を受けることを願わずにはいられない．本書がボルドーのグラン・ヴァンの名声も，また，日本のワインの名声も高めてくれることをうれしく思う．

2009年9月14日，ボルドーにて

パスカル・リベローガイヨン教授

ボルドー第二大学ワイン醸造学部名誉学部長
フランス科学アカデミー客員会員
フランス農学アカデミー会員
ボルドー・ワインアカデミー会員

PRÉFACE (3)

Monsieur Toshihiko Tsukamoto a une grande passion pour le vin et vit dans un pays de grande tradition.

Passion et tradition, je souhaite les exprimer dans la préface de son livre avec, en plus, le plaisir d'aller à la rencontre des lecteurs qui sont sûrement des amateurs éclairés.

Le vin est une boisson complexe qui appartient à de longues et belles histoires humaines. Sa vocation est de procurer du plaisir, du bien-être que peuvent partager des convives autour d'une table. C'est un produit délicat à élaborer, issu en partie du monde agricole par la viticulture. Il appartient aussi évidemment au secteur œnologique dans sa période fermentaire et au cours de l'élevage, jusqu'à la mise en bouteilles.

Ses vertus, son charme sont sa personnalité, sa typicité lorsqu'il exprime avec sincérité un lieu, un climat, un cépage, ceci grâce à la compétence mais surtout à la sensibilité des hommes qui l'élaborent.

L'aventure viticole commence par la création du vignoble. Il faut découvrir un site propice à la culture de la vigne. Le choix du terrain est primordial avec ses caractéristiques: la nature du sol, son exposition, sa latitude, son altitude, son régime hydrique, etc. Cette recherche est longue et doit être minutieuse car il faut y ajouter l'influence que peut avoir le climat.

Ensuite, il faut sélectionner les cépages capables de produire, dans ce contexte, des raisins de la meilleure qualité possible.

Cette démarche est enthousiasmante. On se sent devenir un créateur, puisqu'il s'agit de créer un terroir ! Notre société actuelle a-t-elle suffisamment de patience pour cette mission ?

Les régions traditionnelles ont franchi cet obstacle. Elles ont la chance de bénéficier d'un grand recul qui est quelquefois de plusieurs siècles, exceptionnellement d'un ou deux millénaires ! Dans le bordelais, on constate des mariages heureux et réussis, comme par exemple dans le Médoc, avec le cabernet sauvignon, sur les croupes graveleuses, ou comme à Pomerol, avec le merlot, sur le plateau argileux. Mais combien de temps a-t-il fallu pour connaître le succès?

Une fois les vignobles installés, la route est tracée, rythmée par le cycle végétatif de la vigne, cycle immuable.

Chaque région a ses principes culturaux guidés par les contraintes ou les habitudes locales. De toute façon l'année viticole débute avec la taille, acte réfléchi, basé sur l'observation. La taille est importante, et même déterminante, car c'est grâce à elle que l'on forme le pied de vigne. Dans les années suivantes, elle va conditionner le comportement végétal, « le port », mais également le futur volume de la récolte. Si les méthodes de taille peuvent être différentes selon les régions, son principe de base reste le même en tenant compte, pour chaque pied, de sa vigueur, de sa forme, de la densité de plantation, des objectifs de production, etc.

Après cette opération, c'est l'attente printanière dans l'hémisphère nord, du début de la vie végétative. Au débourrement succèdent la floraison, la nouaison et la véraison. Elles se terminent par la pleine maturité qui correspond à la récolte.

Le vigneron, bien entendu, ne reste pas contemplatif. Ses interventions sont nombreuses avec les travaux du sol ou la maîtrise de l'enherbement, les travaux en vert, les rognages, éclaircissages, effeuillages, enfin les traitements contre les maladies, quelquefois contre certains parasites animaux.

L'objet de ce texte ne peut être d'effectuer un inventaire technique exhaustif, mais de dire qu'il y a de nombreuses manières de cultiver la vigne, selon la philosophie, l'esprit écologique, les objectifs commerciaux, mais aussi les contraintes du lieu.

On ne cultive pas de la même manière des sols de sable et des sols argileux; on n'y utilise pas les mêmes porte-greffes. Dans les secteurs très ensoleillé le palissage est organisé pour que l'ombre protège les raisins, etc.

Dans une même propriété, les programmes techniques ne doivent pas être systématiques. Ils doivent être en adéquation avec les circonstances climatiques de l'année.

En fait, le vigneron doit être en permanence à l'écoute de sa vigne. Le point culminant de cette attention se situe au moment des vendanges, période cruciale pour la qualité finale du futur vin. La tendance actuelle est de récolter les raisins de plus en plus tard, à la limite de la sur-maturation pour satisfaire à la mode des vins de soleil.

Tous les cépages ne supportent pas cette sur-maturité. Le merlot, par exemple, devient « confituré », perd sa finesse et sa fraîcheur pour donner des vins lourds, alcooleux, caractéristiques qui ne correspondent pas aux critères qualitatifs des vins de Bordeaux.

Enfin, arrive ce grand moment, traditionnellement festif, celui des vendanges à la suite desquelles tout un arsenal technique œnologique est mis à la disposition du vinificateur.

En matière de vinification si les recettes sont nombreuses le principe de base reste le même : exploiter le potentiel qualitatif du raisin. A ce sujet, la plus belle formule est celle du professeur Emile Peynaud qui disait : « Le vin n'est jamais tout le raisin »

L'obsession actuelle est d'extraire le maximum d'éléments contenus dans le raisin.

Notre métier est plus subtil. Nous devons d'abord faire un bon diagnostic de la vendange, pour ensuite savoir ce qu'il faut en extraire.

L'occasion de prendre l'image du thé est ici opportune. Selon les variétés de thé, leurs méthodes de séchage, leurs origines, la température de l'eau et les temps d'infusion sont précis mais jamais les mêmes. Il faut respecter « la règle » pour faire un bon thé !

Pour la vinification, le cheminement est identique si l'on souhaite élaborer des vins fins, équilibrés, harmonieux, en évitant cette course à la sur-extraction qui conduit à des vins monstrueux, stéréotypés.

De plus, je pense, je suis convaincu même, que la beauté de notre métier est de mettre en évidence l'originalité d'un site.

Pourquoi les vins de Saint-Emilion sur le plateau calcaire, avec leur robe rubis, leur nez à forte expression minérale, avec des touches d'humus, leur corps mince et élancé qui donne de l'élégance devraient-ils ressembler à de proches voisins comme les vins de Pomerol sur le mamelon argileux, avec leur couleur pourpre sombre, un nez puissant réglissé, truffé, une bouche ronde, sensuelle, aux tanins veloutés? Et si nous nous promenons vers les croupes graveleuses de Pauillac dans le Médoc, quel ravissement de retrouver le classicisme bordelais avec la belle expression du cabernet sauvignon qui offre ici des vins à la couleur vermillon, une charpente tannique présente donnant un peu d'austérité à la naissance mais qui va se fondre avec le temps pour laisser place à l'harmonie tant souhaitée !

Notre métier repose, bien sûr, sur une connaissance technique, parfois scientifique, mais la place de l'intuition, de la sensibilité est également importante. Pour des raisons médiatiques, de facilité, le bois -surtout le bois neuf- a été pris en otage pour séduire certains consommateurs. S'il a sa raison d'être, avec son rôle bienfaiteur, il ne doit pas dominer l'expression originale du vin…

Pour conclure, je félicite Monsieur Toshihiko Tsukamoto d'être un ambassadeur du vin dans un pays de tradition où la notion de respect, de tradition est un culte.

Le vin doit être une chaîne de plaisir entre les hommes du vin… ceux qui l'élaborent… et ceux qui le boivent !

Pomerol, le 10 mars 2009

Jean-Claude Berrouet
Œnologue

（日本語訳）

塚本俊彦さんはワインに対するたいへんな情熱の持ち主であり，伝統を重んじる国に住んでおられる．

情熱と伝統——この序文では，ワインを愛するみなさんに語りかけられる喜びを胸に，この２点について語ってみたい．

ワインは人類とともに長く美しい歴史を歩んできた複雑な飲み物である．その使命はともにテーブルを囲んだ人たちを幸せな気分にすることにある．慎重な扱いを要する繊細な飲み物であり，ぶどう栽培の段階は農業の分野で受け継がれてきた．発酵し，ワインになり，瓶に詰められるまでは醸造学の分野に属する．

そのよさ，魅力は１本１本の個性にあり，土地，気候，ぶどうの木を誠実に表現したそのスタイル（ティピシテ）にあるが，これは専門的な知識や経験もさることながら，なによりそれを扱う人の感性によって生まれてくる．

ワイン造りの冒険は畑を造るところから始まる．ぶどう栽培に適した場所を見つけなければならない．土壌の性質，日当たり，緯度，高度，水系などをもとに土地を選ぶのが出発点となる．長い時間を要する作業であり，入念な検討が求められる．気候が及ぼす影響も考慮しなければならないからだ．

次に，その土地の背景のなかで，できるかぎり最高品質の果実を実らせるぶどうの品種を選ばなければならない．

情熱のいる作業だ．創造主になったような気分を味わうだろう．なんといっても，ひとつのテロワールを創り出すのだから！　現在のワイン業界はほんとうに時間をかけてこの作業を地道に行っているだろうか？

古くからワイン造りが行われてきた地域では，この問題はクリアされている．何世紀，いや，ときには1000年，2000年という長い試行錯誤の歴史を経ているからだ．その結果，ボルドーでは，幸せないい縁組が成立している．たとえば，メドックではカベルネ・ソーヴィニョンと砂地の丘が出会い，ポムロールでは粘土質の台地がメルローと結ばれている．だが，この相性がわかるまでにどれだけの時間を要したことだろう．

畑ができると，あとはぶどうの生育周期という一定不変のサイクルにしたがってすべてが回転していく．

どの地方にも，さまざまな制約やしきたりにしたがった栽培の流儀がある．いずれにせよ，ワイン造りの１年は，ぶどうの木をよく見て，その状態に応じてかたちを整える剪定から始まる．剪定は重要であり，決定的ともいえる．ぶどうの木のかたちは剪定によって決まる．以後何年かの木の伸びかたばかりか，収量もそれで決まる．剪定の方法は地域によって違うかもしれないが，基本は同じであり，どの木についても，その力や，形や，植付密度や，生産目標などを考えて行う．

この作業が終われば，北半球では春になって植物の生命の胎動が始まるのを待つ．発芽（デブルマン）に続いて開花（フロレゾン），結実（ヌエゾン），色づき（ヴェレゾン）と進んでいく．そして，やがては成熟（マチュリテ）のときを迎え，収穫する．

ぶどう栽培者はもちろん，それをただ座視しているわけではない．土の手入れをし，草生栽培の草を管理し，夏季剪定（ロニャージュ），摘房（エクレルシサージュ），摘葉（エフイヤージュ），そして病害対策も行い，ときによっては寄生虫対策も施し，たえず手をかけていく．

この序文の目的はぶどう栽培の作業をこと細かに説明することではないが，ぶどう栽培の方法が，ただワイン生産者の哲学や環境意識や商業上のねらいばかりでなく，土地のさまざまな制約によっても変わってくることは申し上げておきたい．

砂質の土壌と粘土質の土壌では，同じように耕せない．同じ台木も使えない．日差しの強い地域では，整枝（パリサージュ）によって果実が葉で覆われるようにしてやらなければならないし……．

同じ土地でも，作業は機械的になってはいけない．その年その年の気候に応じて変化させなければならない．ぶどう栽培者は，つねにぶどうの木の状態に目を光らせていなければならない．そして，その注意を収穫の時期に最高潮にまで高める．最終的なワインの品質を決定する勝負の時期だ．最近では，「太陽のワイン」と呼べるような酒質をつけさせるために収穫を遅らせ，限界まで果熟を進める傾向がある．

だが，どのぶどうもこの過熟に耐えるわけではない．たとえば，メルローはコンフィチュール（ジャム）化し，繊細な味わいやフレッシュな風味を失い，重ったるくてアルコールが勝ちすぎた，ボルドー・ワインの品質基準に

ふさわしくないものになる．

　最終的には，昔から祭りで祝われてきた大きな節目，収穫のときを迎え，そこからあとの蔵での作業は醸造家の手に委ねられる．

　ワインの醸造方法も，結果としてできあがるものはいろいろでも，基本原則は変わらない．ぶどうのもつ可能性を引き出すこと．この点については，エミール・ペイノー教授がみごとにひとことで言い当てている．曰く，「ワインはホール・グレープ（whole grape）にあらず」．

　最近は，ぶどうのエッセンスをなんでもかんでも最大限に搾り取ろうとする強迫的な傾向が見られる．だが，私たちの仕事はもっと繊細なものだ．まずその年の特徴を的確に判断したうえで，なにを引き出すかを判断しなければならない．

　お茶のことを考えてみればいい．お茶は，茶葉の種類，乾燥方法，原産地によって，いれるお湯の温度や浸出時間が決まっており，これは変わらない．おいしいお茶をいれるためには「ルール」を尊重することが大切なのだ！

　ワイン醸造でも，繊細で，バランスや調和がとれたワインを造ろうとするなら，やみくもにエッセンスを抽出して化物のようなステレオタイプのワインを造らず，決まったやりかたにしたがうことだ．

　さらに私は，私たちの仕事のいちばんの醍醐味は，土地の持つ独自性を表現することにあることも確信している．

　石灰岩質の台地で生まれ，ルビーの衣を身にまとい，ミネラルの存在を強くうかがわせる香りを放ち，腐葉土の気配も漂わせ，さらりとしていてしなやかで優雅さを感じさせるサンテミリオンのワインが，どうしてその隣の粘土質の丘で生まれ，クリムゾン・カラーで，強烈な甘草やトリュフの香りを放ち，豊潤で，まろやかで，官能的な舌触りがあり，タンニンがビロードのようになれているポムロールのワインと似ていなければならないのか．それに，メドックのポーヤックの砂利質の丘に行くと，古典的なボルドーに巡り合える喜びもある．カベルネ・ソーヴィニョンの特徴がみごとに表現され，赤みを添えるタンニンの骨格がしっかりしていて，いささかいかめしさを感じさせるが，それが時間とともに待望の調和を奏でだす．

　私たちの仕事はもちろん技術的な知識を土台とし，ときには科学的な知識も求められるが，直感や，ある程度の感性も重要である．安易に，メディアに受けたからといって，樽香——とりわけ新樽の香り——が一部の消費者を引きつけるための道具にされたりしているが，そんなものがワイン本来の表現より前面に出てきてはならない．

　最後に，伝統を重んじる国でこうしたボルドー・ワインを広める大使の役目を果たしてこられた塚本俊彦さんの功績を称えたい．

　ワインはそれを取り巻く人たち，丹精込めて造る人たちや飲む人たちを喜びの輪でつなぐものでなければならない．

2009 年 3 月 10 日，ポムロールにて

ジャン・クロード・ベルエ

ワイン醸造家
（元シャトー・ペトリュス醸造責任者
1964 年から 2008 年まで，ポムロール，
サンテミリオン，フロンサックの数々の
シャトーで醸造を担当）

第 1 章

Irrésistibles Bordeaux

魅惑のボルドー・ワイン

目次

- 変容するワインを前にして 2
- 風邪薬が一生の仕事に 2
- 晩餐会で覚えたワインの楽しみ方　3
- 心はいつもボルドー・ワイン 3
- 始まりは心ない言葉から 4
- よき友 5
- 運命を変えた 1984 年のパヴィヨン・ルージュ 6
- 堅い信頼関係 7
- 家族ぐるみのつきあい 7
- ジロンド川のほとりで 8
- 伝統の違い 9
- 知られざるシャトー 11
- 広がる予感 12
- イケムとの因縁 13
- つまらないワイン会 14
- ワイン会序曲 15
- おしゃれなシャトー 17
- 初めておじゃましたイケム 18
- 初めて主催したワイン会 20
- 驚きの展開 22
- 深まる交友 24
- あたたかく迎えてくれるサリュースさん 25
- 明治，大正，昭和，平成の宴 25
- お礼の宴 27
- クリントン大統領の歓迎午餐会 29
- 恒例化するボルドーでのワイン会 30
- 無残な現場にも遭遇する 32
- ル・サーク，ダニエル 33
- 国内でもボルドーのシャトー・オーナーを招き 37
- サリュースさんのヴィンテージ・ノート 38
- イケムでの最後のワイン会 39
- またアカデミーの晩餐会へ 42
- ふたたび国内で 43
- ドメーヌ・ド・シュヴァリエでの晩餐会 45
- ブラインド・テイスティング 47
- ワイン会のあと 48
- ワインを造る人が織り成すテロワール 49
- フランス人の奥の間 50

Irrésistibles Bordeaux
魅惑のボルドー・ワイン

変容するワインを前にして

　ワイン造りは変化している．20世紀後半の世界をリードしてきたアメリカの大量消費社会の影響か，1960年代の半ば以降，ワインの生産現場は近代化し，工業化され，その工程に携わる人たちのなかにも，大学の醸造科出身の人たちが増えてきて，たとえ，ぶどうの作柄がよくなかったバッド・ヴィンテージのワインでも，さまざまなデータを科学的にコントロールすることによって，それなりのワインに仕上げることができるようになっている．

　その結果，ワインは確実に「失敗」の少ない製品へと変化してきた．いつでも，どこでも，買った人が「損をした」と思うことなく，それなりに楽しむことができる製品だ．

　だが，ほんとうにそれでよいのだろうか．私が飲んできたワインを振り返ったとき，そこには，失われていくものがあるのを感じる．

　かつてのワインは「失敗」の多い製品だった．造り手がどんなに心血を注いで造っても，雨，風，土，太陽といった自然の要素はどうにもならず，造り手たちは，ただ自然の前にこうべを垂れ，幸運を祈りつつ，そうした要素が時間の流れのなかで一体となってぶどうの木のなかへ流れ込むのを見守り，その結果として与えられる果実を，ひたすら慈しみながら，ワインに変えていくしかなかった．

　当然，その自然の要素に恵まれなかった年は，だめなワインができる．いくら努力に苦労を重ねても，それは変わらない．ほんとうに，哀しく，むなしく，せつなくなるほど変わらない．

　だが，反面，いい年はとてつもなくすばらしいワインができた．「だめなワイン」が私たちの知恵では防ぎようのないものだとすれば，この「すばらしいワイン」も，やはり人智の及ぶものではない．いいにせよ，悪いにせよ，人智を超えたワイン．そういうワインが造られていた時代には，私たちはただ大自然にもてあそばれるちっぽけな存在だったのかもしれない．

　だから，それを見た若い世代の人たちが，科学という新しい手段をもってワイン造りの現場に乗り込み，先達の苦しみを乗り越えようとして，その新しい手段を駆使し，ぶどうやワインを思いのままにコントロールしようとした気持ちはわかる．その結果，目的はある程度まで達成され，とても飲みやすく，バランスのとれたワインができるようになっている．

　だが，かつての「人智を超えた」ワインはできない．「思いのまま」なら「人智」の域にあるわけで，かつてのワインには，それを超えるものがあった．計算しても，計算しても出てこない味わいが，あるとき，なにかのはずみに，造り上げたワインのなかに仕込まれることがある．自然の気まぐれ，あるいは，醍醐味と言ってもいいかもしれない．悪いときはどうしようもなく悪い．だが，いいときは技術や計算ではとても及びもつかない，もう「僥倖」としか言いようのないワインができる．かつてのワインは，そういう飲み物だった．

　造り手の人間がすべてをコントロールしようとするのではなく，大自然の揺りかごに揺られるにまかせ，そこからこぼれてくるワイン――そういうワインが，いまはなくなりつつある．いいのだろうか，それで？

　幸いにして，私は古い時代から新しい時代への変わり目を生きてきたので，そうしたワインを飲む機会にもいくらか恵まれていた．だから，いま，ワインというものが変容していく時代を前にして，自分が生きてきた時代を振り返り，記録しておく意味でも，かつての，できはふぞろいだが，ときとして人智の及ばぬ域にまでみごとなものに仕上がっていた「僥倖」のワインのことや，そういうワインを世界のどこよりも数多く生み出してきたボルドーのワイン・ソサエティの人たちのこともお伝えしておくことができればと思い，本書を書くことにした．

風邪薬が一生の仕事に

　人はよく，幼いころにそれと気づかず，人生のヒントを与えられているものらしい．私の場合は，それが風邪薬だった．

　1930年代の半ば，外交官だった父の任地サンフランシスコで幼稚園に通っていたころ，風邪をひいた私は世話係のねえやにあったかい風邪薬を飲ませてもらった．ワインを2倍のお湯で薄め，蜂蜜も混ぜた「ホット・ワイン」．ヨーロッパでは，風邪をひいた子どもによくこれを飲ませる．だから，外国生活の長かった父も，たぶんその風習にならい，ねえやに頼んで私にそれを飲ませたのだと思うが，これがおいしかった．

病気になったときに親にやさしくしてもらった子供はそのときのうれしさが忘れられず，つい病気でもないのにまた病気のふりをしたりする．それと似たような心の動きが，私の内面でも起こった．ただ，私の場合は，やさしくしてもらったのが忘れられなかったのではなく，ワインの味が忘れられなかったので，また風邪をひいたふりをするようなまどろっこしいことはせず，直接，自分でまたあのおいしかった飲み物を飲みたいと思った．

父が大切にしていたその飲み物をねえやがどこに保管しているかは知っていた．だから，兄といっしょにこっそりと，そこからその飲み物を取り出し，一気にラッパ飲みしたのだが，それが，いま思えばなんともぜいたくなことに，ラフィット，そう，あのボルドーの5大シャトーのひとつ，シャトー・ラフィットではなかったかと思う．

なんという幼稚園児だろう．だが，そのときはそんなことに思いが及ぶ由もなく，うん，ちょっとすっぱい気がするけど（それはそうだ，今度は蜂蜜が入っていなかったのだから），やはりおいしい，こんなにおいしいものがあるのか，と思いつつ，目の前のその飲み物に夢中になり，気がついたときには，兄とふたりで1本をまるごとあけていた．

そうなると，もう「こっそりと」もなにもない．年端も行かない男の子がふたりで顔を赤くして盛り上がっていたのだから，当然，その私たちのデュオニュソスの宴はねえやの目にもとまり，「おぼっちゃま，そんなことをしてはいけません」ということになった．

それだけなら，まだよかったのだが，その情報はじきに父の知るところとなり，いや，父の怒ったこと，怒ったこと．ただ，その父の煮えくり返る怒りの標的になったのが，私でも，兄でもなく，監督責任者たるところのねえやだったので，たいへん申し訳ないことをしたと思ったのだが，それが私とボルドー・ワインとの初めての出会いになる．

4歳か5歳のころだから，1935年か1936年のことか．だから，いまから想像すると，父がもっていたラフィットは1800年代のものではなかったかと思うが，とてもしっかりしたいいワインだった．それは，いまでもはっきりと記憶に残っている．

晩餐会で覚えたワインの楽しみ方

もちろん，その後は，ねえやに申し訳ないことをしたという思いもあったので，それで味をしめてワイン浸りになるようなことはなかった．だが，日本へ戻り，成人し，大学院で経済学の勉強を始めたころには，またあの，幼いころに「こんなにおいしいものがあるのか」と思わされたワインと再会することになった．

日本に戻った父は，迎賓館で外国からの賓客を招いて晩餐会が催されると，呼ばれることがあった．そういうときには，私が愛車のシトロエンを駆って送り迎えをし，場合によっては，父に同伴することもあった．

ワインを囲む晩餐会の席には，日本の酒席とは違った雰囲気があった．

「おい，おまえ，まあいいから一杯飲め」

などと言って，無理やり酒を勧めてくる人はいない．前後不覚になるほど酔う人もおらず，みながワインを，料理や会話を楽しむための潤滑剤程度に受けとめ，理性をもって飲んでいた．そこには，みんなでその時間をよりよいものにしようという気分が満ち満ちており，その雰囲気が，またよかった．

だが，だからといって私はワインと正面から向き合う人生を望んでいたわけではない．それなのに，皮肉なもので，大学院を修了し，さあ自分の人生を歩みだそうとしたとたん，幼稚園のころにその味わいの深さを教えてくれたワインが「おい，こら，どこへ行く？」と呼びとめたように，後継者がいなくなっていた母の実家のぶどう酒醸造所，甲州園（現ルミエール）の後継者に指名され，ワインとの距離は近づきに近づいて，それこそ一体化するほど近づいたのに，今度は逆に，ワインを素朴に楽しむことができなくなった．

当時の日本には，まだワインを楽しむライフスタイルがなかった．父に同伴して出席した晩餐会のように，みんなで料理を囲み，さまざまなことを語り合いながら，ワインを飲み，楽しい時間づくりをする習慣がなかった．そうなると，残るのは，ただ求道僧のように顔をしかめ，ワイン造りに精進する毎日だけだ．

しかし，人生はうまくしたものだ．そうして曲がりくねった道を生きてきた末に，ちゃんとまた，多くの人とテーブルを囲み，ワインの話をしながら，楽しくひとときを過ごせる時代を用意してくれていた．それも，あの幼稚園児にまでおいしいと思わせ，世界のワイン好きが最高峰と仰ぐボルドー・ワインの造り手たちといっしょに．

心はいつもボルドー・ワイン

昭和32年に母の実家の甲州園に入り，ワイン造りの勉強を始めたときは，祖父の降矢虎馬之甫が日本の醸造学の神様，坂口謹一郎先生と親しくしていただいていた関係で，先生が副理事長を務めていた東京・駒込の理化学研究所で酒造りの勉強をさせてもらった．同僚には，のちに協和発酵の社長になる加藤幹夫さんなどがいて，仕事が終わると，いつもみんなで勉強のた

4　魅惑のボルドー・ワイン　Irrésistibles Bordeaux

中央がアメリン先生，右が飯田茂次先生，左が若き日の著者

めに一升瓶に入ったわが甲州園の安ワインを飲んでいたのだが，その時期にも，いつも頭のなかでは，いつか自分もああいうワインを造れるようになりたいと思い，あの，造りがしっかりしていて，風味豊かで，長い熟成期間にも耐えられる，きらびやかなボルドーのグラン・クリュ・ワインの数々を思い浮かべていた．

理化学研究所時代には，わずか半年ほどのことだったが，カリフォルニア州立大学デイヴィス校の醸造学博士メイナード・アメリン先生のもとへ留学し，日本の清酒の醸造技術をもとに10℃以下の低温発酵技術の研究を行ったこともある．

だから，アメリカのワインの勉強もしたのだが，それでも私の心の中心を占めていたのは，いつもボルドー・ワインだった．アメリン先生はとても研究熱心で立派なかたで，教わることが多かったが，私にとってはやはり，カリフォルニア・ワインの魅力はボルドー・ワインの魅力に勝るものではなかった．

ただ，残念なことに，あの当時日本に入ってきていたボルドー・ワインは傷んでいることが多かった．無理もない．日本に届いたワインはしばらく保税倉庫に留め置かれる．夏の日中ともなると，そこの気温は50℃くらいにも跳ね上がる．いくら香りの豊かなワインでも，また，それをいくら冷やして運んできても，そのプロセスを通ると，結局はみな傷んでしまう．だから，私が見てきた1960年代後半から1970年代にかけてのボルドー・ワインの多くは傷んでいた．

それでも，ボルドー・ワインに対する憧れは揺るがなかった．もちろん，あの幼時体験が強烈に脳裏に焼きついていたこともある．それに，たとえば，明治屋が輸入した1934年のシャトー・ラフォリ・ペイラゲイのように，なかにはまったく傷んでおらず，そのみごとな姿を余すところなく私の前に披露してくれたボルドー・ワインもあった．

そうして，はるか彼方にちらちらと垣間見るだけのワイン．それはあくまで憧れの的だ．だから，まさか自分がそのワインを造っている人たちと親しくおつきあいをしていただける日が来ようとは，夢にも思っていなかった．ところが，これから紹介するように，いろいろな人生のいたずらが作用して，その日が来た．

しかも，いざ，おつきあいを始めてみると，みなさん，まったく垣根のないかたばかりで，ふとわれに返ったときに，え，ほんとうにこのかたにこんなことをしていただいていいのか，と思えることがよくあるのだが，言葉が違うだけで，みなさん日本の友だちとなにも変わらない．気持ちがとてもあたたかい人が多く，こちらの話を親身になって聞いてくださる．そういう人間性ができてくるところも，もしかすると，ワインを楽しむ人たちに共通した特質のひとつと言えるのかもしれない．

始まりは心ない言葉から

目に見えないところで，ひとつの流れができていたのかもしれない．

1980年代の初め，私は中国政府から「中国でワインを造ってくれないか」というお誘いをいただいた．山梨の甲州園が創業100周年を迎えたころだ．

考えてみれば，日本でできるぶどうには量的にも質的にも限界がある．どんなに丹精込めて育てても，ヨーロッパ産のワインのように力強いワインになる糖度の高いぶどうを造るのは難しい．それならひとつ，外国でワインを造ってみようじゃないか——そう思って，中国政府からの誘いに乗り，青島の近くの烟台（えんたい）というところでワイン造りを始めることになった．

このときに，ひとつ，なにげなくとった手続きがあった．

酒類の輸入免許の取得だ．

ボルドーのグラン・ヴァンの生産シャトーを紹介するカード．絵葉書などの作者として知られるアンリ・ギュイエール作．裏面の説明文でエドゥアルド・フェレの『ボルドーとそのワイン』第8版に触れられていることから推定すると，1908〜1922年の作品か（第8版が1908年出版，1922年には第9版が出ている）．シャトー・オーバイイのかたからいただいた

中国で造ったワインは，輸入しなければ日本に持ち込めない．といって，当時の甲州園には，酒類の輸入免許がなかったので，自社で輸入することはできない．自分で造ったワインをわざわざ商社に頼んで輸入してもらわないと自社に持ち帰ることもできないというのはなんともばかげた話だったので，それならこれを機会にワインの輸入商の免許もとろうということになった．

この，免許をとろうとしたタイミングもよかったのか．申請するときには，2年かかるとも，3年かかるとも知れなかった免許が，なんと，申請してみると，2か月もしたら下りた．

さあ，ワインの輸入商になったら，仕入れもしないと．

1985年，4年前からボルドーで1年おき（奇数年）に開催されることになったワインの見本市VINEXPOの第3回目が開かれたとき，それほどワインの輸入に力を入れるつもりはなかったが，せっかく免許をとったのだから，買い付けに行こうということになり，ボルドーまで出かけて行くと，なつかしい顔に会った．

1960年代からの友人で，最初に知り合ったころには，シャトー・マルゴーの営業マンをしていたが，この当時はネゴシアン（ワインの仲買商）になっていたエルマン・ムスタマンだ．その彼が久しぶりに会うやいなや，いきなり，思いもよらぬ言葉を口にした．

「ツカモト，おまえ，倒産したんじゃないのか？」

驚いたような顔で言う．だが，驚いたのはこちらのほうだ．

なんでそんな言葉が出てきたのか，不思議に思い，わけをただしてみると，その少し前，彼が日本へワインの売り込みに来たときに，私が留守にしていたので，ほかの日本のワイン業者に尋ねると，「倒産したみたいだよ」と言われたらしい．

もちろん，根も葉もないデマだ．ただ中国へ行ってワインを造るのに忙しく，山梨を留守がちにしていただけのことなのだが，尋ねてそう言われたムスタマンとしては，そうなのかな，と思うしかなかったのだろう．

とんでもない話だ．だが，おもしろいもので，いま思えば，このデマが，根底にできていた流れを表に引き出し，私とボルドーとのつきあいを深めるきっかけになってくれたのではないかと思う．

よき友

「いや，倒産なんかしていないよ．中国でワインを造っているんだ」

そう答えた私に，ムスタマンはこう言った．

「ほんとか？　じゃあ，来年になったら，ほんとかどうかを確かめに，日本へ行くぞ」

さすがは厳しいボルドーのネゴシアンの世界で鍛えられてきただけのことはある．いくら友人の言うことでも，自分の目でしかと確かめるまでは，軽々しく信用しようとしないのだ．

大西洋に面し，古くから海外へのワインの積み出しが行われてきたボルドーには，がっちりとしたネゴシアン制度ができている．ワインができると，どのシャトーでも，それを決まったネゴシアンに納める．ネゴシアンの世界のトップに立つプルミエールのネゴシアンだ．そのネゴシアンがまた別の，その下にいる決まったネゴシアンに納め，通常はそうしていくつかのネゴシアンの手を経て，ボルドーのワインは消費者の手に届く．ワインを造り，流し，売る，そのそれぞれの持ち場ごとに分業化ができているのだ．

ムスタマンが勤務していたシャトー・マルゴーの当時のオーナー，ジネステ家も，もとはネゴシアンだった．それが，1934年にマルゴーを手に入れ，当初は醸造設備の近代化やぶどう畑の拡大に積極的に取り組んでいたが，1960年代になると，高く売れる良質のワインを造ることより，高く売れる良質のワインを造っているシャトーに投資するほうに力を入れるようになり，それとともに，肝腎のシャトー・マルゴーの酒質が落ちてきて，いっときは186をかぞえたほかのシャトーへの投資にも失敗し，1976年にユーロ・マルシェというスーパーマーケットを経営するギリシア出身のメンツェロプーロス家にシャトー・マルゴーを売り渡した．

経営者が変われば，雇われていた従業員も変わる．職を失ったムスタマンは，ジネステ家の一族で，シャトー・コス・デストゥールネルをもっていたプラッツ家のブルーノさんと，もうひとり，ミシェル・マスという男といっしょにレ・ヴァン・ド・クリュというネゴシアンの会社を立ち上げた．

だが，何百年もの歴史があるボルドーのネゴシアンの世界に新しい業者が割って入るのは難しい．シャトーと，タッグを組むプルミエールのネゴシアンとの間には，鉄の規律がある．プルミエールのネゴシアンはいったんどこかのシャトーのワインを100ケース買うことにすると，どんなに悪い年にも，毎年，そのシャトーのワインを100ケース買わなければならない．それをいったん50ケースにすると，あとでどんなによい年があっても，もう「今年はできがいいから，また100ケース買わせて」と，都合のいいことを言うわけにはいかない．50ケースしか買わなくなったネゴシアンには，もう50ケースしか売ってもらえない．だから，どのネゴシアンも一度つかんだシャトーはなかなか手放さない．

私に「倒産したのか」と尋ねたころのムスタマンは，そんな厳しいネゴシアンの世界に割って入ろうとしてもなかなかいい

魅惑のボルドー・ワイン　Irrésistibles Bordeaux

いとぐちが見つからず，プルミエールのネゴシアンからワインを買う下級のネゴシアンに甘んじていて，かなり苦労していた時代だった．

だが，約束は守る男だ．明くる1986年の正月になると，さっそくミッシェル・マスをつれて三鷹のわが家まで来た．そして，その翌日，私といっしょに私のワイン造りの新天地，中国まで行った．

「どうだ，言ったとおりだろう」

中国到着後，中国政府の要人と会わせたうえで，烟台までつれていき，そう言ってぶどう畑と醸造設備を見せると，ムスタマンは肝をつぶしていた．烟台の施設はかなり大規模だった．一時は倒産したのではないかと思っていた私が，中国政府の要人と親しくしていたうえに，そんな大規模な醸造施設を動かしていたので，驚いたのだろう．

運命を変えた1984年のパヴィヨン・ルージュ

その年のことだ．あとで私もボルドーへ行った．メリニャックの飛行場には，ムスタマンが迎えに来ていた．ネゴシアンにとって，外国のワイン輸入業者をあちこちのシャトーに案内するのは，大切な仕事だ．そうしてさまざまなワインを紹介し，買う気にさせる．だが，このときはまだ私とムスタマンとの間にこれといったワインの取引はなかった．それでも，彼は私がボルドーに行くと，いつも空港で待っていて，私の行きたいところへ案内してくれた．ただ，私が中国での事業の立ち上げに夢中になっていた時期には，そのボルドー詣でもしばらくとぎれていて，彼にあらぬ誤解をさせてしまったのだ．

このときは，彼が案内してくれたシャトーのなかに，彼の古巣シャトー・マルゴーも含まれていた．私はそこでマルゴーのセカンド・ワイン，パヴィヨン・ルージュの1984年を飲んだ．

ボルドーの有名シャトーのセカンド・ラベルというのは，だいたいそのシャトーのぶどう畑の比較的若い木からとれたぶどうで造られている．だから，樹齢15年未満の若い木からとれたぶどうだけで造られているパヴィヨン・ルージュも，そんなに重たくなくて，飲みやすいワインになるのだが，この1984年は評判が悪く，ヴィンテージ表からも外されるほどの不作の年と言われていた．

ところが，飲んでみると，悪くない．家内に聞いても，「すばらしい」と言うし，バッド・ヴィンテージということで，誰も買おうとしていなかったので，値段も40フランくらいと，とても手ごろだった．そこで，ムスタマンにそのワインを買えるかどうかを尋ねると，

「確か，まだ1200ケース残っているはずだ」

と言う．だから，その場でその1200ケースと，シャトー・マルゴーも50ケース買うことにした．

ちょうどそのころ，私は全日空の機内サービスで出すワインの選定委員に選ばれていた．だから，このパヴィヨン・ルージュを飲んだときに，これはいい，全日空の機内でファースト・クラス用に出してはどうかと思ったのだ．

これは勇気のいる決断だった．1984年のマルゴー（パヴィヨン・ルージュ）は，とてもユニークなヴィンテージだ．ボルドーのワインは基本的にすべて何種類かのぶどうから造られたワインをブレンドして造られている．ところが，この年はぶどうが不作だったものだから，カベルネ・ソーヴィニョンだけで造られている．ボルドーのワインとしてはきわめて異例の，単一品種のワインなのだ．

そんなワインを，それでも酒質は悪くないと思い，輸入することにしたのだが，もちろん，初めて買う外国の輸入業者が売れ残っていたワインを買うわけだから，そこには鉄の規律もなにもない．間に入るネゴシアンは買い手が指定することができる．だから，私は迷わず，レ・ヴァン・ド・クリュを指定した．

これは，八方めでたしめでたしのいい決断になった．

「日本人が初めて認めてくれた」

シャトー・マルゴーでコリンヌ・メンツェロプーロスさん，家内とともに

シャトー・マルゴーの前で．左から2人目がコリンヌさん，ひとり置いて著者，その右がムスタマン

自分たちではそれほど悪いと思っていなかったのに，1984年への酷評に苦しんでいたマルゴーの醸造担当者は，そう言って涙を流した．

　ムスタマンも，古巣とはいえ，新興の一ネゴシアンとなった身で，初めて名門マルゴーと直接取引をする機会を得た．

　そして，私も選定委員として選んだこのパヴィヨン・ルージュで全日空の機内サービスが世界のケータリング・サービスのナンバーワンに選ばれたので，株を上げた．

　もちろん，シャトー・マルゴーのコリンヌ・メンツェロプーロスさんも喜んだ．コリンヌさんが私たちを頻繁にシャトーに招いてくださるようになったのも，このときからだ．

堅い信頼関係

　ボルドーへ行き，ムスタマンのオフィスに行くと，彼はいつも，ずらりとワインを並べて待っている．1級のワインの酒質はお互いに知り尽くしているので，そこに並んでいるのは，ブルジョワ級から始まって，5級から2級までの，さまざまなシャトーが自分たちのワインをアピールするためにもってきたサンプルのワインだ．ムスタマンはそれに，これはいくら，これはいくらと値段をつけて待っている．全部で30種類はあるだろうか．

　私はそのワインをかたっぱしからテイスティングしながら，思ったことや感じたことを口にしていく．グラスは，同行している家内にも用意されているが，家内には，いっしょに味を見ている余裕はない．私が感じるままに口走る言葉を懸命にメモ帳に書きとっていく．

　その時点でおいしいかまずいか――そんなことは，このさい考えない．肝心なのは，2年後，3年後の酒質だ．私のお客さまに飲んでいただくその時期にどんなワインになっているか，それを想像しながら味を見ていく．

　これは，ワインを造っていると，おのずと身についてくる感覚だ．毎年毎年，どうかいいワインになってくれよと念じながらぶどうを育てている．最初は，できたときにまずまずかなと思えると，安心する．だが，数年たって同じワインを見たとき，思ったような酒質になっていなかったり，かえって質が落ちたりしていると，愕然とする．そうなってからではもう遅い．過ぎた時間を取り戻すことはできない．思い出すのもいやな，途方もない喪失感に見舞われる．

　自分でワインを造っていると，必ずそういう瞬間にぶつかる．だが，人は，痛みをもって覚えたことは決して忘れない．そうした経験を積み重ねるうちに，しだいに，できたときにこういうワインは2年後，3年後にはこうなるという予測力や推察力がついてくる．

　だから，そうして身につけた感覚をフルにはたらかせ，
「これはいい」
と言うと，そばにいるムスタマンが
「よし，売ってやる」
と言う．

　だが，私がなにも言わないのに，ムスタマンが「このワインを売ってやる」と言っても，うかつには，
「よし，買った」
とは言えない．

　自分もほんとうにそのワインをいいと思えば話は別だが，そう思わないのに，適当に調子を合わせたりすると，とたんに彼に，なんだ，ツカモトもその程度の男かと，甘く見られてしまう．

　友だちは友だち．でも，だからといって，なあなあの関係になってしまったのでは，いい友だちにはなれない．どちらもワインで勝負をして生きている．互いに尊重し，尊敬し合えるいい関係を結ぶためには，剣を抜くときには抜き，相手の技量や度量のほどをしかと確かめておく必要がある．

　だから，ムスタマンも，私に飲ませるワインのなかに「試し」のワインを交ぜている．それがわかっているから，彼のほうからどこかのワインを勧めてきても，ほんとうにいいと思わないときは，はっきりと，
「おまえはほんとうにこれがいいと思うのか？」
と問い返し，
「思うなら，自分で金を出してこのワインを買えばいい．私は買わない」
と言う．

　ムスタマンは苦笑いをしている．気まずくなることはない．

　なにごとも積み重ねだ．こういうことを何度も積み重ねているうちに，いつしかムスタマンもおかしなワインを出さなくなった．私の五感を理解し，信頼してくれ，真の友人と認めてくれたということだろう．

　そうなると，当然，こちらの出かたも変化し，ときには，うるさいことを言わずに，
「おまえがほんとうにいいと思うワインなら買うよ」
と，判断を委ねたりするようになる．お互いに友の味覚が理解できたときだ．ムスタマンは，私のワインを飲む力を信頼してくれている．

家族ぐるみのつきあい

　ムスタマンは，オランダのババリア・ビールの御曹司だ．だ

が，ヨーロッパでは，日本のように，親が息子になんの苦労もさせずに跡を継がせるようなことはしない．親は親，子は子なのだ．それで，自分の人生をどうしようと考えた彼は，ワイン商になりたいと思い，ホテル業を勉強したあと，ボルドーまで来て，シャトー・マルゴーで働いていた．

だから，その職を失ったといってもそれほど心配することはなかったのだが，だからといって，彼もただふわふわとワインの世界を歩んできたわけではない．シャトー・マルゴーのオーナーが変わって職を失い，ネゴシアンの会社，レ・ヴァン・ド・クリュを立ち上げたころには，ボルドーの外れの小さなアパートに住んでいた．

そして，私たちが行くと，いつもその自宅に呼んでくれ，私たちとは家族ぐるみのつきあいをしてくれた．あるとき，豊かになって大きくなった彼の自宅で食事をしていたときに，息子の思い出話をしてくれたことがある．まだ息子が幼いころのことだ．厳しい暮らしをなんとかやりくりしている両親を見て，ある日，

「お父さん，ぼくたちは庭の草を食べてもがんばるから，貧乏でもいいよ」

と言ったという．

不遇でも目的をもって邁進している父親にとっては，なによりうれしい応援の言葉だ．立派な息子だな，と感心した私は，

「きみはいちばんいい宝物を授かったな」

と言ったが，ムスタマンもよほどその息子の言葉がうれしかったのだろう．そういうあたたかい家族に見守られてがんばり，いい暮らしを手に入れた父親は，そう答えた私の顔を見て，誇らしげに目を輝かせた．

ムスタマン家にかぎらず，ボルドーのワイン・ソサエティの人たちとおつきあいをするときは，必ず家族ぐるみになる．だから，私のほうも，ボルドーへ行くときはたいてい家内を同伴しているが，幸いなことに，家内もしばらくヨーロッパ暮らしを経験していたので，ボルドーのシャトー・オーナーたちの間に交じっても，決してひるむようなことはなく，テーブルトークに絶妙な合いの手を入れてくれる．

故・坂口謹一郎先生の言葉だが，やはり，ワインは「輪飲」であり，「和飲」だ．ワインのある宴でいちばん大切なのは会話だ．ワインは楽しむものだが，それだけではなかなか楽しめない．いっしょにテーブルを囲んだみんなが打ち解け合って，いろいろなことをなごやかに語り合ったときに，ワインもいちばんおいしく感じるし，その，おいしいと思えたワインの味が，また次の会話を引き出してくれる．

ジロンド川のほとりで

ムスタマンがいっしょにネゴシアンの会社レ・ヴァン・ド・クリュを立ち上げた仲間のひとりで，同社が扱う主力ワインの生産者でもあった当時のシャトー・コス・デストゥールネルのオーナー，ブルーノ・プラッツさんも，私たちをボルドーで最初に歓迎してくれた人のひとりだった．

陽気で冗談好きなムスタマンとは対照的に，プラッツさんはいつも毅然としていて，少し近づきがたい雰囲気を漂わせていたが，これはファシスト，フランコ政権のもとでも自主独立の気風を失わなかった誇り高きカタルーニャ人の血が影響していたのだろう．

ボルドーのワイン・ソサエティは国際社会だ．プラッツ家がスペインのカタルーニャ出身なら，シャトー・マルゴーのメンツェロプーロス家はギリシア出身で，シャトー・キルヴァンのシラー家はデンマーク系，そして，ムスタマンもオランダ系だ．おつきあいをしていると，おのずと国際的センスが磨かれるところも，ボルドーのワイン・ソサエティの特徴のひとつと言えるだろう．

あるとき，VINEXPO が開かれていたボルドーに行くと，迎えに来てくれたムスタマンが，

「今日はホテルじゃなく，マルブゼに泊まれ」

と言う．

マルブゼというのは，シャトー・コス・デストゥールネルの近くにあるシャトーで，ジネステ家出身のプラッツさんのおかあさんが実家から財産分けを受けたときにいただいたところで，そのころには，おかあさんはパリに移られ，プラッツ家の迎賓館として使われていた．

コスなどに比べると，小さなシャトーだ．だが，そこに着いてテラスに出ると，目の前には一面に牧草かなにか，緑の草原が広がっており，その向こうの，はるかかなたにはジロンド川

シャトー・コス・デストゥールネルのブルーノ・プラッツさんと

が見えた．そのジロンド川までの草原を，まるで広大な庭のように見渡すことができるとても美しいシャトーだった．

この年の VINEXPO では，「花の祭り」という催しをコスで開くことになっていて，その夜の食事会は，当初は日本の高円宮さまにお願いしようとしていたその「花の祭り」の主賓に代わって選ばれたインドの有名なマハラジャも招いての食事会だったので，コスの迎賓館であるシャトー・マルブゼのほうで行われた．

インドの有名なマハラジャがおつきの人たちも従えて同席し，マスコミの人たちもついてきたので，ちょっとした晩餐会になった．

その席で，プラッツさんはまだ見習いの身だった息子のギヨームさんにテイスティングをさせたコスをもってこさせた．緊張した面持ちで，自分がテイスティングしたワインを差し出すギヨームさん．だが，そのワインを客に出す前に，念のため，もう一度テイスティングした父プラッツさんの顔が急に険しくなった．

「だめだ，もう一度！」

プラッツさんはものすごい形相で言った．

私には，すぐにぴんときた．

コルキー，つまり，ワインにコルク臭がついていたのだ．コルクというのは怖いもので，瓶詰めされているうちにどうしてもアクが出て，ワインにその臭いがついてしまうことがある．

だが，そういうワインを客に出してしまったら，ワインをふるまう者としては失格だ．言い訳はきかない．テイスティングをした段階でコルク臭に気づき，ほかのワインと取り換えなければならない．初歩だ．ワインをふるまう者としては，わきまえておかなければならない最低限の礼儀だから，プラッツさんは鬼のような形相になり，なんとか一人前のワイン・マンになってほしいと願う息子に，もう一度やり直しをさせたのだ．

ギヨームさんもおとなしく父親の言うことに従った．

ギヨームさんご夫妻

だが，2度目にもってきたコスも，

「だめだ，もう一度！」

と一喝された．

結局，ギヨームさんは3度目にようやく父親から合格点をもらったが，このやりとりには，なるほど，後継者というのは厳しく育てているものだと感心させられた．

当時，見習いだったギヨームさんも，いまでは立派に一人前のワイン・マンとなり，プラッツさんが売り払ったコスをゼネラル・マネジャーとして切り盛りしている．別にワインの世界にかぎったことではあるまいが，こうして，最初に会ったときはまだぴいぴい泣いていたかわいい坊やたちが一人前に成長していく姿を見られるのも，長くおつきあいをしていればこそだ．

伝統の違い

このときには，プラッツさんのところでサーモンと豚肉の料理が出た．ボルドーでシャトー・オーナーのところへおじゃましたときにいただくのは，たいていラムか鶏肉か牛肉の料理で，ウサギやゲーム（つまり，猟鳥獣の肉）を出してくださることもあるが，プラッツさんのところでは珍しく豚肉が出た．それも意外だったが，いっしょに出されたワインが，豚肉のときもコスだったが，サーモンのときもコスだったのが，さらに意外だった．

コスはサンテステフでも濃厚な部類に属する赤だ．そういう赤を魚料理にも出されたので不思議に思った家内が，

「なんで赤ワインなのですか？」

と尋ねると，プラッツさんは，

「ソースに赤ワインを使っているからですよ．このサーモンの料理には赤が合うんです」

と答えた．

なるほど，そう言われてみると，サーモンの料理にも赤いソースが使われていて，いっしょに食べるサーモンの味が，グラスにつがれたコスの味ととてもよくなじんでいる．どうやら，このソースに使われていた赤もコスだったらしいが，あれはおいしい料理だった．

一般には，魚料理には白，肉料理には赤と，なんとも人間の感性を無視したような図式化がなされているが，そんなものにこだわっていたら，せっかく楽しめるワインや料理の味わいの幅も狭めてしまう．ソースにかぎらず，料理やワイン，いや，時間を楽しむためのツールは，探せば無限にある．「こだわり」や「定式化」は楽しみの敵と言っていい．自分の感性や想像力を自由に解き放ち，思いついたツールをどんどん取り入れ，料理やワインの織り成す楽しみの空間を自由に演出する．だから

こそ，ともに時間を過ごすお客さまにも，よそとは違ったもてなす側の気持ちや個性が伝わり，それがその夜，その場かぎりの時間となって，人生の大切な宝物として残っていく —— そんなことを考えさせてくれる晩餐だった．

　ちなみに，Cos d'Estournel の Cos は「石ころ」を意味する．だが，楽しい宴にそんな型どおりの説明はいらない．食事を始めたプラッツさんは，大真面目な顔をしてこうおっしゃった．

　「いいですか，Cos の C は color の C です．O は odor（香り）の O．最後の S はなんだと思いますか？　speak ですよ，speak ね，speak があるからワインの宴は盛り上がる．Cos とは，そういうワインなのですよ」

　そう，こういうウィットが発揮されるから，ワインの宴は楽しい．

　もうひとつ，プラッツさんのところで食事をしながらうかがった話で印象に残っているのは，ワイン・ヴィネガーの話だ．

　そのころには，家内もワイナリーでできるヴィネガーの価値に気がついていて，ルミエールのワイナリーで見つけた古いヴィネガーを料理やなにかに使いだしており，家内が，

　「うちには 30 年物のヴィネガーがありますのよ」
と言うと，プラッツさんはさらりと，
　「うちには 70 年物があります」
と答えた．

　やはり，このへんが伝統の違いで，ワインの文化を何代にもわたって受け継いできた歴史の違いということになるのだろう．ワイナリーでできるヴィネガーは，料理に使うと絶妙な効果を発揮する．だから，料理の専門家の間では，ほんとうにいいヴィネガーはシャトー・オーナーたちが守っていると言われているが，それがまさにほんとうだと気づかされた瞬間でもあった．

　「それは売っているのですか？」
そう尋ねると，
　「売りません．ほしいと言って尋ねてくる人がいれば，分けてあげるだけです」
と言う．

　あとで，あちこちのシャトーで尋ねてみると，どこのシャトーもみなそのシャトー伝来のヴィネガーを保存していることがわかったが，どうやらそれらのヴィネガーは，シャトーのオーナーと仲よくなってなんとかそこのヴィネガーを分けてもらおうとするレストランのシェフたちの手に流れているらしい．

　パリのレストラン「アピシウス」のオーナー・シェフのジャン・ピエール・ヴィガトさんも，シャトー・オーナーたちに「ヴィネガーを売ってくれ」と言っているらしいが，なるほど，と思える話だった．

　プラッツさんのところで思い知らされた「伝統の違い」は，なにもワインにかぎったことではない．最初は毅然としていて近づきがたい印象だったプラッツさんだが，こうしてお話をしているうちにしだいに打ち解けてきて，さて，では，今夜はそろそろ，というときになると，おかあさまが使っておられた寝室に案内してくれた．

　「さ，ここにあるものはなんでも自由に使ってください」
とおっしゃるが，見るとベッドはアール・ヌーヴォー，化粧入れには銀細工が施されていて，洋服ダンスも見上げんばかりの大きさで，その上には，おかあさまがジネステ家から嫁いできたときにもってこられたフランス人形がたくさん並んでいる．そして，そのタンスもあけて，
　「どうぞ，これも使ってくださいよ」
と勧めてくれる．

　誇り高く，心やさしいカタルーニャ紳士なのだ．

　ボルドー市内のご自宅のほうへ招待していただいたときには，そこの壁を指さして，
　「この壁はローマ時代から続いている壁なんですよ」
とおっしゃったことがあった．やはり，日本との伝統の違いは，いかんともしがたい．ボルドーのワインは，そういう長い時間の面影とともに味わうものなのだ．

　ただ，誇り高いカタルーニャ紳士としては，女性にはやさしく気を遣わなければならないのだろうか．あるとき，プラッツさんは私に，
　「壁紙の色を変えようと思っているのですが，母親の意見と，妻の意見と，義姉の意見がみな違うんです．ツカモトさん，どうしたものだろう？」
と相談をもちかけてこられたことがあった．

　うーん，難しい問題だ．でも，まあ，私だったら，と思い，
　「そりゃ，奥さまのご意見をお聞きしたほうがよろしいんじゃないですか」
とお答えしたが，さて，どうなっただろう．紳士のプラッツさんを困らせるような返事でなければよかったが．

　ともあれ，レ・ヴァン・ド・クリュのムスタマン，プラッツさん，それに，もうひとりのミシェル・マスも含めた 3 人は，私たちがボルドーへ行くと，いつも 3 人そろって応対に出てきて，そろって食事をとり，3 人ともみな，家族ぐるみで私たちを歓迎してくれた．

　移動はすべてムスタマンの運転．ミシェル・マスの家に呼んでもらったときには，ほかのふたりもいっしょについてきて，アルジェリア出身で学校の先生をしていた奥さまが歓迎してくれた．私も含め，まだ若く，これから自分の人生をなんとかしようとしていた 4 人の男たちが，ワインの世界にひそむ楽しさ

やおもしろさにひかれるがまま，ボルドーのワイン・リージョンを走りまわっていたわけだ．

知られざるシャトー

なんの世界でもそうだろうが，飛躍をするには，ただ自分がたどりつきたいと思っているところへ向けて手を伸ばしているだけではいけない．チャンスが巡ってきたときに，確実にその目標まで手が届き，ほしいものがつかめるように，ふだんから足腰を鍛えておかなければならない．

ムスタマンは努力していた．いつも冗談ばかり言っているが，根はまじめで，考えかたも地に足がついている．

がっちりとできあがったボルドーのネゴシアンの世界になかなか入り込めずにいた彼は，あのパヴィヨン・ルージュの一件のときのように，たまたま幸運が転がり込むのを待っているだけでなく，自分でもどうにかそこに突破口をこじあけようとしていた．

無名のシャトーの発掘だ．

有名なシャトーのワインがすべて老舗や大手のネゴシアンの手に握られているとしたら，自分の足でボルドーのワイン・リージョンをくまなく歩き，まだどこのネゴシアンも手をつけていない無名のシャトーを見つけ，そこのワインを自分が自信をもって客に勧められるだけの商品に仕立てていくしかない．それが常道だろうが，手間もひまもかかることなので，多くの人はそんな常道を踏もうとしない．だが，ムスタマンは踏んでいた．

ある年，ボルドーへ行くと，彼が，

「あまり知られていないシャトーだけど，ブルジョワ級でいいところがある．行ってみないか」

と言った．

ブルジョワ級というのは，1855 年にメドック地区のワインの格付けが行われたときに，その 1 級から 5 級までの格付けから漏れたワインのなかで，すぐれた酒質をもつものを選んで区別するために 1932 年に設けられた等級で，このクラスには，まだ埋もれたワインが眠っていた．

もちろん，異存はなかったので，「いいよ」と答えると，ムスタマンはボルドー市内から北のメドック地区へ向かって車を走らせた．ガロンヌ川とドルドーニュ川の合流点に近いマルゴー村を抜けると，キューサック・フォール・メドック村に入った．そこの村外れの川沿いにシャトー・デュ・ローというシャトーがあった．

確かに，初めて聞く名前だった．だが，メドック地区でもボルドー寄りのオー・メドック地区の川沿いの土地は，良質ワインの宝庫だ．シャトー・マルゴーも，コスもマルブゼもここにある．

大河の沿岸なので，どうせ遠い昔には，さんざん洪水に悩まされ，ポーヤックを除けば，ほとんどは川から少し離れたところに形成されている沿岸の集落の住民からは，危険な土地として嫌われていたのではあるまいか．だが，その洪水が上流から運んできた砂利や砂が粘土質の土壌の上に堆積し，ぶどうを育てるにはまたとない二重構造の土壌ができあがっている．

かつてのシャトー・マルゴーの営業マンとして，また，シャトー・コス・デストゥールネルという，この土地の有名シャトーのひとつのオーナーを同僚としてもつネゴシアンとして，ムスタマンはそのあたりのことを充分に心得たうえで，ここに新たな可能性を秘めたシャトーを探していたのではあるまいか．

シャトー・デュ・ローは，やや古ぼけて，荒れた印象を受けるシャトーだった．1879 年に取得したベルナール家が代々受け継いできたシャトーだが，すでにその段階で 1855 年の格付けから漏れていたこともあり，長く日の目を見ることがなく，不遇の時代が続いていたのだろうか．

だが，たとえそうして制度の恩恵を受けることがなくても，努力する人はする．当主のパトリックさんは，大学の醸造科を卒業してベルナール家のエレンさんと結婚してから，シャトー・デュ・ローを造りつづけてこられたかただ．あまり英語が得意ではないこともあり，口数は少なかったが，とてもまじめにワイン造りに取り組んでおられることはよくわかった．

そして，その造られたワインをいただいてみて，驚いた．やはり，わが友，ムスタマンの嗅覚や味覚は確かだった．

出していただいた 1961 年と 1962 年のシャトー・デュ・ローを飲むと，カベルネ・ソーヴィニョンとメルローを 50 パーセントずつ使っているせいか，まるでシャトー・ペトリュスのような味わいがある．こんなワインがまだあまり知られることなく眠っているのだから，やはりボルドーはすごい，とも思った．

ボルドーでは，1961 年がグレイト・ヴィンテージと言われ，1962 年はそれほど評価されていない．だが，1962 年のシャトー・デュ・ローもとてもよくできていた．1961 年の陰に隠れているが，この年も実はなかなかいい年なのだ．

このシャトー・デュ・ローでは，ほかの有名シャトーとはひと味違った「もてなしの心」も教わった．うかがって，さて，ではお食事を ── という段になったとき，奥さまが「では，ちょっと……」と言って，遠くに見えるご自宅の森まで行って，日本のマツタケのようなセップ茸をとってきてくださった．

ご自宅でとれたばかりの食材を使って客をもてなす．客にとって，それ以上のもてなしがあるだろうか．

料理は，どうやらご近所の料理自慢の農家のかたにお願いし

12　魅惑のボルドー・ワイン　Irrésistibles Bordeaux

ていたようだったが，ボルドーのシャトーでは，よくそうしてご近所の農家のかたの手料理でもてなしてくれることがある．このときも，その料理自慢のかたの手によって料理された新鮮このうえないセップ茸はとてもおいしかった．

広がる予感

　ボルドーの人たちと，こうして交流がひろがっているうちに，日本で意外な話が飛び込んできた．

　1995年のことだ．

　当時，駐米日本大使をなさっていた外務省の栗山尚一さんから，

「おたくのワインをワシントン・ボールで使いたい」

というご連絡をいただいたのだ．

　外交官だった父の関係もあり，栗山さんを始めとする外務省のかたや大蔵省のかたや宮内庁のかたがうちのワインを飲んでくださっていることはよく存じ上げていた．どうやら，このお話をいただく前には，栗山さんが現在駐ロシア大使をなさっている河野雅治さんを軽井沢の別荘に呼ばれていっしょにうちのワインを召し上がってくださったらしく，そのときに召し上がったワインもとても気に入ってくださっていた．

　でも，「ワシントン・ボール」とはなんなのか？

　ふだんは，たいていのことでは驚かない私だが，このときばかりは，聞いて，いささか驚いた．

　アメリカの首都ワシントンには，ナショナル・シンフォニー・オーケストラという楽団がある．このオーケストラを支援する催しを，ワシントンに大使館を置く各国が毎年もちまわりでやっていて，日本も25年に一度，その当番が当たるのだが，この年がその当番の年に当たっていて，ワシントンで盛大なボール，すなわち舞踏会をやることになっていて，そこでうちのワインを使いたいというのだ．

　お世話をするのは，ワシントンに大使館を置く諸外国でも，後援者は合衆国大統領夫人ヒラリー・クリントンさん（当時）となっている．ワシントンの社交界を彩る冬の恒例行事のひとつなのだ．

　この年のワシントン・ボールのお世話をした日本大使館は国立建築博物館を会場に選び，そこに1000人にも及ぶ招待客を呼ぶことにしていた．1000人だ．1000人の宴会．私もいろんな宴会を開いていたが，もちろんそんな宴会は，経験がないどころか，想像するのも容易ではなかった．

　それでも，うちのワインを気に入ってくださった栗山さんは，

「25年前に日本が世話人をやったときには，あまり胸を張れるような日本産のワインを出せなかったが，今度は違う」

と言ってやる気をみなぎらせておられる．

　そうとなれば，こちらも驚いてばかりもいられない．さっそく，1988年のシャトー・ルミエールを60ケース，政府専用機で運ぶ手配をした．

　やがて，私たちのところへもそのワシントン・ボールへの招待状が来た．その片隅には「White Tie」と，ドレス・コードも入っていた．ホワイト・タイ，つまりやや略式の礼服であるタキシードでもすまない，一生に一度着る機会があるかどうかという最上級の礼服を着ての舞踏会だ．

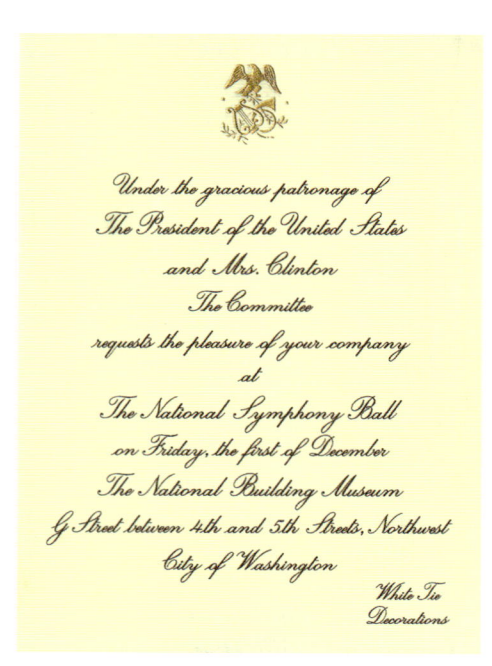

ワシントン・ボールの後援者ヒラリー・クリントン大統領夫人（当時）からの招待状

1995年のワシントン・ボールのメニュー．なかほどにChâteau Lumiére Grand Vin 1988の文字が見える

メニューを見ると，メイン・ディッシュの Filet of Beef Tenderloin のところに Château Lumiére Grand Vin 1988 の文字も入っている．

いやはや，外交官をやっていた父の縁で栗山さんたちに目をとめていただいたのはよかったが，こんな大ごとになるとは思っていなかった．

そういえば，栗山さんたちには，何度か三鷹のわが家までいらしていただき，ワイン会を開いていたが，そのときも，うちのワインを「おいしい」「おいしい」と絶賛していただいていた．

でも，アメリカを始めとする外国のかたがたの評価となると，また話は別だ．果たして気に入っていただけるだろうかと，とても心配していたが，舞踏会の翌日，ワシントンの大きな日本大使館に呼んでいただいたときにお聞きすると，わがルミエールの評判は，ワシントン・ボールでも上々だったようだ．

この舞踏会は，のちにビル・クリントン大統領が来日したときの午餐会でうちのワインが採用されるきっかけともなった．このように多くのかたにだいじにしていただけたのも，戦前から戦後にかけて，外務省の任を務めあげた亡父がこっそりとさずけてくれた遺産だったのかもしれない．

ワシントン・ボールでの当時の栗山尚一駐米日本大使ご夫妻

ルミエールの赤を手にされた柳井俊二・元駐米日本大使ご夫妻

なお，ナショナル・シンフォニー・オーケストラに関連した催しでは，このあとも一度，2000年9月20日にワシントンDCで開かれたオープニング・コンサートのレセプション会場にシャトー・ルミエールをお出しするということがあった．このときは，当時の柳井俊二駐米日本大使から「レセプションは，ワシントンの文化人，各国大使，政府高官等500人近くの各界の代表が参加するほどの活況を呈しておりましたが，同レセプションに参加した私にも，多くの方々から口々に，日本でこれほどすばらしいワインが生産されているとは思わなかったと，貴社のワインに賛辞が寄せられました．私も，日本の大使として，これほどのお褒めの言葉をいただき，感激致しました」といううれしいお礼状をいただいた．

イケムとの因縁

ボルドーへ，アメリカへと，おつきあいの輪は広がっていたが，この時期には，私はまだ中国でのワイン造りを続けていた．

だが，中国はやがて自由化を求める国民と，それを認めようとしない国との間で天安門事件が起き，難しい時代に突入した．もう潮時かな，と思っていたそのころ，東京のルミエールの事務所に一本の電話がかかってきた．

日本でボルドー・ワインの販路を開拓するために来日していたボルドーの名門ネゴシアン，デュボスの社長，カイ・ニールセンからだ．

彼は，日本に来て，ボルドー・ワインの販路を開拓しようとしたとき，在日フランス大使館に行き，日本のワイン輸入業者のリストにあたっていた．そこに，酒類の輸入免許を取得していたルミエールの名前も掲載されていた．あのときの，なにげない手続きのおかげだ．

ボルドーのネゴシアンには，それぞれテリトリーがある．ムスタマンたちが立ち上げた新興のネゴシアン，レ・ヴァン・ド・クリュは，ムスタマンがマルゴー出身で，いっしょに会社を立ち上げたブルーノ・プラッツさんのシャトー・コス・デストゥールネもメドック地区にあるので，メドックのワインを得意としており，それ以外のワインにはあまり強くなかった．だが，カイ・ニールセンのデュボスは，何百年という歴史をもつフランスでも老舗のネゴシアンということもあって，ソーテルヌやポムロールやサンテミリオンのワインにも強かった．それで，中国から手を引いたといっても，とくにボルドー・ワインの輸入に力を入れようとは思っていなかった私に，今度はソーテルヌやポムロールやサンテミリオンのワインを輸入してはどうかと商談をもちかけてきた．

こちらは心の準備ができていなかったわけで，勧められても，

すぐには乗り気になれない．だが，若いころからボルドーのワインをいろいろと勉強していたおかげで，ニールセンが次から次へと話に出してくるシャトーの歴史やそこのワインのヴィンテージごとの特徴などはあらかた頭に入っていたので，しばらく相手をしているうちに話が合ってきた．たとえば，彼がシャトー・ラフォリ・ペイラゲイのワインがいいと言うと，すぐに，

「ああ，1934 年はよかったね」

という調子で，受け答えができた．

それで，初対面だったのに，すぐに信頼してくれたのだろうか，ニールセンの勧めかたもますます熱を帯びてきた．そうなると，こちらには，とくにそれを頑としてはねつける理由もない．だから，最後にはニールセンの熱意に折れて，彼とも取引を始めることにしたのだが，そのニールセンが得意としていたソーテルヌのシャトーのひとつに，あのシャトー・ディケムがあった．

当時，ソーテルヌのシャトー・ディケムは世界最高の貴腐ワインだった．まだ直接のおつきあいはなかったが，当主のアレクサンドル・ド・リュル・サリュース伯爵が精魂傾け，上品で，きらびやかで，なおかつとろけるように甘美な，ただただみごととしか言いようのないワインを造っていることはよく存じ上げていた．

そのサリュースさんと，カイ・ニールセンは大の仲良しだったらしく，彼は私のことをサリュースさんに紹介してくれた．1996 年，ときのフランスのシラク大統領が来日するときだ．大統領に同行して来日することになったサリュースさんが，カイ・ニールセンから「ツカモトに会え」と言われたと言って，連絡をくださった．

しかし，折悪しく，私はそのとき胆嚢を患い，激しい痛みにさいなまれていた．あのサリュースさんが訪ねてきてくださるとなれば，ワイン醸造家としては光栄なことこのうえないのだが，いかんせん，入院していて満足にベッドから出ることもできない．そこで，しかたなく，家内に代理を頼んでサリュースさんが泊まっていた帝国ホテルまであいさつに行ってもらうことにしたのだが，これは，私にとっての幸せの国ボルドーとのおつきあいのなかでも大きな転機となる出来事だった．

家内が行くと，当初は 10 分か 15 分くらいの予定だったが，話は 1 時間半にも及び，

「来年，ぜひボルドーにいらっしゃい．1 か月くらいいれば，収穫を全部見ることができますから」

と言われたらしい．

しかも，そのあと，サリュースさんは山梨のルミエールのワイナリーまで来て，イケムで使った樽をくださる約束までして，うちの樽にもサインをしてくださった．

サリュースさんには，ワイン造り職人としても，人間的にも，共感できるところや，勉強になるところがたくさんある．ボルドーのワイン関係者の間でも，お造りになるワインの品格もあって，ひときわ人望が厚く，尊敬を集めている人物だ．

そのサリュースさんが訪ねてきてくださったとなれば，私としても，いくら病気とはいえ，いつまでもベッドに寝ているわけにはいかない．このときを機に，私のボルドー志向はますます強くなった．ただ，なんということか，サリュースさんは，このときの東京滞在中にボルドーのお宅のほうで起きたことのためにあのイケムを去り，もうひとつ所有していたシャトー・ファルグのほうへ移られることになったので，このときの出会いを，ただただこちらの気持ちにまかせて「幸せな出会い」とするわけにはいかない．だが，私と「幸せの国ボルドー」とのおつきあいを語るうえでは，これは抜かすわけにはいかない出来事だった．

つまらないワイン会

ボルドーのシャトー・オーナーたちとの交流が広がり，彼らと同じテーブルを囲んで食事をする機会が増えてくるうちに，ひとつ感じたことがあった．

彼らといっしょにワインを飲んでいると，とても楽しい．それにひきかえ，当時，日本国内で開いていたワイン会のほうが，なんだかつまらなく思えてきた．

中国でのワイン造りという，私のワイン人生のなかでも大きなチャレンジにひと区切りをつけたあと，私は三鷹の自宅にお客さまをお招きして頻繁にワイン会を開くようになった．幸いにして，早くからボルドー・ワインにひかれていた私のセラーには，若いころから買いためていたボルドー・ワインがたくさんあり，そのなかには，多くの人に興味をもって飲んでいただき，よき時間を過ごしていただくためのツールになりそうなワインがたくさんあった．だから，この時期には，さまざまな方面から，ずいぶん多くのお客さまをお招きした．だが，そんな試みをしていたことが，ボルドーでのシャトー・オーナーたちとのワイン会という無上の時間の過ごしかたを覚えたばかりに，意外な結果につながった．

日本でワイン会を開くと，参加してくださったみなさまは「よかった」「おいしかった」「すばらしかった」と言ってくださる．そう言っていただくと，確かにうれしいことはうれしい．だが，いつもそれだけだ．いったいなにがよかったのか，どこがおいしかったのか，と思うのに，いつもそんな言葉しか返ってこないと，いい時間を過ごしていただこうと思ってふくらんだ胸の内に，どこやらむなしさばかりが残ってしまう．

ボルドーのシャトー・オーナーたちとの食事会では，いつも出てきたワインのことをあれこれと語り合う．もちろん，有名シャトーのオーナーだからといって，ワインの酒質を的確に表現できるとはかぎらない．それでも，彼らは自分の感じたことをなんとか言葉で表現してこちらに伝えようとする．そして，それがわかるから，こちらもなんとか自分の感じたことを言葉に表現して彼らに伝えたいと思う．そのために，お互いに，絵画や彫刻や音楽のことも引き合いに出す．気がついてみると，話題は多岐に及んでおり，なかにはなかなか人に話せないような家庭の悩みなども紛れ込んでいる．

ただ，そんなボルドーのシャトー・オーナーたちとのワイン会も，裏を返すと，たいへんな厳しさがある．新しく参入してきたオーナーは，たいていこのワイン会で厳しい洗礼を浴びる．

あるワイン会で出席者たちがあるワインの話で盛り上がっていたときに，新しくシャトー・オーナーになり，初めてオーナーたちのワイン会に出てこられたかたが「まだそのワインは飲んだことがない」と言ったことがある．とたんにその人は，ほかの出席者たちから次々と嫌味な言葉を浴びせられた．新参者は，みなそういうことを経験して一人前の「ボルドーのシャトー・オーナー」になっていく．だから，ワイン会は，ある意味では真剣勝負の場なのだ．

彼らとワイン会をすると，必ず「ツカモトさんのご意見は？」と聞かれる．いい加減に答えるわけにはいかない．求められて答えた「意見」が的確でなければ，こいつはわかっていないと判断され，仲間外れにされることもある．たとえ的確な意見を言えたとしても，それからまた，話はいろいろな方向へ移っていく．いつなんどき，なにを訊かれるかわからない．ときには，真剣になるあまり，シャトー・オーナー同士が口げんかのようなことを始めることもある．

だが，そうして緊張感をもって過ごす時間は，ひと口に言うと，「幸せの味がする」時間と言えるだろうか．

それで，思った．

やはり，人にワインを提供して喜んでもらうことを仕事にしている以上，その喜びを最大限に体験できることをしたい．日本国内でワイン会を開くばかりでなく，あのボルドーでも，私たちとあれだけ楽しい時間を過ごせるシャトー・オーナーたちを相手にワイン会を開いてみてはどうだろう．私がさまざまな背景や性質をもったワインを，そこに流れるストーリーも考えて出したとき，あのシャトー・オーナーたちはどう言ってくれるだろう．いっしょに飲んであれだけ楽しい時間を過ごせる人たちに，私が「これでどうだ」と思うワインを飲ませたら，さぞや楽しい，いい時間を過ごせるのではあるまいか．

そう思ったのが，ことの発端だった．

シラク大統領といっしょに来日したシャトー・ディケムのサリュースさんから「来年，ぜひボルドーにいらっしゃい」と言われていたこともあり，いささか無謀だったかもしれないが，私は思いきって，ワインの本場ボルドーで，その本場のワインを造るシャトー・オーナーたちを相手にワイン会を主催することにした．

ボルドーでのプランは，思い立ったらまず相談するのはやはりムスタマンだ．よし，私もあのボルドーでワイン会を主催してみよう，と思い立つとすぐにムスタマンに連絡をとった．

彼は会場の選定とお招きするシャトー・オーナーたちへの案内を快く引き受けてくれた．

1997年の秋のことだ．私と家内はあれこれとワイン会の状況を想像しながらその場で出すワインを選び，またボルドーへと飛んだ．

ワイン会序曲

ボルドーでは，収穫祭が行われていた．VINEXPOのときと同じように，ボルドー・ラック（ボルドー湖）のほとりに全長2キロメートル，幅500メートルほどにわたって巨大な展示場が設営され，そのなかに数知れず並んだ小さなブースのひとつに，DUBOS FRERES & Cieの看板を掲げて，カイ・ニールセンが待っていた．

私たちが主催するワイン会は，1週間後の10月8日に設定していた．その前に，カイ・ニールセンの案内で，少しシャトーをまわることになっていた．

彼は，会うとさっそく「これからシャトーを案内する」と言う．どこのシャトーに行くかは知らないままあとについていくと，車が5万台ほども停まれる広大な駐車場の片隅にヘリコプターが停まっていて，「乗れ」と言う．

ヘリコプターとは，またすごいな，と思ったが，ブルゴーニュとは違い，ボルドーは広い．ボルドーの市街地の外れの展示会場を飛び立つと，じきにニールセンがヘリコプターを選んだわけが納得できた．

北へ向かうと，もう眼下は広大なぶどう畑．ボルドー市内を蛇行したガロンヌ川が左へ大きくカーブした先には，東から流れ込むドルドーニュ川との合流点が見えてきて，その先の，ふたつの川がひとつになったジロンド川の広大な水面が，白い雲を散らした空からこぼれる日差しに輝いている．

いいな，ボルドーの人たちはこういうところでぶどうを造っているのか ── そんなことを思いながら，川沿いのマルゴー村やサンジュリアン村のワイン街道のぶどう畑の様子をながめていると，やがてヘリコプターは石油タンクだろうか，川沿いに

大きなタンクが並んでいるあたりに向けて降下を始めた．ボルドー・ワインのひとつの黄金地帯といってもいい．ムートン・ロートシルト，ラフィット・ロートシルト，ラトゥールという1級シャトーが集まるポーヤック村だ．

「ポンテ・カネに行くよ」

ニールセンが言った．

ポンテ・カネも，5級とはいえ，ボルドー・ワインの公式格付けに含まれるエリート・シャトーのひとつで，ぶどう畑の広さはメドックでも最大級だ．ニールセンが指さす方向を見ると，タンクの手前の村の外れに，広大なぶどう畑に囲まれたふたつのシャトーが見えていた．ひとつがポンテ・カネで，その北側にあるのがムートン・ロートシルトだ．

だが，ヘリコプターはそこには降りず，またひょいと上昇し，ムートン・ロートシルトの上をひとっ飛びして，帯状につらなる森を越えたところで再び降下を始めた．ポンテ・カネをやっているアルフレッド・テスロンさんの弟ミシェル・テスロンさんがやっているシャトー・ラフォン・ロシェの畑だ．こちらの畑のなかには，コンクリートで固められ，ヘリコプターが降りられるようになったところがあり，上から見ると，そのわきに，細長いカートの白い屋根が見えた．アルフレッドさんとミシェルさんが6人乗りのカートを運転して迎えに来てくれていたのだ．

なるほど，広い．畑に降り立つと，一面に広がるぶどうの葉の緑が，まるで大海の水のように胸に迫ってくる．

「ほら，ぶどうの実が残っているだろう．これは，摘み取りをやってくれている農家の連中の余禄だよ」

ラフォン・ロシェの畑のなかでカートを走らせながら，アルフレッドさんが言った．

見ると，確かに，収穫を終えたぶどうの木に，ぽつりぽつりと実が残っている．ルミエールの畑でも，収穫が終わったあとに2果生の小さな実が成るが，これが甘くておいしい．どうやら，それを知っている農家の人たちが，収穫が終わったあとでまたそれを取りに来て，自家製のワインにしているらしい．もちろん，ぶどうの実もただ甘いだけではいいワインにならないし，醸造技術も伴わないだろうから，とてもそこから上質のワインができるとは思えないが，そのワインも「ポンテ・カネ」と言えば「ポンテ・カネ」，ボルドーの名だたるシャトーのワインにも，そうして広がる裾野があるわけだ．

アルフレッドさんとミシェルさんは，それぞれ自分のシャトーのぶどう畑とセラーを案内してくれた．畑と同様，地下セラーも広い．20個ほどの樽が並んだ列が何列あっただろう．発酵室に並んだタンクの数もたいへんなもので，テイスティング室も見せていただいたあとは，ダイニングでテスロンさんご兄弟と，カイ・ニールセン，私たち夫婦の5人で昼食会となった．

このときの昼食会では，料理とワインの組み合わせがとてもみごとだったのが印象に残っているが，テーブルについたとき，私たちの前にひとつずつ立てて置かれていたふたつ折りのメニューが気になった．ボルドーのシャトー・オーナーのところで食事会をするときは，必ずテーブルの上にその日のメニューが置かれている．だが，そのメニューはただのメニューではない．黒地に鮮やかな色彩でさまざまな花や果物の絵が描かれている．だから，つい好奇心をそそられ，

「この絵はなんですか？　なにか意味があるんですか？」

と訊いてみた．

「ああ，それ．それは，うちのワインがもつ香りが想起させる花や果物をすべて描いたものですよ」

アルフレッドさんはそう言った．

ははあ，なるほど．しゃれている．とてもハイセンスだ．シャトーのオーナーは，ただいいワインを造ればいいというものではない．いいワインをさらに楽しく，心地よく味わうためには，それなりの演出も必要だ．そのためには，苦労して造ったワインを，ただそのまま味わうのではなく，味わう空間になんらかの味つけをしなければならない．その意味で，自分たちのワインを客に表現するときにこういう表現のしかたもあるのか，と感心させられたのだ．

テスロンさんたちは，このとき，ポンテ・カネのワインをスミス・オー・ラフィット，カノン・ラ・ガフリエール，ガザン，ブラネール・デュクリュのワインと組み合わせて6本セットにし，「クラブ・デ・ファイブ」という名前で売り出すことを計画

シャトー・ポンテ・カネのメニューに描かれていた絵

していることも教えてくれた．いずれも1995年のワインで，スミス・オー・ラフィットだけは赤・白の両方あったが，あとはすべて赤のマグナムだ．「2000年に飲んでほしい」と言って，サンプルを見せていただくと，6本のワインを納める木箱のデザインもしゃれていて，なかなかいい．だから，私はすぐにその場でこのセットをまとめて買うことにした．こういう情報をいち早くキャッチできるのも，シャトーのオーナーたちと直接のおつきあいが始まったおかげだ．

このときにテスロンさんご兄弟とお話をして印象に残っているのは，ほんとうにいいと思うワインができたときは，発酵が終わったところでそれを100ℓ入りのボンボンという大きな瓶に入れておき，何年かたってから小さな瓶に分ける，ということだ．そうすると，最初から少量ずつ小さな瓶に分けたときより瓶のなかにできる空間が相対的に狭くなり，それだけワインの酸化を遅くして，長期熟成させることができ，品質をいちばんいい状態に保てるというのだ．

「このワインをあけると，おやじに怒られるのだけど」

アルフレッドさんは，出してきたポンテ・カネの1961年をあけるときにそう言ったが，その「おやじ」，つまり，ギー・テスロンさんのお父さんのアベル・テスロンさんは，コニャックで財を成したかたで，テスロン家には，コニャックの伝統が受け継がれているらしいのだが，コニャックでもやはり，いちばんいいと思う酒は大瓶に入れて保存しておくということだった．

シャトー・オーナーたちとの会話のなかにぽろりぽろりと出てくるこういう情報が，あとで役に立つ．あるとき，パリのワイン・ショップ，ニコラに1864年のシャトー・ラフィットが出たことがあった．小瓶に入ったやつだ．ふつう小瓶に入った1864年のラフィットなど，飲めたものではない．だが，それはボンボンに入っていたものを少し前に小瓶に分けたものだということだった．だから，テスロンさんたちの話を聞いていた私には，すぐに，あ，これはいいものだな，という見当がついた．

このときのポンテ・カネ，ラフォン・ロシェ訪問を機に始めたことがあった．ボルドーで昼食会や夕食会に招かれると，決まってそこにサイン帳が置いてある．その会の出席者たちになにかひとことコメントを書いてもらうためだ．そういうサイン帳を，私も作ろうと思った．そして，最初に書いていただいたのが，このときのポンテ・カネでの昼食会のときだった．

アルフレッド・テスロンさんはそのノートの先頭にこう書いている．

「3週間前に始まった収穫も今日で終わりました．収穫の時期にこんなにいい天候に恵まれたのは，生まれて初めてです．タンクのなかでつぶしたぶどうから立ち上るイチゴのような香りをかいでみましたが，かつてないほどいい香りでした．こんなに幸せな気分になったシャトー・オーナーは，これまでにいないでしょう．そういうすばらしい1997年の収穫の最後の日に，日本からいらっしゃった友人をお招きできてうれしく思います．私たちはもう友人です．なぜなら，ともにぶどうを栽培し，ワインを造り，そこに共通する熱いパッションをもっているからです」

こういうコメントがいただけるから，やはりボルドーはうれしい．

おしゃれなシャトー

このあとは，10月8日のワイン会まで，レオヴィル・バルトン，スミス・オー・ラフィット，アンジェリュス，イケム，ピション・ロングヴィルの各シャトーをまわった．

ポーヤックのポンテ・カネからジロンド川に沿って少し上流へさかのぼったサンジュリアンにあるレオヴィル・バルトンは，1821年に隣接するシャトー・ランゴアを買い，1826年にこのシャトーの一部を買ったヒュー・バルトンさん以来のアイルランド系のシャトーだ．ヒューさんは，1722年にアイルランドからボルドーに渡ってきてワインの事業を始めたトーマス・バートン（バルトン）さんの孫に当たり，祖父の郷里のアイルランドにバルトン家の屋敷，ストラファン・ハウスを建てた．ボルドー・ワインのひとつの側面を象徴しているシャトーと言える．

ボルドーは，フランスのワインの産地であって必ずしもフランスのワインの産地とは言い切れない一面をもっている．そもそも，ボルドーのワインが有名になったのは，港から船に積まれて出荷された赤ワインが，ときの世界の都だった大英帝国の首都ロンドンで「クラレット」と呼ばれ，高い評価を得たからだ．だから，ブルグンド，つまりドイツ系の流れを汲むブルゴーニュのワインに対して，イギリス系の流れを宿し，ブレンドしてより複雑で深い味わいを求めるその造りかたにも，より高度な「洗練」を感じさせるそのスタイルにも，どこかイギリス的な合理主義の影響を見てとることができる．

バルトン家を生んだアイルランドも，そのボルドー・ワインを育てた消費地イギリスの列に並ぶ国であり，だから，現代の当主アンソニー・バルトンさんも，すでにこのシャトーがバルトン家のものになってから1世紀あまりが経過していたのに，

サイン帳

イギリスで生まれ，ボルドーに渡ってきている．

「英国紳士」らしく，背が高くて，身のこなしのスマートなかただ．

次に訪れたスミス・オー・ラフィットは，レオヴィル・バルトンからさらにジロンド川をさかのぼり，ガロンヌ川に入ってボルドーの市街地も越えたところにある．天かけるウサギの像をトレードマークにしているおしゃれなシャトーだ．

ここも，起源は14世紀までさかのぼるが，その名が示すとおり，18世紀にスコットランド人ジョージ・スミスさんが買い取り，おもにイギリス向けにワインを出荷していたシャトーだ．だが，グルノーブル・オリンピックにフランス代表のスキー選手として出場したあと，スーパーマーケットやスポーツ用品店を経営して大金持ちになったダニエル・カチアードさんが1990年にオーナーのひとりになってからは，ぶどうの種を利用した化粧品会社を作ったり，ホテルやスパを作ったりして精力的に事業を多角化しながら，はるかな昔から定評のあるエレガントなワインを，おしゃれな味つけをして世界中に出荷している．

そのダニエルさんとお会いしてまず感心したのが本だ．スミス・オー・ラフィットでは，泊めていただいたのだが，そのときに，ダニエルさんはご自分のところで出版した本を出してきて，私たちにくださった．

ボルドーのおもなシャトーはたいていそうして自社の本を出している．「ボルドー・シャトー本コレクション」なんてものをやってもおもしろいのではないかと思うくらい，どのシャトーもワインの世界の人たちらしく，おしゃれな本や，豪華な本や，重厚な本を出している．ダニエルさんにいただいた本は，なかでもひときわおしゃれだった．いや，そこに掲載されている写真に写ったスミス・オー・ラフィットのシャトーそのものがおしゃれだから，その本までがおしゃれに見えただけかもしれないが．

たとえば，その本にも写真で紹介されているが，ダニエルさんが見せてくれたものに，何本ものぶどうのつるに見立てたガラス管が交差したピペットがある．スミス・オー・ラフィットに行くと，ワインをこれに詰めてからグラスに注ぎ，テイスティングさせてくれる．いや，このデザインはおもしろいなと思い，なんとかいただいて日本までもって帰れないものかと思ったほどだ．

その次に訪れたシャトー・アンジェリュスは，それまでのガロンヌ・ジロンドのラインから離れ，ドルドーニュ川をさかのぼったサンテミリオン地区にある．ボルドーの名門ボウアール・ド・ラフォレ家が8代にわたって所有しているシャトーで，8代目当主のユベールさんとともに経営に当たっているジャン・ベルナール・グルニエさんが迎えてくれた．

初めておじゃましたイケム

次におじゃましたのは，ワイン会を開く前にどうしても行っておきたかったシャトー，イケムだった．前年，東京にいらっしゃったときに，家内に「ぜひ，いらっしゃい」と言ってくださったサリュースさんは，まだそこでイケムのワインを造っていた．もちろん，私たち主催のワイン会にも，サリュースさんはお招きすることにしていたが，こちらが病気になり，お会い

はるか遠くにガロンヌ川も見渡せる壮大なイケムのシャトー．写真右から，サリュースさん，イディス・クルーズさん（後ろ姿），著者，ライオネル・クルーズさん，家内，カイ・ニールセン

することができなかったのに,「ぜひ,いらっしゃい」と言っていただいた以上,やはりワイン会の前に一度おうかがいしておきたくて,カイ・ニールセンにお願いして,つれていってもらった.

フランス革命のさなかにもオーナーが処刑されることなく,奇跡的に400年も続いてきたサリュース家のシャトーだ.

この日のイケムには,サリュースさんととても親しくしているシャトー・ディッサンのライオネルさんとイディスさんのクルーズご夫妻も招かれていた.

最初に通された客間から外に出ると,そこにはあの世界最高の貴腐ワイン,シャトー・ディケムを生むぶどう畑が広がっており,遠くにはガロンヌ川も見渡すことができた.そこには,なんの木だろうか,巨大な木が一本立っていたが,その木はその後の台風で倒れてしまったらしい.いまではシャトーのあるじがサリュースさんから代わってしまったので,もうイケムを訪れることもないが,あの大木が立っている光景はよかった.ワインは体を表すというが,まさにあのときのイケムのシャトーは,サリュースさんが造っていた黄金色のみごとなイケムにふさわしい.ワイン醸造家にとってはまさに夢の国か天国のように思える場所だった.

家内に貴腐菌のついたぶどうを見せて説明してくださるサリュースさん

サリュースさんに教えられて発酵の音を聞く家内

全員でぶどう畑に出ると,サリュースさんは,貴腐ワインとはなにかをていねいに説明してくださった.

「要するに,例えるならばマッシュルームと同じなんですよ」

サリュースさんはそう言った.

カビがぶどうの果実のなかに根っこをはやし,水分をとってしまうから,ただしわしわになるだけでなく,そのカビからもとてもいい香りが出るというのだ.

地下のセラーに行くと,どこの畑から何日にどれくらいのぶどうを収穫したかという記録がすべて残されており,サリュースさんは,

「収穫した年によって音が違うよ」

と言った.

音? なんの音だろう?—— と思っていると,サリュースさんは発酵樽を指さした.

ぶどうを収穫してつぶし,樽に詰めると,発酵が始まり,ぶくぶくと二酸化炭素が発生しはじめる.そのときに,かすかにだが,その二酸化炭素の泡立つ音が聞こえる.その音が,年によって異なり,ワインのよしあしを見分けるひとつの目安になるというのだ.なにやら,聞いていると,なるほどと思うことばかりで,私たちも樽に耳を当て,その音を聞かせていただいたが,イケムのシャトーでサリュースさんからこういう話を聞かされると,すべてが特別なことのように思えてくる.

それにしても,シャトーのなかをめぐるうちに,あちこちに象牙や銀の,Yquem や de Lur Saluses という文字をかたどったカトラリーなどがさりげなく置かれていたのには,ああ,さすがは歴史のあるシャトーだな,との思いをいだかされた.

私はこのとき,特別なおみやげも用意していた.わが家のセラーにあった1871年のイケムと1900年のオーゾンヌだ.もちろん,1871年のイケムはサリュースさんへのおみやげだが,オーゾンヌのほうが意外な反響を呼んだ.いっしょに招かれていたライオネル・クルーズさんの家も,もとはネゴシアン出身で,古くからワインを手がけていて,かつてはかなり手広く事業を展開していたが,いまはディッサンに専念し,おもに息子さんがその事業をとりしきっている.どうやらそのライオネルさんが,おじいさんから「1900年のオーゾンヌはすばらしい」と聞いていたらしい.私も,このオーゾンヌをもっていながら,日本には,オーゾンヌを評価する人がまったくいなかったので,その真価のほどはまだよくわかっていなかったのだが,ライオネルさんは,私がもっていった1900年をひと口飲まれたところで,

「ほんとうだ.初めて飲んだが,ほんとうにすばらしい.祖父の言ったとおりだ.今日はサリュースさんに呼んでもらってよかった.これは最高だ.ありがとう」

と言って感謝してくださった．サイン帳にも，

「これまでこんなワインは飲んだことがありませんでした．祖父が飲んだオーゾンヌが極東の島から戻ったのですね．1900年のオーゾンヌも1871年のイケムもすばらしかった」

と率直に感動を綴ってくださっている．

サリュースさんもこのオーゾンヌにはいたく感心されたらしく，そのボトルをもって，

「うん，世紀の銘酒だ．フランスの誇りだ」

とうなずいていた．

それだけ喜んでいただければ，はるばる日本からもっていった甲斐もあったというものだが，この興奮がよほど大きかったのか，ライオネルさんはそのあと，

「ツカモトさん，うちはいま，息子がやっているから，これから息子をよろしくお願いしますね」

とまでおっしゃった．まだ独身でディッサンの仕事に打ち込んでいる息子さんのことがよほど気がかりと見える．いささか当惑してしまうお言葉だが，人にワインを飲んで喜んでいただくのを仕事としている者としては，ここまで喜んでいただければ，本望と言える．

もちろん，サリュースさんも，驚き，喜んでくださった．よもや1871年のイケムが極東の島国，日本からよみがえってくるとは思っていなかったらしい．サイン帳のサリュースさんのお言葉には，

「日本からイケムの1871年をもってきていただくとは，思いも寄らぬことであり，日出ずる国の丁重さを物語る行為です」

とある．

実は，イケムは日本と深いつながりがある．そもそも，日本は1875年に初めて公式の晩餐会のためにフランスのワインを輸入したのだが，そのときに輸入したのがシャトー・ディケムだった．また，のちに大日本帝国海軍元帥となる東郷平八郎さんが明治天皇の名代・東伏見宮依仁親王に随行してイギリスのジョージ5世の戴冠式に出席するためにヨーロッパへ行ったさいにも，ボルドーの港に立ち寄り，ソーテルヌまで足を延ばし，シャトー・ディケムを訪れたという．そんな歴史をもつサリュース家のシャトー・ディケムの当主らしい，日本への親愛の念のこもったお言葉だ．

サリュースさんはイケムを日本の天皇やロシアの皇帝がひいきにしていたことをとても誇りにされていた．

イケムのあとは，ワイン会の前にもう1軒，ポーヤックのピション・ロングヴィル・コンテス・ド・ラランドにおじゃました．第2次世界大戦中に少女の身で，お父さまとともにレジスタンスを支援したことが本にも紹介されている情熱的で強い女性，メイ・エレーヌ・ランクサンさんがやっていたシャトーだ．

なお，このときのシャトーめぐりのさいには，カイ・ニールセンから2000年のワインを買わないかという話があった．早い話が，先物取引だ．ペトリュスとマルゴーとラトゥールとオーブリオンのダブルマグナムがセットになっていて，名づけて「カルダス2000」．世界で3000ケースしか造られなかった希少品も希少品のワイン・セットだが，ニールセンはそのセットを20セットもこちらへまわしてくれた．先物買いなので，値段がかなり高価だったこともあって，商品が無事に手元に届くまで不安は不安だったが，2003年には，無事にその20セットの「カルダス2000」が私たちの手もとに届いた．

ニールセンがこのようなワインを私にまわしてくれたのも，彼が私の，本場のボルドーでももうお目にかかれないようなワインのコレクションを知り，信用してくれたからだろう．

初めて主催したワイン会

さて，いよいよ私がボルドーで初めて主催するワイン会の当日が来た．1997年10月8日のことだ．

会場の準備や招待客への案内をお願いしていたムスタマンは，ボルドー市内からガロンヌ川を渡って車で10分ほど行ったブーリアックという村にあるサン・ジャムスという，ホテルのついた近代的で芸術的センスあふれるレストランを会場に選んでいた．

ムスタマンにとっては，これがまた新たな事業拡大のチャンスとなった．

前に，私がシャトー・マルゴーから1200ケースのパヴィヨン・ルージュを買い，間に入るネゴシアンにレ・ヴァン・ド・クリュを指定したとき，彼は古巣のシャトー・マルゴーとの間に取引ルートを開拓することができていた．だが，メドックの女王マルゴーと取引ができても，ソーテルヌの王様イケムとも取引ができるわけではない．彼は，まだイケムからは出入りを

1900年のオーゾンヌを手に「世紀の銘酒」とうなずくサリュースさん

認められていないネゴシアンであり，このワイン会は，私たちにとって初めてボルドーで主催するワイン会であると同時に，彼にとっても，初めてシャトー・ディケムを扱うネゴシアンのサークルにデビューする機会となったのだ．

お招きしていたのは，下記のような顔ぶれだった．

アレクサンドル・ド・リュル・サリュースさん
（当時シャトー・ディケム，ボルドー・ワインアカデミー会長）

コリンヌ・メンツェロプーロスさん
（シャトー・マルゴー）

ブルーノ・プラッツさん
（当時シャトー・コス・デストゥールネル）

フランソワ・プラッツさん
（ブルーノさんの奥さま）

エリック・アルバーダ・イェルゲルスマさん
（シャトー・ジスクール）

パスカル・リベローガイヨンさん
（ボルドー第二大学醸造学部教授）

ディディア・テルスさん
（ワイン・ライター）

カイ・ニールセン
（ネゴシアン，デュボス社長）

エルマン・ムスタマン
（ネゴシアン，レ・ヴァン・ド・クリュ社長）

　正式なディナーでは，座る席にも決まりがある．まずテーブルの中央に，向かい合って，ホストとホステス，つまり主催者の夫婦が座る．この場合には，私と家内だ．そして，家内のとなりに主賓のかたが座り，私のとなりには，その奥さまが座る．日本の宴席のように，主催者が末席に座るのとは，勝手が違う．

　そして，会が始まっても，ホストのとなりに座った主賓の奥さまが料理にナイフとフォークをつけ，最初のひときれを口に入れるまでは，誰も食べない．だから，私が主賓になったときは，家内が緊張する．家内は，日本の鶏肉が臭いものだから，鶏肉の料理を苦手としている．鶏肉の料理が出ると，少しためらってしまう．そうすると，もちろん，そういうルールをちゃんとわきまえているシャトー・オーナーたちは，誰も料理に手をつけない．すでに，シェフたちが一所懸命につくってくれた料理が目の前に出されているのだから，その段になっていまさら「私，実は鶏肉が苦手で……」なんてことは口が裂けても言えない．

　フランスでもアルプス寄りのジュラ地方のシャトー・シャロンに初めて招かれて行ったときには，食事会でその鶏料理がいきなり出てきた．私が主賓で，家内はそれを見てためらっている．丸いテーブルについたほかの会食者たちは，みな手持ち無沙汰そうにして，そんな家内を見ている．だから，私がじろりとにらみつけると，家内はようやく渋々とナイフとフォークをとってその鶏肉を切りだした．そして，最初のひと切れが無事に家内の口におさまったところで，やっとほかの人たちもナイフとフォークをとった．

　もちろん，シャトー・シャロンで出された鶏肉は日本の鶏肉のように臭くなく，家内も結局はその料理をおいしくいただけたのだが，こういうことも，会食の機会が重なり，お互いに相手のことがわかってくると，今日は誰が主賓だから，この料理はやめておこう，ということになり，問題になることはなくなる．いまでは家内も，私が主賓になってもそれほど緊張することなく，ボルドーのシャトー・オーナーたちとの食事会に出られるようになっている．

　ホストの右どなりの人が料理を口にするまでは，ほかの人は誰も食べないというのは，フランスのディナーの席では鉄則なのだ．

　このときはもちろん，私たちもシャトー・オーナーたちと同じようにこの日のオリジナルのメニューをつくり，そこに出席

初めてボルドーで主催したワイン会．（左より）カイ・ニールセン，コリンヌ・メンツェロプーロスさん，ブルーノ・プラッツさん，著者，アレクサンドル・ド・リュル・サリュースさん，家内，フランソワ・プラッツさん，エリック・アルバーダ・イェルゲルスマさん，ディディア・テルスさん，パスカル・リベローガイヨンさん

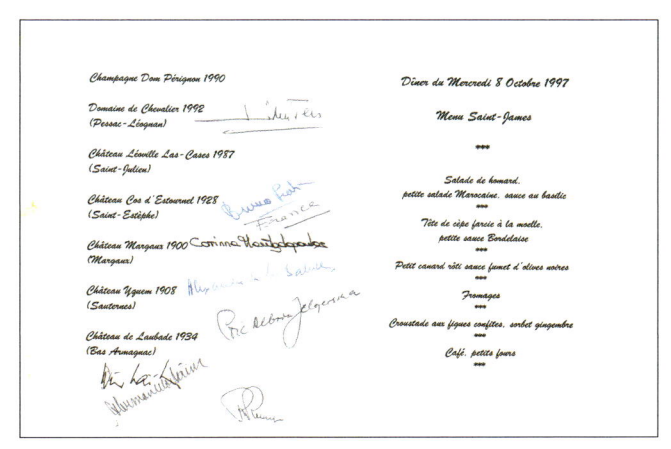

サン・ジャムスでのワイン会を主催するに当たって初めてつくったメニュー

者のかたがた全員にサインをしていただいた．ボルドーのシャトー・オーナーたちのワイン会の場合は，必ずそのワイン会用のメニューと，テーブル・オーダーという席次表を作成する．メニューはテーブルの上の各出席者の前に配り，席次表は画家のイーゼルのような台の上に載せておくのだが，こういうものが，ワイン会を開くたびに蓄積されていき，やがてはそのシャトーの歴史として残っていく．

なお，このときの招待客のなかに入っていたシャトー・ジスクールのオーナー，エリック・アルバーダさんは，オランダの大富豪で，この当時はまだジスクールのオーナーになったばかりだった．アルバーダさんは，ジスクールを買ってから，何百億というお金をその畑につぎ込んだと言われているが，いくら大富豪でも，それだけではまだボルドーのワイン・ソサエティの一員として認めてもらえたとは言えない．このようなワイン会や晩餐会に出席し，ほかのシャトーのオーナーたちと言葉を交わし，ともにワインを味わい，時間を楽しむことができることを証明して初めて，ボルドーのワイン・ソサエティの仲間入りができる．

お招きするお客さまの選考をまかせていたムスタマンは，同じオランダ人としてエリック・アルバーダさんがジスクールを買うのをお手伝いしていたし，自らもネゴシアンに転身してからボルドーの古いネゴシアンの世界に入り込むのに苦労した経験をもっていたので，そんな時期のエリック・アルバーダさんを見て，なんとかしてあげたいと思ったのだろう．準備の段階で，彼のほうから「ジスクールのエリック・アルバーダさんも呼んでくれないか？」という打診があった．

もちろん，無二の親友ムスタマンからの頼みでもあるし，こちらに「だめ」と言う理由はない．すぐに承諾したのだが，アルバーダさんはその判断をとても喜んでくださっていた．アルバーダさんにとっても，私が初めてフランスで開いたこのワイン会が，ボルドーのワイン・ソサエティへのデビューの場となったのだ．

アルバーダさんは「お金持ちの太っ腹」を地でいく人だ．前にジスクールをもっていたのは，アルジェリア出身の大金持ちのかただったが，息子さんがポロに凝り，何頭もの馬を買うためにその財産を使い果たし，借金がかさんでこのシャトーを手放すことになっていたのだが，そんなことをなにも知らないその息子さんたちのご両親は，所有権がアルバーダさんに移ってからも，まだそのシャトーに住みつづけている．ところが，大富豪のアルバーダさんとしては，世界中に家があるものだから，別にそれでも困らないので，「まあ，一生どうぞ」と言ってそのまま住みつづけることを認めている．とても紳士的なかたで，このときにお会いできてほんとうによかったが，その後，ヨッ

トに乗っているときに転倒され，お体が不自由になって口もきけなくなってしまったのは，とても悲しい出来事だ．

なお，私がこのワイン会のために日本からもっていったワインは次のとおりだ．

> ♣ ドメーヌ・ド・シュヴァリエ　1992 年
> ♣ シャトー・レオヴィル・ラスカーズ　1987 年
> ♣ シャトー・コス・デストゥールネル　1928 年
> ♣ シャトー・マルゴー　1900 年
> ♣ シャトー・ディケム　1908 年
> ♣ シャトー・ド・ロバード　1934 年

ボルドーのシャトー・オーナーを相手にワイン会を主催してみると，やはり出たのはワインの話だった．飲んでいるワインの話ばかりではない．その場にはないワインについても，どこのワインがいいという話が出て，たとえば，オーブリオンの何年がいいという意見が出る．

もちろん，「そうだ，私も同感だ」と思うこともあれば，そうでないときもある．だが，大切なのは，まずは誰の意見も尊重してよく聞くことだ．とくに相手がボルドーのシャトー・オーナーとなれば，ワインのことをよく知っている．その人その人がご自分で到達し，たくわえてこられた情報や知見のほかに，個々のシャトーの長い歴史のなかでたくわえてこられた情報や知見もある．

ただ，だからといって，黙って聞いているだけでは楽しいワイン会にならない．その場にいるひとりの出席者としては，意見を出してもらったら，こちらの意見も出し，相手のかたに，私という人間といっしょにワインを飲みながら食事をした意義を感じとってもらわなければならない．だから，意見が違ったときには，いや，私はそうではなく，こうだと思いますよと，はっきりと言う．そうすれば，たとえその意見が客観的に見て間違っていたとしても，「いや，どうかな．それはこういうことじゃないだろうか」などと言って，新たな情報を教えてくれたりする．

たとえば，シャトー・ラフィットなどは，とてもすばらしいワインだと思われているが，1963 年から 1981 年までのラフィットはずっとよくない．だから，このときも私はそのことをはっきりと言ったのだが，誰もそれを頭ごなしに否定したりはしない．自分の意見をはっきりと言うことで，私もひとりの会食者として尊重してもらえるのだ．

驚きの展開

このときにお出ししたワインは，ボルドーのシャトー・オー

ナーたちを相手にワイン会を開いたら，どんな感想が聞けるだろう，どんな楽しい時間が過ごせるだろうと期待して，選びに選んでもっていったものだったが，会が始まってみると，そんな期待も忘れてしまうような，思いも寄らぬ展開になった．

お出ししたワインを飲んでいたシャトー・ディケムのサリュースさんが，

「これはすばらしい．ツカモトさん，あなたもアカデミーの会員になりなさい」

と言いだしたのだ．

「アカデミー」というのは，ボルドーのおもなシャトーが加盟していて，この当時サリュースさんが会長を務めていたボルドー・ワインアカデミーのことだ．

まさか，である．

だが，サリュースさんがそんなことを言いだしたら，ほかの出席者のかたからも，この当時のアカデミーの役員だったシャトー・マルゴーのコリンヌ・メンツェロプーロスさんも，シャトー・コス・デストゥールネルのブルーノ・プラッツさんも，リベローガイヨン先生も，みなその場にいたこともあり，

「そう言えば，アカデミーの役員はみんなここにいるじゃないか．だから，もうこの場で決めちゃえばいいんだ．ツカモトさん，もうあなたはアカデミーの会員だ」

という声が上がった．

初めてフランスで主催するワイン会のことを想像しながら日本を出発したときには，予想だにしなかった展開だ．ワイン会は，大成功だったと言える．だが，それにしても，あの有名シャトーのオーナーたちが名をつらねるボルドー・ワインアカデミーの会員だなんて……．

その点については，ワイン会の席での話だったこともあり，日本に帰ってもまだ半信半疑だった．

だが，翌年になると，ほんとうにボルドーからアカデミーの会員として認められたことを示す記念のバカラのデカンターと5月に開かれるアカデミーの総会への出席を求める案内状が届いた．それで，まだ夢見心地だった私にも，あの強烈に脳裏に焼きついたサン・ジャムスでのワイン会の記憶が正夢だったことがわかった．

もちろん，サリュースさんも，あの場で私がおもちしたワインをちょっと飲んだだけで私のボルドー・ワインアカデミーへの入会を思いついたわけではあるまい．私もあのころにはすでにさまざまなボルドーのかたと行き来ができていた．だから，私がどういう人物で，ワインのことをどれくらい知っているかもわかっていただろうし，私が世界各地のワイン・コンクールで国際審査員をしていて，OIV（世界葡萄葡萄酒機構）の正式会員であることもご存じだっただろうし，フランス政府から農

（左より）シャトー・ディケムのサリュースさん，家内，シャトー・マルゴーのメンツェロプーロスさん，著者，シャトー・コス・デストゥールネルのプラッツさん

サン・ジャムスのソムリエたちとも記念撮影

業功労勲章をもらっていることも，中国でワイン生産の合弁事業をしていたこともご存じだったからこそかけてくださった言葉だったのだろうが，いや，それにしても，この展開には驚いた．

私たちがもっていったワインに感心してくださったのは，出席者のシャトー・オーナーたちばかりではなかった．会場となったサン・ジャムスのソムリエたちも，みな一様に感嘆のため息をもらし，いっしょに並んで，ボトルをもっての記念撮影を要求してきた．そして，最後には，飲んだあとのボトルがほしいとまで言いだした．だから，このときに飲んだ貴重なヴィンテージのボトルは，すべてサン・ジャムスに置いてきた．

シェフもそうだ．私たちがもっていったワインを見ると，とても緊張して，腕によりをかけておいしい料理をつくってくれた．

そして，このときのワイン会のことは，出席していたディディア・テルスさんの手によって記事にされ，翌日のボルドーの新聞『ジロンド』に紹介された．

ともあれ，先にも書いたように，翌年になると，アカデミーへの入会を歓迎する晩餐会の案内状が来て，それに伴い，また

魅惑のボルドー・ワイン　Irrésistibles Bordeaux

ワイン会翌日のボルドーの新聞『ジロンド』に掲載された記事

あちこちでワイン会が開かれるという知らせも届いた．

さあ，こうなると，もう日本に戻ってじっとしているわけにはいかない．私はまた妻とつれだってボルドーへ出かけた．

深まる交友

新会員としてボルドー・ワインアカデミーの総会に出席するために次にボルドーに行ったときには，カイ・ニールセンがまずシャトー・ペトリュスへつれていってくれた．迎えてくださったのは，醸造責任者のジャン・クロード・ベルエさんだ．

ペトリュスは，いまでこそ有名になっているが，1970年くらいまでは，そんなに有名ではなく，アメリカを経由すれば，10箱くらいの単位でも買うことができた．でも，いまは，そんな少量では売ってもらえない．有名になってネゴシアンが変わると，ほかの安いワインも何百本と買わないと売ってもらえなくなったのだ．

ボルドーのなかでは，小さなシャトーだ．シャトーを字義どおりに「城」と考えたら，ボルドーのほかのシャトーのなかには，確かにシャトーと言えるところがたくさんあるかもしれないが，ペトリュスはシャトーと呼べなくなるかもしれない．ペトリュスは，世界でもっとも高価なワインとして広く知られているが，ここの醸造棟は，失礼だが，言ってみれば，ほんとうに小屋みたいなところだ．そこで，世界最高級のワインが造られている．

ベルエさんはボルドー大学の醸造科を出た人だ．醸造については現代的な考えかたをおもちのかたで，ワインのことを勉強したいなら，1年でもいいから自分のところへいらっしゃいとおっしゃっている．

掘り返した粘土を手にもって家内に土壌の説明をするベルエさん

シャトー・ペトリュスの畑で話をする醸造責任者のジャン・クロード・ベルエさんとカイ・ニールセン

シャトー・ペトリュスの大きな壁画の前でベルエさんと互いのサイン帳にサイン

このとき，ベルエさんはペトリュスの畑を掘り返して，その土壌を見せてくださった．ちょうど畑を掘り返してぶどうの木の植え替えをしていたところで，ベルエさんが掘り返したところを見ると，途中で色が変わっていた．

　「ほら，深さ80センチまでの粘土と，それより深いところの粘土では，色が違うでしょう」

　ベルエさんはそう言って，

　「どう，もって帰りますか？」

とおっしゃるので，私たちはシャトー・ペトリュスの土を少しもらって帰ってきた．

あたたかく迎えてくれるサリュースさん

　この年のボルドー・ワインアカデミーの総会はシャトー・シュヴァル・ブランで開かれることになっており，そのあと，シャトー・フィジャックで私を新しい会員として歓迎してくださる宴が開かれることになっていたが，その前に，またイケムのサリュースさんが呼んでくださった．その場には，シャトー・オーバイイのジャン・サンダースさんもいらっしゃるということだったので，このときは，1967年のイケムと1918年のシュヴァル・ブランと1900年のデュルフォール・ヴィヴァンのほかに，1900年のオーバイイももっていった．

　1967年のイケムを除けば，いずれもかなり古いワインだが，魅力は十分に保っていて，いや，それどころか，醸造当初よりさらに増してさえいて，1918年のシュヴァル・ブランなどは「若々しく，チャーミングで魅力的」と好評だった．また，1900年のデュルフォール・ヴィヴァンも「力強く，造りがしっかりしていて，バランスがよく，もちが長い」との評価をいただいた．そして，先祖のワイン，1900年のオーバイイを飲んだジャンさんも「神さまからの贈り物のようでした」とサイン帳に感想をしたためている．

　もちろん，1967年のイケムも，個性的ですばらしかったのは言うまでもない．このあとのワイン会も含めて，イケムを飲んでがっかりさせられたことは一度もない．

　それに，このときも仔羊の肉の料理が出たが，イケムという酒は，不思議なことに仔羊の肉の料理とほんとうによく合う．料理のしかたにも秘密があるのかもしれないが，これはサリュースさんのところにお招きいただいたときに，そのつど感じたことだ．

　イケムに行くと，どうしてもその400年に及ぶ歴史を感じてしまう．だから，このときも，サリュースさんに，

　「うち（ルミエール）の歴史はまだたった120年くらいですよ」

と言ったら，

　「ツカモトさん，なに言うか，ボルドーのシャトーもどんどんオーナーが代わっていて，100年以上のところは少ないんだよ」

と言われた．

　サリュースさんというのは，つねにそうして素朴な視点を失わず，紳士的に接してくださり，ワインのこともよく教えてくれる人だ．私のほうから「こう思うのですが，いかがでしょうか？」と，自分の意見を言いつつ，サリュースさんのご意見をうかがうと，必ず新しいことを教えてくれる．

　このときも，サリュースさんは葉巻を吸いながら，いろいろなことを話してくださった．食事が終わり，コーヒー・タイムになると，サリュースさんは葉巻を吹かす．ワインを飲まれるかたからすると，あのイケムを造っていたサリュースさんが葉巻を吹かすというのは意外かもしれないが，ワインの香りの表現のなかにも「葉巻のような香り」というのがあるせいか，じかにお会いした私たちから見ると，サリュースさんが葉巻を吹かしていても，それほど意外には思えなかった．

　このときに飲んだデュルフォール・ヴィヴァンの1900年は，出席したほかのシャトー・オーナーも誰も飲んだことがなかったのだが，私のコレクションのなかには，ときどきそういうワインがあり，そういうワインをおもちすると，シャトー・オーナーたちも勉強になるらしく，また違った意味で喜ばれる．日本というワイン後進国から行っているからといって，ボルドーのワイン会で勉強しているのは，なにも私たちだけではない．ボルドーのシャトー・オーナーたちも，みなつねに新しい情報に触角を伸ばしており，勉強になることがあれば，すぐにそれを吸収する．だから，あれだけのステータスが確立され，保たれてきたのだろう．

　あとで聞くと，そのデュルフォール・ヴィヴァンの1900年が，このワイン会のあと，ボルドーでたいへんな評判になったらしい．

　後日，ボルドーのグラン・クリュ・ユニオンのテイスティング会が開かれたときにデュルフォール・ヴィヴァンのかたにお会いしたら，

　「ツカモトさん，うちのワインの名声を高めてくださってありがとう」

といたく感謝された．

明治，大正，昭和，平成の宴

　私を新しい客員会員として認定するボルドー・ワインアカデミーの総会はシャトー・シュヴァル・ブランで開かれたが，そこからとなりのシャトー・フィジャックに流れて開かれた歓迎の宴の会場は，なんともたいへんなことになっていた．4つの

26　魅惑のボルドー・ワイン　Irrésistibles Bordeaux

シャトー・フィジャックでの歓迎の宴．（左から）フィジャックのティエリー・マノンクールさん，家内，シャトー・ディケムのアレクサンドル・ド・リュル・サリュースさん

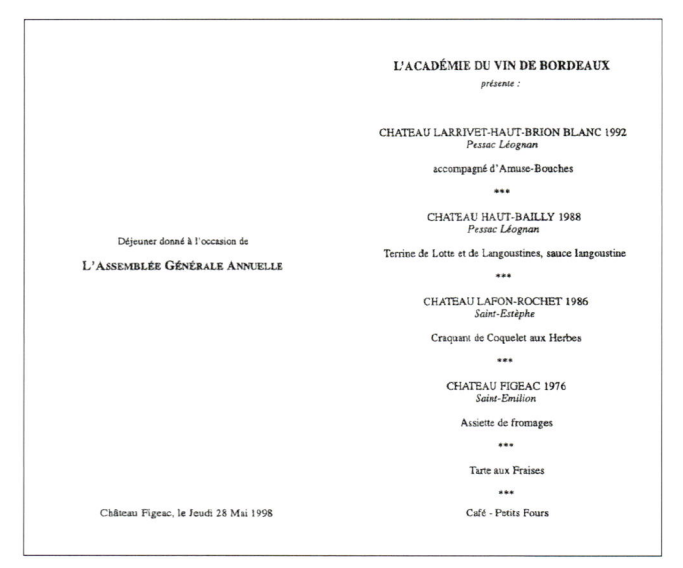

シャトー・フィジャックのラベルにサインをしてくださるティエリー・マノンクールさん

シャトー・フィジャックでの歓迎ワイン会のメニュー

会長サリュースさんの署名入りでいただいたボルドー・ワインアカデミーの客員会員の任命書

テーブルが用意され，12人ずつが座れるようになったそのテーブルのひとつひとつが「明治」「大正」「昭和」「平成」の日本の4つの時代に合わせて飾りつけられていた．

　当主のティエリー・マノンクールさんとは，このときに初めてお目にかかったが，どうやらシャトー・フィジャックは，北原秀雄さんが駐仏日本大使をしていたころから日本とおつきあいがあり，ここで昭和天皇の弟の高松宮さまにボルドー・ワインアカデミーの勲章を贈られたこともあったらしい．

　そんな背景もあって，私にあそこまでの心遣いをしてくださったのだろうが，ほんとうに，ボルドーのシャトー・オーナーたちが開く宴の心遣いのこまやかさには，いつも驚かされる．彼らは，一度として意味のわからない宴を開いたことがない．どの宴でも，それがどういう文脈のなかで，どういう人物を招いて開く宴かを考えたうえで飾りつけや心配りがなされていて，主催者が参加する人たちの気持ちをよく考え，やさしく，やさしくもてなそうとしていることが伝わってくる．

　それがもてなしの基本，人とワインを楽しむ基本なのだろう．この，日本の4つの時代に合わせてテーブルが飾りつけられていた私の歓迎の宴でも，そうした一流のシャトーならではの心遣いや，そのシャトーが脈々と受け継いできた長いワイン文化の伝統がひしひしと伝わってきたが，ご自分のシャトーをそのように飾りつけたうえで，その夜のゲストである私と家内に日本とのつながりの深さを語ってくださるティエリー・マノンクールさんの顔にもまた，長年にわたって実直にワイン造りに打ち込んでこられた様子がよくうかがえた．

　伝統，やさしさ，実直さ，それに，人と自然を愛する心——そんなところが，ボルドーのワイン・ソサエティのみなさんに共通した特質と言えるだろうか．

　このときのアカデミーの歓迎ワイン会では，次のようなワインでもてなしていただいた．

東洋人として初のボルドー・ワインアカデミーへの入会を
伝える翌日の新聞記事

- シャトー・ラリヴェ・オーブリオン・ブラン　1992年
- シャトー・オーバイイ　1988年
- シャトー・ラフォン・ロシェ　1986年
- シャトー・フィジャック　1976年

ラリヴェ・オーブリオン・ブランは前菜のアミューズ・ブーシェのとき，オーバイイはあんこうと赤座海老のテリーヌのとき，ラフォン・ロシェは若鶏のクロッカンのときに出され，そのあと，フロマージュの時間に，あれこれとりそろえたチーズといっしょにホスト・シャトー，フィジャックをいただいたのだが，とてもにぎやかでなごやかな会となり，これを機に，正式にボルドーのワイン・ソサエティの仲間入りをさせていただいた私としても，うれしかった．

シャトー・フィジャックは，畑がサンテミリオンとポムロールのふたつの地区にまたがっていた．ペトリュスもあるし，シュヴァル・ブランもあり，メドックやグラーヴやソーテルヌと並ぶボルドーの黄金地帯のひとつだ．

お礼の宴

さあ，こんなに歓迎していただいたら，人にワインを飲んで喜んでいただくのが仕事のわたしとしては，そのままですませるわけにいかない．

ボルドー・ワインアカデミーの総会に出席したあと，歓迎の晩餐会を開いていただけることは，あらかじめ日本を発つ前から知らされていたので，それでは，どこでどういうお礼のワイン会を開けばよいだろうと考え，最初は，もう一度，ムスタマンが紹介してくれたサン・ジャムスを使おうかとも考えていたが，ある日，シャトー・ディケムのサリュースさんからメールが届き，そこにこう書いてあった．

「ツカモトさん，またこちらでワイン会を開くのなら，どうかうちを使ってください．うちは自分の家だと思って，いつでも好きに使ってくださってかまいませんから」

あのイケムを「自分の家だと思って」好きに使わせていただけるなんて，そんなことは，言われてもにわかには信じることができなかったので，読み間違えたのではないかと思い，もう一度メールを読み返したが，確かにそう書いてある．サリュースさんはほんとうに，あのイケムを私の主催するワイン会のために使っていいとおっしゃっていたのだ．だから，お言葉に甘えて，歓迎の宴に対するお礼の宴は，日本を出発する前からイケムのサリュースさんのお宅で開くことにしていた．

このときにお招きしたのは，次のようなかたがたた．

アレクサンドル・ド・リュル・サリュースさん
（当時シャトー・ディケム）

ティエリー・マノンクールさん
（シャトー・フィジャック）

ドゥニ・デュブルデューさん
（ボルドー第二大学醸造学部教授）

アントニー・ペランさん
（当時シャトー・カルボーニュ，故人）

ザビエル・ボリーさん
（当時シャトー・デュクリュ・ボーカイユ）

オリヴィエ・ベルナールさん
（ドメーヌ・ド・シュヴァリエ）

フィリップ・コタンさん
（ムートン・ロートシルトの販売会社社長）

テオドール・ムスタマン
（エルマン・ムスタマンの長男）

例によって，私たちが主催したワイン会なので，ホストとホステスである私と家内がテーブルの中央に向かい合って座り，家内の右側には，主賓のかたの席を用意し，私の右側には，その奥さまの席を用意する．このときには，家内の右側にアレクサンドルさんに座っていただき，お招きしたのが男性ばかりだったものだから，私の右側には，ドメーヌ・ド・シュヴァリエのオリヴィエ・ベルナールさんに座っていただいた．

ティエリー・マノンクールさんは，私の歓迎の宴を開いてくださったシャトー・フィジャックのオーナーで，ボルドーのワイン・ソサエティの長老格に当たり，とても味わい深いお話をなさるかただ．ドゥニ・デュブルデューさんは，ボルドー第二大学の醸造学部の先生だ．サン・ジャムスでのワイン会におい

でいただいたリベローガイヨン先生が赤ワイン醸造の権威なら，ドゥニ・デュブルデュー先生は白ワイン醸造の権威で，日本でもよく知られている．シャトー・カルボーニュのアントニー・ペランさんは，残念ながらすでにお亡くなりになったが，このときはまだお元気で，私たちの主催したこのワイン会にも出席してくださった．

　私が日本からもっていってお出ししたワインは，このときも，1854年のシャトー・ディケムを始めとして，1900年のシャトー・オーバイイとシャトー・マルゴー，1868年のシャトー・パルメと，歴史的なヴィンテージのワインばかりだったが，どうやらこれらもうまく保存ができていたらしく，出席者のみなさんには，やはり充分に楽しんでいただけたらしい．

　デュブルデュー先生などは，1854年のイケムをお出しすると，すっかり興奮なさり，それまでは英語で話していたのに，いつのまにかフランス語に変わり，さかんになにかをサリュースさんに語りかけていた．サリュースさんが気圧されて当惑したような表情を浮かべておられたところを見ると，そのイケムのすばらしさをなんとかサリュースさんにお伝えしようとしていたのだろうか．いまから50年ほど前にフランスのネゴシアンから買っていたワインだ．あとでコメントを書いていただいたサイン帳には，デュブルデュー先生の次のようなコメントが残っている．

　「こんなワインをテイスティングしたことはありませんでした．イケムでのこのすばらしい昼食会のことは一生忘れません．オーバイイとマルゴーの1900年の若々しさには感動しました．パルメの1868年も，さすがにやや古さは感じさせましたが，きらびやかでしたね．でも，やはりキングはイケムの1854年でした．まったく，信じられないような体験です！」

　しきりに感激していたデュブルデュー先生に，家内がこの1854年のイケムはどうやって造られたのでしょうかと尋ねたら，先生は，

　「まだ生まれていなかったから，わかりません」

と答えられた．

　そこで，今度は家内が，このまま置いておいたら100年後にはどうなっているのでしょうと尋ねたら，

　「そのころには死んでいるから，わかりません」

と答えられた．

　ワインの席には，こういう茶目っ気も必要だ．

　ボルドー・ワイン・ソサエティの長老格に当たるシャトー・フィジャックのマノンクールさんの感激ぶりも，たいへんなものだった．よく「涙ながらに」という常用句が使われることがあるが，イケムの1854年を飲みだしたマノンクールさんは，ほんとうに涙を流して泣いていた．そのイケムの味を見て，それが過ごしてきた歳月を思ったとき，ご自身が歩んでこられた長いワイン造りの人生が脳裏によみがえってきたのだろうか．

　「こんな立派なワインは飲めない」

そう言って泣いている．

　それを見ると，ああ，やはりワインというものは大切にしなければいけないな，とあらためて思わされたが，マノンクールさんがそれだけ感激し，じっくりと味わっていたワインを，そばにいた，まだシャトー・オーナーになってから日の浅かったドメーヌ・ド・シュヴァリエのオリヴィエ・ベルナールさんがひと息に飲んでしまったものだから，さあたいへん．

　マノンクールさんは，今度は血相を変えて，

　「このワインを，そんな飲みかたをしてはいかん」

と言って猛然と怒りだした．

　ほかの出席者のみなさんも，みなカンカンだ．

　確かに，あれだけいいワインを飲むときに，そういう飲みかたはない．だが，ベルナールさんもまだワイン造りの世界に入ってきて日が浅かったので，なんだかかわいそうになってきたし，ホスト役として，座をなごやかにとりもつ責任もあったので，私が，

　「ユー・アー・マイ・ブラッド・ブラザー」

と言って，自分のグラスに残っていたそのイケムを半分ほど，彼のグラスに分けてあげると，彼は，

　「オー，ブラッド・ブラザー！」

と言って，私の手をとり，腕を組んで，踊りださんばかりに喜んだ．

　そうなれば，ワインの値打ちを知り，飲みかたも心得ているほかの出席者のみなさんには，どうすればいいかはとうにわかっている．怒っていたマノンクールさんも，気がつけば，好々爺然としてあきれたように笑っており，出席者のみなさん全員の笑い声とともにワインの宴はますます盛り上がっていった．いつでも，テーブルを楽しくするのが主催者の役目だ．かくして，ドメーヌ・ド・シュヴァリエのオリヴィエ・ベルナールさんも，新参者としての洗礼を受けたわけだ．

　しかし，確かに，このときにお出しした1854年のイケムはすばらしかった．イケムの長い歴史のなかにも，当主が早く亡くなり，その奥さまが女手ひとつでシャトーを守っていた時代があった．フランソワ・ジョゼフィーヌさんの時代だ．あとで調べてみると，フランソワ・ジョゼフィーヌさんは1851年に亡くなっているので，実際にこのワインを造ったのは，フランソワさんのあとを継いだその孫のロメイン・ベルトランさんだとわかったが，サリュースさんはこのとき，1854年のイケムを見ながら，しみじみと，

　「あのおばあさんが造ったワインじゃないかな」

シャトー・ディケムをお借りして開いたお礼の宴．奥・左から，アントニー・ペランさん，著者，オリヴィエ・ベルナールさん，手前・左からザビエル・ボリーさん，家内

とつぶやいていた．

いまに残るメドックの格付け前年のワインだ．

すでに，ご本家イケムのセラーにも1本もないらしく，サリュースさんは，

「ツカモトさん，3ミリでも5ミリでもいいから，このワインは少し残しておいてくれないか．セラー・マスターに飲ませてやりたいんだ」

とおっしゃった．だから，私は何ミリだったか，計測などしていないが，まだ馥郁とした香り漂うそのボトルをイケムに残してきた．

1900年のオーバイイやマルゴーもみごとだったが，いっしょにお出ししたラムの料理にいちばん合ったのはこのイケムだったし，ワイン会が終わったあと，コーヒーを飲んで宿に帰ってからも，まだ口のなかにそのイケムの香りが残っていた．

感動の余韻だ．感動するワインを飲み，その感動をともに分かち合い，さらに大きくふくらませることができる仲間がいる．そんなに幸せなことがあるだろうか．誰にとっても，感動できる瞬間をもてるというのはいいことだ．それが，私がボルドーへ行き，多くのワイン造りの仲間と知り合い，その輪のなかに入れていただいて，あらためて学んだことだ．

いまサイン帳をめくると，マノンクールさんは1世紀以上のときを経たボルドー・ワインの若々しさに驚きを示しておられるし，おじいさまの代からのシャトーを受け継いできたカルボーニュのアントニー・ペランさんも，このときお出ししたワインを味わい，そのご自分のシャトーの歴史に思いを馳せておられるし，フィリップ・コタンさんも，ムスタマンの息子のテオドールも，この日の宴をとても喜んでくれている．

ほんとうにいい時間だった．だが，私にとっては，そういう時間を過ごせて胸を張るというより，ほっと胸をなでおろすことができたワイン会でもあった．なにしろ，あのボルドーのシャトー・オーナーたちが集まる世界に仲間入りをさせていただいたのだから，これくらいの感動の世界は演出して，喜んでいただかなければ，申し訳が立たないというものだ．

クリントン大統領の歓迎午餐会

1998年11月には，アメリカのクリントン大統領が来日し，当時の橋本龍太郎首相主催の歓迎午餐会がホテルニューオータニで開かれた．

3年前のワシントン・ボール以来，外務省のみなさんとは私的な交流ができ，栗山尚一さんや現駐ロシア日本大使の河野雅治さんたちが外国の王室関係のかたなどをつれて山梨のルミエールのワイナリーや三鷹のわが家へ頻繁にいらっしゃるようになっており，このときも，外務省のほうから「おたくのワインを使いたい」という打診を受けた．

ただし，「ついては，おたくのワインの説明を文書でいただきたい」という．

そこで，家内がルミエールの前身の甲州園の歴史をひもとき，どこかにアメリカとのつながりがないかを調べていったところ，驚くべき事実が見つかった．

19世紀の末，世界のワイナリーはフランスからぶどうの苗木を輸入していた．その結果，フランスで大流行し，有名なシャトーも含めたあらゆるワイナリーのぶどう畑に壊滅的な打撃を与えたフィロキセラという害虫にその苗木を食い荒らされる結果になったのだが，そのとき，甲州園はアメリカのカリフォルニアに職員を派遣していたのだ．

甲州園の創業者，降矢徳義がまだ存命中で，ワイナリーを切り盛りしていたころのことだ．

世界のワイン史に残るあのすさまじいフィロキセラ禍のとき，世界のワイナリーは接ぎ木をしていいワインができるフランスのぶどうの木を守ろうとした．フィロキセラに対して抵抗力のあるぶどうの木を台木にして，その上にフランス産のぶどうの木を穂木として接いだのだが，このフィロキセラに対して抵抗力のあるぶどうの木が，アメリカ東海岸原産のアジロンダックとか，ナイアガラとかいった品種だっだ．

これらの品種のぶどうの木は，その木にできたぶどうからそのままワインを造ると，それほどいいワインにはならない．だが，台木として，いいワインができるフランスのぶどうの木を接ぐと，そのフランスのぶどうの木のワインに適した特性を守りながら，なおかつ，木全体をフィロキセラの害からも守ることができた．

そこで，降矢徳義は職員をふたりアメリカに派遣することにした．そのときの，内田康哉外務大臣の捺印のあるパスポートと，ふたりの渡航費と滞在費は降矢家が保証する旨の保証書が，そのふたりの職員の子孫の家から見つかったのだ．

甲州園のワインには，その昔から，アメリカとの間で深いつながりがあったのだ．そのとき，ふたりの職員がアメリカからもち帰ったアジロンダックやナイアガラの品種を使ってつくられたぶどうの木は，代々受け継がれて，いまだにルミエールのぶどう畑に残っている．そのぶどうの木から造られたワインだから，1世紀あまりのときを経て，アメリカからいらっしゃった大統領をお迎えするのにちょうどよいではないかということになった．

もちろん，私が徳義の次の次の後継者として甲州園に入ってから，理化学研究所に入ってワイン造りの勉強を始めたとき，海外のワイン造りの技術を勉強しに行ったのも，カリフォルニア大学デイヴィス校のアメリン先生のもとだったというご縁もある．

このホテルニューオータニでの午餐会には，私も招待された．ちょうど，戦後長らく続いてきた自民党単独政権が一頓挫していた時期で，最初は社会党の村山富市総理大臣から招待状が来たが，最終的に午餐会の主催者となったのは，そのあとを受けた橋本龍太郎さんで，あとであらためて橋本さん名の招待状もいただくというめまぐるしさもあったが，私は中国でワイン造りをしていた関係で，竹下登首相時代に中国の李鵬首相が来日したときに首相官邸で開かれた歓迎晩餐会に呼ばれて出席していたので，官邸とのおつきあいはそれ以前からあった．

このとき，ニューオータニの大宴会場で開かれた午餐会には，800人から1000人の招待客が呼ばれていただろうか．もちろん，日本の最大の友好国である世界の超大国アメリカの国家元首を歓迎する午餐会なので，規模が大きく，私が直接クリントン大統領からうちのワインを飲まれた感想をお聞きすることなどはできなかったが，それでも，とにかく，そういう食事会でお出しするワインにうちのワインが選ばれたのは，喜ばしいことではあった．

恒例化するボルドーでのワイン会

クリントン大統領の歓迎午餐会は確かに大きな出来事ではあったが，その間にも，ボルドーのシャトー・オーナーたちとの交流は深まり，なかでもシャトー・ディケムのサリュースさんには，毎年のようにワイン会にお招きいただくようになった．

アカデミーに客員会員として迎えていただいた翌年の1999年には，もう2月から呼んでいただき，サリュースさんのお友だちのヴィヴィエ侯爵夫人や，かつて，長きにわたってシャトー・オーブリオンを所有し，その名声を築き上げたポンタック伯爵家の当主ジャン・フランソワさんや，現在そのシャトー・オーブリオンを所有するディロン家からサンテステフのブルジョワ級のシャトー，フェラン・セギュールを買ったその若々しいオーナー，ザビエル・ガルディニエご夫妻といっしょにテーブルを囲んだ．

このときには，またすぐに以下のようなかたがたをお招きして，返礼のワイン会を開いた．

アレクサンドル・ド・リュル・サリュースさん
（当時シャトー・ディケム）

メイ・エレーヌ・ド・ランクサンさん
（当時ピション・ロングヴィル・コンテス・ド・ラランド）

ティエリー・マノンクールさんご夫妻
（シャトー・フィジャック）

エリック・ダラモンさん
（マノンクールさんの娘婿）

ライオネル・クルーズさんご夫妻
（シャトー・ディッサン）

ヤン・シラーさんご夫妻
（シャトー・キルヴァン）

オリヴィエ・ベルナールさんご夫妻
（ドメーヌ・ド・シュヴァリエ）

1999年2月のシャトー・ディケムでのワイン会．左から，ヴィヴィエ侯爵夫人，フェラン・セギュールのオーナー，ザビエル・ガルディニエさん，家内，サリュースさん，ポンタック伯爵，ガルディニエ夫人

返礼のワイン会．（左から）イディス・クルーズさん，ティエリー・マノンクールさん，家内．手前に立っているのが，このとき作成したメニュー

エルマン・ムスタマン
（レ・ヴァン・ド・クリュ）

この会では，舌平目の料理や牛フィレ肉とトリュフの料理をお出しし，それといっしょに次のようなワインを楽しんでいただいた．

> ❀ シャトー・ブラウン　1995 年
> ❀ シャトー・レヴァンジル　1983 年
> ❀ シャトー・ムートン・ロートシルト　1979 年
> ❀ シャトー・リューセック　1983 年

このうち，シャトー・ブラウンはまた無名シャトーの発掘の名手，ムスタマンが発掘してくれたものだった．

2000 年になると，2 月と 11 月の 2 度にわたってお招きをいただき，2 月には，シャトー・ディッサンのクルーズさんご夫妻，シャトー・キルヴァンのシラーさんご夫妻，ドメーヌ・ド・シュヴァリエのベルナールさんご夫妻，シャトー・ピション・ロングヴィル・コンテス・ド・ラランドのマダム・ランクサン，シャトー・ガザンのバイヨンクールさんのほか，同行した私の後継者で息子の木田茂樹なども交えてテーブルを囲んだ．

この年，2 月にボルドーへ行ったのには，わけがあった．シャトー・マルゴーのコリンヌ・メンツェロプーロスさんに，

「今度は 2 月の初めにいらっしゃいよ．毎年 2 月の初めにブレンドをするから，そのときにいらっしゃったら，ブレンドするところをお見せできるわ」

と言われていたのだ．

だから，言われたとおりに 2 月の初めにマルゴーへ行くと，醸造責任者のポール・ポンタリエさんがいて，

「じゃ，ツカモトさん，いっしょにブレンドしてみますか？」

と言った．

はい，と簡単に返事をしたが，考えてみれば，すごいことだ．私のマルゴーができるのだから．

ポンタリエさんと私がメスシリンダーを使って，それぞれ前に並んだマルゴーのワインをブレンドすると，できあがったふたつのワインを口に含んだムスタマンやメンツェロプーロスさんから，

「違う」

「明らかに違う」

という声が上がった．

ポンタリエさんも，私も，それぞれ相手がブレンドしたワインを飲んだ．

「ああ，これはね──」

と，ポンタリエさんが解説を始めた．

「ツカモトさんのブレンドは，ずっと長く寝かせておいてから

ボルドー・ワイン・ソサエティにデビューする息子・木田茂樹

2000 年 2 月のシャトー・ディケムでの夕食会．手前はシャトー・ピション・ロングヴィル・コンテス・ド・ラランドのマダム・ランクサン．著者の向こうは，ひとり置いて，シャトー・ディッサンのクルーズさんとシャトー・キルヴァンのシラー夫人

飲むマルゴーになっている．私のは，どちらかというと早飲み用のマルゴーだ．うちのお客さんには，アメリカ人が多くてね，アメリカ人は早飲みするものだから，私は早飲み用のブレンドをすることにしている．コルクなんかも，早飲みされることを想定して，あまり長いのは使わず，短いやつにしているんですよ」

と言う．

なるほど．私は自分の好みに合わせて重厚なワインを造ってしまったが，やはりワインもひとつの商品である以上，お客さまの好みや消費のスタイルも考えて造らなければならない．マルゴーの現場にいるポンタリエさんには，求められているマルゴーがわかっているということだろうが，ともあれ，「私のマルゴー」を造らせていただいたのは，いい思い出になった．

このとき，ポンタリエさんは，まだ幼いおぼっちゃまをつれてきていた．そして，みんなでテイスティングをしているときに，そのおぼっちゃまにグラスのなかのワインに指をつけさせ，ワインのついた指をなめさせていた．

「あ，鍛えているな」

32　魅惑のボルドー・ワイン　Irrésistibles Bordeaux

わが子に自分がブレンドしたシャトー・マルゴーをなめさせるポンタリエさん

ルミエールの創立115周年記念式典で祝辞を述べてくださるサリュースさん

と思った．幼い子どもにワインをなめさせることの是非は，わからない．でも，父親が真剣に自分の仕事に取り組み，その作品をわが子にもわかってもらい，伝えたいと思うのは，なにもワイン造りの世界にかぎらず，自然なことではあるまいか．

無残な現場にも遭遇する

　2000年は，わがシャトー・ルミエールにとっても特別な年に当たっていた．曾祖父の降矢德義が甲州園というぶどう酒醸造所を開いてから115年目に当たっていたのだ．それで，うちのワインをひいきにしてくださっていた高円宮殿下もお招きして記念式典を催し，シャトー・ディケムのサリュースさんにも，お忙しい日程の合間を縫って駆けつけていただいた．

　2000年の11月に再びボルドーを訪れたときには，サリュースさんのところへ行く前に，シャトー・オーブリオンを訪ね，当時そこの醸造責任者をなさっていたジャン・ベルナール・デルマスさんとワインの醸造について意見交換をさせていただいた．

　デルマスさんのお話によると，シャトー・オーブリオンのワインはもともと「ヴァン・ド・ポンタック」と呼ばれていたらしい．15世紀にこのシャトーをつくったポンタック家の名前にちなんでそう呼ばれていたらしいのだが，それがいつの間にか「vin d'Aubrion」という名前に変わった．

　フランスには，丘の斜面に石ころが転がっていて，それが日差しにきらきらと輝いているようなところがあちこちにあり，昔からそういうところが「brion」と呼ばれていたらしいのだが，オーブリオンの丘へ行く人たちがフランス語で「ブリオンへ」，つまり「au brion」と言っているうちに，それが1語になって固有名詞化されたらしい．そして，「Aubrion」という名前が定着しているうちに，その名前の綴りがまた「Haut-Brion」へと変化したというのだ．

シャトー・オーブリオンの伝説の醸造責任者ジャン・ベルナール・デルマスさんと意見交換をする著者

　そういう名前の由来をもつオーブリオンを，17世紀に，まだシャトーを所有していたポンタック家が大英帝国の都ロンドンにレストランを出し，ボルドーからシェフもつれていって，売り出した．そのレストランがロンドンでたいへんな人気になり，そこで飲めるオーブリオンのワインも特別なワインになったというのだ．オーブリオンは，ロンドンで認められたボルドーの赤ワイン，「クラレット」のなかでも最初に認められた特別なワインのひとつにかぞえられている．

　そういう伝統と格式のあるシャトーの醸造責任者をしていたデルマスさんの話はたいへんためになり，また，共感できるところも多々あった．私も自分でワインを造ってきた人間だから，シャトー・マルゴーのポンタリエさんとブレンド比べをしたときといい，やはり醸造の現場にいる人たちとの話はおもしろい．

　このときのボルドーでは，悲惨な光景にも直面した．シャトー・ディケムのサリュースさんのところへ行ったときだ．2000年のソーテルヌでは，長雨が続き，あのみごとな貴腐ワインを生む貴腐菌がうまくぶどうの実に付着しなかった．このため，あれは人間なら「死屍累々」とでも言うのだろうか，シャトー・ディケムの畑を訪れてみると，切って捨てられたぶどうの実が木に沿ってえんえんと並んでおり，ワイン醸造家としてはなん

ぶどうの実の「死屍累々」の光景．2000年11月，シャトー・ディケムの畑にて

2000年11月のシャトー・ディケムでの昼食会

とも悲しい光景を目にすることになった．

　サリュースさんの話によると，2000年のシャトー・ディケムのぶどうの収穫量は平年の10分の1にまで落ち込んだという．悲しく，むごたらしい話だが，これも自然の思し召し．ワイン醸造家としては，受け入れなければならない現実でもある．

　だが，このときも，サリュースさんのところでは，シャトー・キルヴァンのシラーさんご夫妻やムスタマンたちとテーブルを囲み，なにはともあれ，収穫後の楽しいひとときを過ごした．うまくいった年も，いかなかった年も，自然の思し召しを受け入れ，しばしは友とよき時間を過ごす．それがワインの味わいの醍醐味のひとつでもある．

ル・サーク，ダニエル

　ボルドーのシャトー・オーナーたちとのおつきあいが深まるうちに，ひょんなことから，アメリカのニューヨークでもワイン会を開くことになった．

　あるとき，銀座に店を出したニューヨークの高級宝石・時計店ハリー・ウィンストンから招待状が届いた．その当時，ルミエールの東京事務所がある平河町のビルに入居していた会社の社長の奥さまが，たまたまそのハリー・ウィンストンの銀座店に勤めていた．その関係で，旦那さまからうちのことを聞いた奥さまが，お店のオープンにさいして出す招待状の宛て先のリストに，うちも加えてくださっていたのだ．

　しかも，その奥さまは，うちのワインも気に入ってくださったらしく，ほかのお客さまにお送りするお中元やお歳暮にも，うちのワインを使ってくださった．

　おかげで，ハリー・ウィンストンのお客さまたちの間に，一気にうちのワインのことが知れわたったのだが，そのなかに，博多の駅前で銘木を扱うご商売をなさっていた柳澤理子さんというかたがいた．世界中を歩いておられるかたで，世界中のワインに詳しかった．その柳澤さんが，うちのワインを飲まれたあと，

　「こんなワインが日本でできるはずがない」

とおっしゃって，山梨のルミエールのワイナリーまでいらっしゃった．疑念に満ちての行動だ．

　ところが，ワイナリーまで来ると，そこにシャトー・マルゴーの樽に入ったうちのワインがずらりと並んでいたものだから納得してくださったのだろうか，その疑念はどこへやらで，さっそくその場で，

　「これをひと樽ちょうだい」

と言って，1990年のシャトー・ルミエールを750ml入り瓶にすると270本にも相当する樽のまま買ってくださった．

　そんなこんなで，ハリー・ウィンストンの銀座店といろいろとおつきあいができたころだ．こちらがボルドーでワイン会をしていることをお話しすると，アメリカの本社の会長ロナルド・ウィンストンさんが，

　「では，今度はニューヨークでもやってみませんか」

とおっしゃる．

　どうやら，ハリー・ウィンストンにもワインに「うるさい」お客さまが大勢いらっしゃり，ロナルドさんは，そういうお客さまに満足していただくのに苦労なさっていたようだ．

　「私がすべてお世話しますので，ツカモトさん，ニューヨークへいらっしゃいませんか」

と言う．

　こちらとしては，なんの問題もない．

　2001年のお正月のことだ．

　会場としては，ル・サークとダニエルという，ふたつのレストランを用意してくださった．どちらも，世界的に有名な政治

34　魅惑のボルドー・ワイン　Irrésistibles Bordeaux

家や芸術家や映画スターなどが頻繁に食べに来るニューヨークでも超一流のレストランだ．

1月5日にニューヨークに着くと，さっそく翌日にはル・サークに赴いてシェフのシャデランさんと料理などの打ち合わせをし，その翌日には，またダニエルに行って，オーナー・シェフのダニエル・ブールーさんと打ち合わせをし，7日，8日の連夜のワイン会に備えた．

どちらの会も，主催者はハリー・ウィンストンの会長ロナルド・ウィンストンさんということになっていたが，1月7日のル・サークでのワイン会にご出席いただいたのは，次のようなかたがただった．

ロナルド・ウィンストンさん
（ハリー・ウィンストン会長）

ゴルバーグ・パースタバーさん
（ハリー・ウィンストン副社長）

ジョアン・プレイスティッドさん
（駐マーシャル諸島アメリカ大使）

ジャン・ギヨーム・プラッツさん
（シャトー・コス・デストゥールネル，ゼネラル・マネジャー）

イヴ・ジバートさん
（『ワシントン・ポスト』紙ワイン・料理記者）

畔柳信雄さん
（当時東京三菱銀行北米本部常務取締役）

シャトー・コス・デストゥールネルのブルーノ・プラッツさんの息子，ギヨームさんには，ボルドー・ワインを中心としたワイン会ということもあり，ボルドー・ワインアカデミーを代表して，わざわざボルドーから駆けつけていただいた．

このときに，日本からもっていってお出ししたのは，次のようなワインだった．

- シャトー・ルミエール　1990年（マグナム）
- シャトー・シュヴァル・ブラン　1918年（マグナム）
- シャトー・デュルフォール・ヴィヴァン　1900年
- シャトー・マルゴー　1900年
- シャトー・パルメ　1869年
- アルボワ・ヴァン・ジョーヌ　1834年
- マデイラ　1789年

これだけのラインナップがそろえば，世界中のどんなにワインに「うるさい」かたがいらっしゃっても，まず不足に思われることはないだろう．

もちろん，この時期には，もうボルドー流のワイン会の開きかたにも慣れていたので，料理の選択も味つけも，私たちがイニシアティヴをとってさせていただいた．

ル・サークでのワイン会

ル・サークでのワイン会にお出ししたワイン

ちょうど，ブルーノ・プラッツさんのところでも話題に出したルミエール秘蔵のワイン・ヴィネガーの販売に力を入れだしていたころだ．ハリー・ウィンストンのかたも，うちのワインだけでなく，そのヴィネガーもとても気に入ってくださっていたので，ル・サークの総料理長のシャデランさんにお願いして，オードブルからデザートまで，すべての料理にうちのヴィネガーを使っていただくことにした．

お出ししたのは，次のような料理だ．

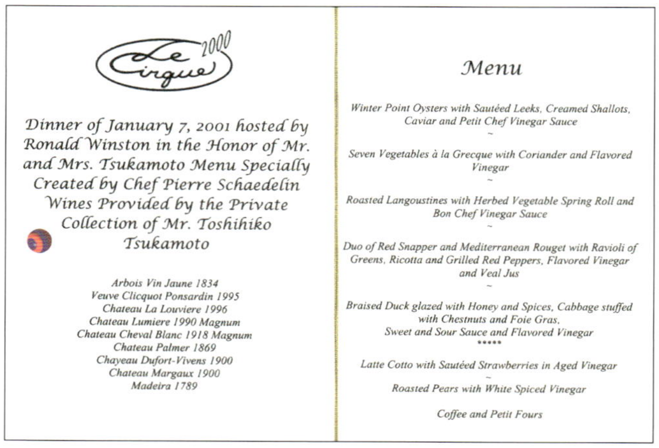

ル・サークでのワイン会のメニュー

Menu

ウインター・ポイント・オイスターとネギのソテー，
プティ・シェフ・ヴィネガー風味

キャビアとエシャロットのクリーム煮，
プティ・シェフ・ヴィネガー風味

7種類の野菜ギリシア風，コリアンダーを添え，
フレーヴァード・ヴィネガーで

赤座海老のローストと香味野菜の春巻き，
ボン・シェフ・ヴィネガー・ソースで

レッド・スナッパーとルジェのデュオ，
葉野菜とリコッタとグリルした赤唐辛子を詰めたラヴィオリを添え，
フレーヴァード・ヴィネガーと仔牛の肉汁で

蜂蜜とスパイスをからめた鴨肉のブレゼ，
クリとフォワグラのキャベツ巻き，
スイート＆サワー・ソースとフレーヴァード・ヴィネガーで

ラッテ・コット，イチゴのソテーを添え，
熟成したヴィネガーで

ナシのロースト，スパイスをきかせた
ホワイト・ヴィネガーで

ル・サークでの3品目．7種類の野菜ギリシア風，コリアンダーを添え，フレーヴァード・ヴィネガーで

ル・サークでのひと品目．ウインター・ポイント・オイスターとネギのソテー，プティ・シェフ・ヴィネガー風味

ル・サークでの4品目．赤座海老のローストと香味野菜の春巻き，ボン・シェフ・ヴィネガー・ソースで

ル・サークでのふた品目．キャビアとエシャロットのクリーム煮，プティ・シェフ・ヴィネガー風味

ル・サークでの5品目．レッド・スナッパーとルジェのデュオ，葉野菜とリコッタとグリルした赤唐辛子を詰めたラヴィオリを添え，フレーヴァード・ヴィネガーと仔牛の肉汁で

ル・サークでの6品目．蜂蜜とスパイスをからめた鴨肉のブレゼ，クリとフォワグラのキャベツ巻き，スイート & サワー・ソースとフレーヴァード・ヴィネガーで

ル・サークでの8品目．ナシのロースト，スパイスをきかせたホワイト・ヴィネガーで

ル・サークでの7品目．ラッテ・コット，イチゴのソテーを添え，熟成したヴィネガーで

また，1月8日のダニエルでのワイン会には，下記のようなかたがたにご出席いただいた．

ローラ・スタンリーさん
(『ワイン・スペクテイター』誌編集者)

トーマス・マシューズさん
(『ワイン・スペクテイター』誌編集主幹)

タラ・Q・トーマスさん
(『ワイン＆スピリッツ』誌編集者)

ロナルド・ウィンストンさん
ゴルバーグ・パースタバーさん

　この，ダニエルでのワイン会でも，お出ししたのは，次のような歴史的銘醸ワインを中心にしたラインナップだった．

> ❀ シャトー・ルミエール　1990年（マグナム）
> ❀ シャトー・オーバイイ　1900年
> ❀ シャトー・レオヴィル・ラスカーズ　1868年
> ❀ シャトー・ラフィット・ロートシルト　1864年（375mℓ）
> ❀ アルボワ・ヴァン・ド・ペイ　1811年
> ❀ シャトー・ディケム　1869年
> ❀ アルマニャック　1900年

　1864年のラフィットは，100ℓ入りのボンボンに入っていたものだったが，前にボルドー・ワインアカデミーに会員として迎えていただいたあとで，シャトー・ディケムで開いたお礼のワイン会で出した1854年のイケムにも勝るとも劣らないみごとなワインだった．

　『ワイン・スペクテイター』誌のトーマス・マシューズさんはこのラフィットを激賞した．1864年のラフィットは，それまでにも何度も飲まれていたらしい．しかし，このときの1864年のラフィットは，過去に飲んだそれらのワインにもましてすばらしいとおっしゃっていた．やはり，ポンテ・カネのアルフレッド・テスロンさんが教えてくださったとおり，ボンボンに入れて保存されているワインは特別なのだろう．

国内でもボルドーのシャトー・オーナーを招き

こうして，ボルドーやニューヨークで，かつて夢に描いていたような時間が過ごせるようになると，今度はその楽しさを日本のワイン愛好家のかたがたにも紹介したくなってきた．そんな折りに，またとないチャンスがめぐってきた．

かつて，ムスタマンとの再会の場となった VINEXPO が，1998 年からは，ボルドーで開かれない年（偶数年）には外国でも開かれるようになり，その年には VINEXPO ASIA PACIFIC の第 1 回目が香港で開かれたが，続く 2000 年と 2002 年の 2 回目と 3 回目は東京で開かれ，2002 年にはボルドーのグラン・クリュ・ユニオンの 64 名もの一大デレゲーションが東京に乗り込んでくることになった．

ボルドーのワイン・ソサエティには，ふたつの団体がある．私が客員会員として迎えていただいたボルドー・ワインアカデミーは，一部のシャトーだけが正会員として認められている文化団体だが，グラン・クリュ・ユニオンのほうは，ボルドー・ワインの世界中への普及をめざす販売促進団体であり，こちらには，アカデミーの会員シャトーを始めとするボルドーのおもなシャトーがほぼすべて加入している．その団体の代表者たちが大挙して乗り込んでくるのだから，日ごろからルミエールのワインを楽しんでくださっているみなさまにも，ボルドーのシャトー・オーナーたちとの宴の楽しさを味わっていただくのにまたとないチャンスだった．

さっそく，私たちは銀座のホテル西洋のバンケット・ルーム「レペトワ」で，ボルドーのシャトー・オーナーを招いてのワイン会をセットした．シャトー・ガザンのバイヨンクールさん，シャトー・ピション・ロングヴィル・コンテス・ド・ラランドのジルダス・ドローンさん，シャトー・レオヴィル・バルトンのリリアンさんなど，お時間の都合がつかずにいらしていただけなかったかたもいたが，お招きしたのは下記の 11 名のかたがただった．

アレクサンドル・ド・リュル・サリュースさん
（当時シャトー・ディケム）

パトリック・マロトーさん
（シャトー・ブラネール・デュクリュ）

エリック・ダラモンさんご夫妻
（シャトー・フィジャック，ティエリー・マノンクールさんの娘さんご夫妻）

ステファン・フォン・ナイペルグさん
（シャトー・カノン・ラ・ガフリエール）

オリヴィエ・ベルナールさん
（ドメーヌ・ド・シュヴァリエ）

ジャン・ギヨーム・プラッツさん
（シャトー・コス・デストゥールネル）

ヤン・シラーさん
（シャトー・キルヴァン）

ジャン・ベルナール・グレニーさん
（シャトー・アンジェリュス）

ダニエル・カチアードさん
（シャトー・スミス・オー・ラフィット）

アルフレッド・テスロンさん
（シャトー・ポンテ・カネ）

このワイン会では，シャトー・フィジャックで私のアカデミーへの入会を祝して開いていただいた昼食会を真似て，6 つのテーブルのそれぞれに特色をもたせることにし，各テーブルにカベルネ・ソーヴィニョン，カベルネ・フラン，ソーヴィニョン・ブラン，メルロー，セミヨンと，ぶどうの品種の名前をつけ，それぞれその品種のぶどうの枝を，葉もついた状態でテーブルの上に飾った．

6 つのテーブルにボルドーのシャトー・オーナーのかたがたが 11 人．つまり，ひとつのテーブルにシャトー・オーナーがふたりずつ座るという，なんともぜいたくなワイン会になった．

このランチョンでも，ボルドーでのワイン会と同様に，出席者のみなさまに，まず料理をワインとともに召し上がっていただいたうえで，メイン・ディッシュのあとにフロマージュ（チーズ）の時間を設け，ご出席のシャトー・オーナーからコメントをいただきながら，それぞれのシャトーのワインを，オーナーご推薦のチーズとともにテイスティングしていただくことにした．

お出しした料理とワインは，次のとおりだ．

Menu

ウェルカム・ドリンク：シトロン・シャワー

タラバガニのサラダ
柚子風味のマンゴー・ヴィネグレット

スズキのグリーンアスパラガス添え
シャトー・ルミエールのフレーバー・ヴィネガー・バターソース

このふた品の間には，いずれも白の
❀ ドメーヌ・ド・シュヴァリエ　1995 年（マグナム）
❀ スミス・オー・ラフィット　1995 年
❀ 甲州古酒「光」　1985 年
を召し上がっていただいた．

仔羊背肉のロースト
ピサラ風味と南仏野菜のコンフィ

このメイン・ディッシュのときは次の赤をお出しした．
❀ シャトー・ルミエール　1990 年　（一升瓶入り）

フロマージュの時間

ここでは，以下のワインを，それぞれのシャトーのオーナーからコメントをいただきながら，オーナーご推薦のチーズとともにテイスティングした．オーナーご推薦のチーズもいっしょに紹介しておこう．

- ❊ シャトー・スミス・オー・ラフィット　1995 年（マグナム）

    マンステール，ブルー・チーズを除けば，数多くのチーズと合う

- ❊ シャトー・ポンテ・カネ　1995 年（マグナム）

    コンテ，カンタル，ミモレット，ボーフォール，オッソー・イラティ，サン・ネクテール，トム・ド・サヴォワ，モルビエ，シェーヴル，コルセ，カマンベール，シェヴロタン，サンフェリシアン，サンマルセランなど

- ❊ シャトー・キルヴァン　1996 年

    コンテ，パルメジャーノ・レジャーノ，スイス・グリュイエール，ボーフォールなどのハード・チーズ，シェーヴルタイプのブーリニ・サンピエール，サンモーレ，ピレネーの山羊乳チーズ（オッソー・イラティ，エトルキ）など

- ❊ シャトー・デュルフォール・ヴィヴァン　1998 年（マグナム）

- ❊ シャトー・ブラネール・デュクリュ　1995 年（マグナム）

    コンテ，ボーフォール，サン・ネクテール，ブリ・ド・モー，フレッシュ・ゴート・チーズ

- ❊ ドメーヌ・ド・シュヴァリエ　1998 年

    風味の強すぎないチーズならほとんどのチーズと合う

- ❊ シャトー・アンジェリュス　1999 年
- ❊ シャトー・コス・デストゥールネル　1996 年
- ❊ シャトー・フィジャック　1996 年

    コンテ，サン・ネクテール，ルブロション

- ❊ シャトー・カノン・ラ・ガフリエール　1995 年

    熟成したコンテ，ボーフォール，ブリ・ド・モーまたはブリ・ド・ムラン，特によく熟成したミモレット

- ❊ シャトー・ディケム　1991 年

    パピヨン・ノワールのロックフォール

グレープフルーツのゼリーとレーズン，
ピスタチオ・ナッツ入りババロワ

このデザートのときは，またシャトー・ディケムの 1991 年をお出しした．

コーヒー

サリュースさんのヴィンテージ・ノート

このホテル西洋でのワイン会のときは，テイスティングが始まると，11 名のシャトー・オーナーのみなさんを代表してシャトー・ディケムのサリュースさんからごあいさつをいただいたのだが，サリュースさんは，おもちくださったシャトー・ディケムの 1991 年にヴィンテージ・ノートもつけてくださっており，このヴィンテージ・ノートがなかなか興味深かった．

1991 年というのは，ボルドーに 4 月も下旬になってから遅霜が降りた年だ．サリュースさんのヴィンテージ・ノートの前半は，春と夏の季節に分けて綴られており，その霜が降りた 21 日は「夜半から百葉箱の寒暖計の温度が下がりだし，-1℃ まで

ひとつのテーブルにボルドーのシャトー・オーナーがふたりずつつく豪華なランチョン

私はシャトー・ブラネール・デュクリュのマロトーさんと「セミヨン」のテーブル

"ブラッド・ブラザー"（ドメーヌ・ド・シュヴァリエのオリヴィエ・ベルナールさん）との再会も

達して，その状態が 8 時間続いた」と書いてある．そのとき，現場の畑にいた人でなければ書けない臨場感あふれる表現だ．

この遅霜では，ぶどう畑が大きな影響を受けたが，その影響の度合いは，畑の区画によって異なり，はっきりと影響を受けたのは，イケムの畑全体の 30 パーセントだったという．

だが，この遅霜のあとは天候に恵まれ，イケムの畑では，この遅霜による影響は，その 30 パーセントの区画で果熟の時期がやや遅れた程度にとどまった．「夏」の項に，「8 月中の気温は

1990年より高かったが（30℃を超えた日が16日），これは1928年や1947年に匹敵する」と，70年以上も前の年を出してきて説明しているあたりが，いかにも几帳面なサリュースさんらしく，また，長い伝統のあるイケムらしい．

収穫期の天候のところにも，興味深い記述がある．この年の9月には，同じボルドーでも，メドックのレスパールや，ボルドー市に近いル・アイヤンや，ソーテルヌとはガロンヌ川をはさんで対岸に当たるタルゴンでは，160〜180 mm ほどの雨が降ったが，ソーテルヌでは，51 mm の雨しか降らなかった．それでも，春の遅霜の影響は残り，ぶどうの果実は平年より小さく，熟しかたにもむらがあったが，貴腐ワインを造っているソーテルヌでは，よその地区のように畑のぶどうをいっせいに摘み取るのではなく，貴腐菌がついているぶどうだけを選別して摘み取るので，そのむらに合わせて摘み取りをすればよく，結局のところ，第1回目の摘み取りの収穫量が減っただけで，最終的に収穫したぶどうの質には，平年と大きな違いはなかったという．なるほど，収穫年の天候も，ボルドー全体で大づかみに見るのではなく，アペラシオン（原産地）ごとに，しかも，そのアペラシオンの醸造の手法も加味して見なければならないわけだ．

9月には，10日と12日に雨が降ったあと，21日までは雨が降らなかったので，19日に収穫をスタートし，6日間でその年の収穫量の25パーセント近くを摘み取り，第1回目の摘み取りを終えたという．その後，25日から30日までは，また激しい雷雨に見舞われたので，収穫をひと休みし，第2回目の摘み取りは，1日あけて10月2日から開始し，4日間で20パーセント程度の摘み取りを行った．それからはまた，6日から15日まで霧雨のような弱い雨が降りつづき，その翌日の16日も雨になって，好天が訪れるのを待ちながらも，しだいにいらだちや不安が募ってきたという．だが，辛抱した甲斐があった．その雨が上がると，一転して好天つづきになり，それまで貴腐菌がついていなかったぶどうにも一気に貴腐菌の付着が進み，21日からわずか5日間で残りの50パーセント以上のぶどうを摘み取ることができた．10月25日という収穫の終了日は，終わってみると，平年よりまだ早いほうに属したのである．

そして，それから慎重に，慎重に心を砕いてこの1991年のイケムを造ってきたその「生みの親」のサリュースさんとしては，無事に，元気よく育ってきたそのワインを見ても，「この子は，秘めたものはほかの年と変わらず充分にあるのだが，まだちょっと……」と，わが子を案ずる親さながらのコメントを書いている．

でも，そのあとに，「外部の人の意見」として，フランスのワイン雑誌『ル・レヴ・デュ・ヴァン・ド・フランス』の1998年

サリュースさんが1991年のシャトー・ディケムにつけてくださったヴィンテージ・ノート（全3ページの1ページ目）

お買い上げいただいたワインのラベルには，オーナー直筆のサインが

3月号の評価が紹介されており，そこに「とてもうまくいっている．なにも心配することはないじゃない．安心してどっぷり浸って楽しめばいいのよ」みたいなことが書かれているところが，またおもしろい．

イケムでの最後のワイン会

多くのシャトーのオーナーたちが東京でのワイン会に集まってくださったことへのお礼の意味もあり，2003年の6月には，

魅惑のボルドー・ワイン　Irrésistibles Bordeaux

またサリュースさんのシャトー・ディケムをお借りしてワイン会を主催させていただいた．

　ボルドーに着いたその日の夜というあわただしいものだったが，いつものようにムスタマンたちの助けも借り，夜の7時半から開始した．東京でのワイン会の余韻もあったのか，このワイン会はかなり大人数のものになった．ご出席いただいたのは，次のようなかたがただ．

ニコラ・ド・バイヨンクールさん
（シャトー・ガザン）

フローレンス・カチアードさん
（シャトー・スミス・オー・ラフィット）

ライオネル・クルーズさんご夫妻
（シャトー・ディッサン）

ジャック・グレナトさん
（ワイン関係の書籍編集者）

メイ・エレーヌ・ド・ランクサンさん
（当時シャトー・ピション・ロングヴィル・コンテス・ド・ラランド）

アレクサンドル・ド・リュル・サリュースさん
（当時シャトー・ディケム）

ティエリー・マノンクールさんご夫妻
（シャトー・フィジャック）

エーメリック・ド・モントールトさんご夫妻
（モエヘネシー・ルイヴィトン・グループ）

ヤン・シラーさんご夫妻
（シャトー・キルヴァン）

ジャン・ギヨーム・プラッツさんご夫妻
（シャトー・コス・デストゥールネル）

エルマン・ムスタマンご夫妻
（レ・ヴァン・ド・クリュ）

　お出ししたワインは，以下のとおり．

🌸 シャンパン・デュヴォー・キュヴェD
🌸 シャトー・フィジャック　1949年
🌸 シャトー・ラフィット・ロートシルト　1947年（マグナム）
🌸 シャトー・マルゴー　1947年（マグナム）
🌸 シャトー・シュヴァル・ブラン　1918年（マグナム）
🌸 シャトー・ディケム　1921年

　料理は，前にイケムでワイン会を主催したときにもお願いした出張料理のシェフ，マルク・デュマンにお願いした．彼が用意してくれた料理の間に例のフロマージュの時間をはさみ，メニューは次のような構成にした．

Menu

鴨肉とフォワグラのパンフライ，アーモンド添え

仔羊のあばら肉，フレッシュ野菜とともに

フロマージュの時間

ソフト・フローズン・クリーム，チェリー・スープで

　結果的に，このワイン会は，私がシャトー・ディケムで開いた最後のワイン会になった．ご出席いただいたみなさんと，楽しく，おいしく，心地よいひとときを過ごせたが，それとは別に動いていたことがあり，結局はこれが「最後」ということになった．いまとなっては，思い出深いいい時間だ．このときにまたイケムをお借りして開いてよかったと思っている．

ボルドーでのワイン会には欠かせない出張料理のシェフ，マルク・デュマン．いつもおいしい料理をつくってくれる

鴨肉とフォワグラのパンフライ，アーモンド添え

仔羊のあばら肉，フレッシュ野菜とともに

イケムでの最後のワイン会　41

フロマージュの時間にはこんなチーズを

女性ゲスト用のセッティング（男性ゲスト用は扇が黒）

　この日は，ご出席のカチアードさんのスミス・オー・ラフィットに泊めていただき，翌日はシャトー・ラ・ガフリエールでディナー，その翌日はシャトー・マルゴーでランチをお呼ばれしたあと，またサリュースさんにシャトー・ディケムでのディナーに呼んでいただき，シャトー・キルヴァンのシラーさんのところへ泊めていただいて帰ってきた．

　なお，この6月には，サンテミリオンのシャトー・ラ・ガフリエールでこの地区のグラン・クリュが合同で開いたワイン会へも家内とともに招待された．インヴィテーション・カードにもあるように，会場となったラ・ガフリエールを筆頭に，シュヴァル・ブラン，アンジェリュス，カノン，フィジャックなど，サンテミリオンの有力ワインが一堂に会したとても盛大な催し

2003年6月のシャトー・ディケムでのワイン会のテーブル・セッティング

みんなでカメラに向かって「はい，チーズ！」．テーブルを囲んでのワイン会にも，たまにはこういうシーンがある

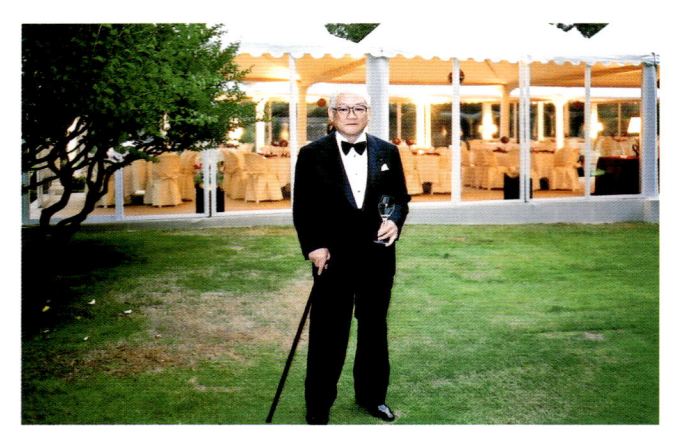

サンテミリオン地区のグラン・クリュが合同で開いたワイン会にて

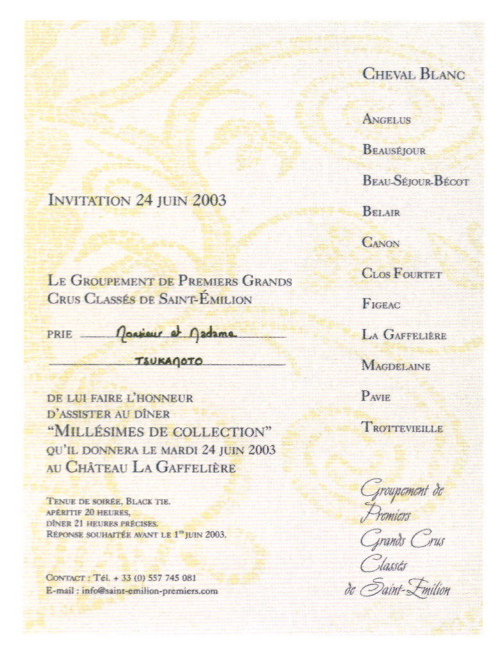

サンテミリオンの合同ワイン会のインヴィテーション・カード

だった．

またアカデミーの晩餐会へ

2004年になると，それまでボルドー・ワインアカデミーの会長を務めてこられたサリュースさんが退任することになり，代わってシャトー・ピション・ロングヴィル・コンテス・ド・ラランドのマダム・ランクサンが新しい会長に選ばれたというご案内をいただいた．ついては，10月にマダムが主催してドメーヌ・ド・シュヴァリエでアカデミーの晩餐会が開かれるという．

そこでまた家内とふたりでボルドーへ飛んだが，もうシャトー・ディケムでワイン会を開くことも，そこでのワイン会に呼ばれることもなかった．サリュースさんがアカデミーの会長を退かれるのと同時にイケムを去り，もうひとつお持ちだったシャトー・ファルグのほうへ移られたからだ．

ボルドーへ行き，常宿のホテル・ブルディガーラに荷物を下ろすと，すぐにその足で，あの，ムスタマンが発掘したシャトー・デュ・ローに顔を出し，翌日はシャトー・キルヴァンのヤン・シラーさんのところでランチをいただき，その翌日も，シャトー・マルゴーへおじゃまして，ちょうど収穫期ということもあり，醸造責任者のポール・ポンタリエさんやオーナーのコリンヌ・メンツェロプーロスさんといっしょにピッカーズ・ランチをいただき，その翌日のドメーヌ・ド・シュヴァリエでのアカデミーの夕食会に備えた．

ドメーヌ・ド・シュヴァリエでの夕食会の翌日には，新しくアカデミーの会長になったシャトー・ピション・ロングヴィル・コンテス・ド・ラランドのマダム・ランクサンのところへおじゃまして，ここでもピッカーズの人たちに交じってランチをいただくことにしていたが，ピションのかたから「夕食会のあとでホテルに戻ってまた翌日の朝にうちにいらっしゃるのでは忙しくなりますから，どうせなら夕食会の夜，うちに泊まっていらっしゃいませんか」と言っていただいたので，帰宅するマダム・ランクサンに同行し，そこに泊めていただくことにした．

『ワインと戦争』という本がある．第2次世界大戦中に一時ナチの占領下に置かれたボルドーで，ワインを造るシャトーがどのような立場に置かれ，どのような苦難に耐えて生き延びてきたかを描いた本だ．

このなかに，ナチの占領軍が標的にしていたユダヤ人を敢然とかくまい，監視の目を盗んでは，食事を届けていたひとりのお下げ髪の少女が出てくる．つい最近までポーヤックのシャトー・ピション・ロングヴィル・コンテス・ド・ラランドの当主を務めていたメイ・エレーヌ・ド・ランクサン，その人だ．

このエピソードが物語るように，マダム・ランクサンはとても気持ちの強いかただ．いつでもご自分の考えをしっかりとおもちになっていて，言いたいことははっきりとおっしゃる．これには，レジスタンス運動に身を投じていたお父さまだけでなく，陸軍大将かなにか，軍人だったご主人の影響もあるのかもしれない．

ランクサン家は，もとはフィリピンで財を成した一族らしい．だから，ピション・ラランドのシャトーでは，アジア系の人が大勢働いていて，マダムのお世話をするメイドも，セラー・マスターも，みなアジア系だった．

このマダム・ランクサンがサリュースさんのあとを継いでボルドー・ワインアカデミーの会長になったときには，アカデミーが格付けワインばかりの集まりになっていて，その下のブルジョワ級にもいいワインがあるのに，そちらは日の目を見ていない点に目をつけ，ボルドー・ワインの基盤をしっかりと築く

には，ブルジョワ級のワインを造っているシャトーの組織化も必要であることを説き，精力的にその組織づくりに取り組まれた．

強きをくじくわけではないが，弱きは助ける —— そんな心意気が，マダム・ランクサンの心の底には，おありになるのだろう．

でも，そこはやはり女性だ．ピション・ロングヴィル・コンテス・ド・ラランドのシャトーへおじゃますると，そこはアール・デコやアール・ヌーヴォーなどの工芸品がずらりと並び，どこのミュージアムかと見まがうほどきれいに装飾されていた．もちろん，フィリピンで財を成した一族の家らしく，仏像なども置いてある．シックな黒檀のすばらしいテーブルもあった．

そんなマダム・ランクサンが，螺旋階段を降りて地下のセラーに案内してくれたとき，

「ツカモトさん，あなた，何年生まれ？」

と訊いてきた．

「1931年です」

と答えると，

「じゃあ，はい，これ，もっていきなさい」

と言って，その年のピションを差し出された．

70年も前のピションなど，そう簡単にいただいていいものではない．だから，

「ありがとうございます．でも，それは……」

と手を振りかけると，

「なに，私が差し上げると言っているのに，受け取れないの？」

と怒りだした．

ハードボイルドの，心やさしいかたなのだ．

私にとっては，ボルドー・ワインの原点は，幼い日に兄とともにあけた父のラフィットだ．だが，うちのワイナリーの社名を「甲州園」から「ルミエール」に変えたときには，光の画家ジョルジュ・ラトゥールの描いた絵のように，世のなかにほのかな光（ルミエール）を添える存在になりたいと思い，その画家と同名のシャトー・ラトゥールを強く意識した．だから，このマダム・ランクサンに，

「あなたが造ったルミエールの1990年はプチ・ラトゥールね」

と言われたときには，ことのほかうれしかった．いい人だ．

ふたたび国内で

この年には，また6月に東京でVINEXPOが開かれることになっていたが，その開催が取りやめになり，代わって11月にボルドー・グラン・クリュ・ユニオンの代表団が東京に来ることになった．

そこで，またルミエールのお客さまにボルドーのシャトーのかたがたとじかに接する機会をもっていただけるように，そのうちの何人かをお招きし，ホテル西洋銀座でワイン会を開くことにした．

来ていただいたのは，次のようなかたがただった．

ニコラ・ド・バイヨンクールさん
（シャトー・ガザン）

ダラモン・ローラさん
（シャトー・フィジャック）

ジルダス・ドローンさん
（シャトー・ピション・ロングヴィル・コンテス・ド・ラランド）

ジェイムズ・リランドさん
（シャトー・ラ・ルーヴィエールを所有するアンドレ・リュルトンさんのグループの販売部長）

フィリップ・ラルシェさん
（シャトー・ラ・ガフリエール輸出部長）

このときのワイン会は，かなり大勢のかたにご出席いただけることになったので，ホテル西洋銀座のバンケット・ルームでも，前に使用した「レペトワ」とは違い，広い「サロン・ド・ロンド」を使用し，そこに5列にテーブルを配し，そのひとつひとつにそれぞれシャトーの代表のかたにお座りいただくことにした．

会の進め方は，2002年に「レペトワ」で開いたワイン会と同様，まずホテル西洋銀座の広田昭二総料理長にお願いしてメイン・ディッシュまでを出していただき，そのあとにフロマージュの時間を設けてご出席いただいたシャトーのワインをテイスティングし（残念ながら，お出ししたワインのうち，シャトー・

Menu

日向鶏のローストサラダ
プティ・シェフ風味ヴィネグレット

温かい自家製スモークサーモン
ディルとライムのクリーム添え

牛フィレ肉のポアレ
粒マスタード入りフレーヴァード・ヴィネガー・ソース

これらの料理のときには，
❀ ルミエール甲州古酒「光」 2000年 白
❀ シャトー・ルミエール 1990年 赤
をお出しした．

フロマージュの時間

フォンダン・ショコラと赤い果実
ピスタチオとヴァニラのアイスクリーム

44 魅惑のボルドー・ワイン Irrésistibles Bordeaux

キルヴァンのかたにはご出席いただけなかったが)，そのあとでデザートとコーヒーをいただくというものになった．

広田総料理長が用意してくださったメニューは，前ページのようなものだった．

フロマージュの時間には，ご出席いただいたシャトーのワイン（シャトー・キルヴァンも含む）のなかから，次のようなワインをお出しして，出席者のみなさんにテイスティングをしていただいた．

> ❁ シャトー・ラ・ルーヴィエール　1990 年　白
> ❁ シャトー・ラ・ガフリエール　1998 年　赤
> ❁ シャトー・キルヴァン　1998 年　赤
> ❁ シャトー・ガザン　1999 年　赤
> ❁ シャトー・フィジャック　1999 年　赤
> ❁ シャトー・ピション・ロングヴィル・コンテス・ド・ラランド　1999 年　赤

2002 年の「レペトワ」でのワイン会のときもそうだったが，このときも，集まってくださったワイン好きのかたがたがボルドーのシャトー・オーナーと同じテーブルを囲み，おいしいワインが引き出す軽い酔いの助けも借りて，互いに打ち解けて，

料理の説明をするホテル西洋銀座の広田総料理長

シャトー・フィジャックのダラモン・ローラさん

大人数になったワイン会のテーブル・セッティング

ピション・ロングヴィル・コンテス・ド・ラランドのジルダス・ドローンさん

ウェルカム・ドリンクには，ノンアルコールのシトロン・シャワー，ハイビスカス・シャワーのワイン・ヴィネガー飲料のほかに，ヴーヴレ・ブリュット 2001 年をご用意した

シャトー・ガザンのニコラ・ド・バイヨンクールさん

シャトー・ラ・ガフリエールのフィリップ・ラルシェさん

シャトー・ラ・ルーヴィエールのジェイムズ・リランドさん

あれこれと興味深いお話をうかがいながら、そのシャトーのワインを味わうことができたので、とても意義深い会になったのではないかと思う。

ドメーヌ・ド・シュヴァリエでの晩餐会

2007年には、日本のある雑誌社から、ボルドー特集をしたいので、またボルドーでワイン会を開いてくれないかという申し出があった。私たちがボルドーでシャトー・オーナーたちを招いてワイン会を開いているところを取材したいというのだ。

さっそく、ボルドーのシャトー・オーナーたちに「そういうことなので、どこかいいレストランを紹介してほしい」と打診すると、ドメーヌ・ド・シュヴァリエのオリヴィエ・ベルナールさんが「それなら、どうぞうちを使ってください」と言ってくれた。

かつて、シャトー・ディケムのサリュースさんに同じように言われたときには驚いたものだが、もうこのときには、ボルドーではそれが常識だということがわかっていた。最初のサン・ジャムスでのワイン会以降、私は何度もボルドーでワイン会を開いていたが、そのたびに、どこかのシャトーのオーナーが「うちを使ってください」と言ってくださる。こちらから「お宅のシャトーを貸してください」とお願いしたことは、一度もない。

そのように、ボルドーのシャトー・オーナーたちは、みなフレンドリーで、心が広い。全員の心の底のどこかに、ワインは本来、そうしてどこかのお宅でいただくものだという共通の観念があるのかもしれない。そうやって自分たちのシャトーを提供し合い、互いにワインのある楽しい時間を過ごすのが、ボルドーのワイン・ソサエティでは、常識になっている。

今度のワイン会は6月6日。ボルドーに着いたのは、その前々日だった。

このときには、それまでとは少し勝手の違うことがあった。ロシアの元スパイが暗殺される事件が起き、手荷物として飛行機の機内に持ち込める液体が厳しく制限されるようになり、それまでのように気軽にワインを運ぶことができなくなっていたのだ。

たとえば、この少し前には、マグナムのボトルを6本箱に詰めて運ぼうとしていて、フランスの空港のX線検査装置のところで、その箱が大きいものだから通らず、検査をしていた空港の職員に、

「横にしてくれ」

と言われたことがあった。

だが、横にしたら、ボトルの底にたまっているオリが上がってきて、ワインがだめになる。だから、そう簡単には応じられないと思い、

「したきゃ自分でしてくれ」

と言って、わざと突っぱねてみた。

すると、その職員はしかたなく自分でマグナムのボトルを箱から出して横にしようとしたが、幸いにして、マグナムのボトルも、箱から出すと、立てたままでもX線検査装置をくぐり抜けられることがわかったので、結局、貴重なワインを横にすることなく運ぶことができたのだが、そんな制約ができた時期のワイン会だった。

だから、また面倒なことになり、万一予定のワインを会場まで運べないようなことがあってはいけないと思い、このときのワイン会でお出しするワインは、3か月前に、会場を提供してくださるドメーヌ・ド・シュヴァリエにDHLで送り、そこで保管しておいてもらった。次のようなワインだ。

- シャンパン・ポメリ　1989年
- ドメーヌ・ド・シュヴァリエ　1970年
- シャトー・コス・デストゥールネル　1970年（マグナム）
- シャトー・シュヴァル・ブラン　1918年（マグナム）
- シャトー・ムートン・ロートシルト　1921年（マグナム）
- シャトー・ディケム　1908年

魅惑のボルドー・ワイン　Irrésistibles Bordeaux

ドメーヌ・ド・シュヴァリエでのワイン会でお出ししたワインのラインナップ ©YOLLIKO SAITO

テーブル・セッティングをするベルナール夫人 ©YOLLIKO SAITO

　料理は，またいつもの出張料理のシェフ，マルク・デュマンにお願いした．彼なら，安心してまかせることができる．

　ただし，どういう料理にするかは，会場となったドメーヌ・ド・シュヴァリエのオリヴィエ・ベルナールさんが決めた．

　前の日に，ドメーヌ・ド・シュヴァリエにおうかがいすると，あらかじめお送りしたワインをごらんになっていたベルナールさんが，

　「こういうワインなら，私もすべて知っているから，料理の選択も私がやってあげよう」
と言いだした．

　だから，私たちの主催するワイン会なので，費用はすべて私のほうで払ったが，料理は会場提供者であるオリヴィエ・ベルナールさんに一任することになった．

　さあ，それからがたいへんだった．オリヴィエ・ベルナールさんは，ご自宅を使ったワイン会とあって，最高のワイン会にしようと張り切っていた．

　どこの部屋を使い，取材の人はどこの部屋で待機させ，どういう席順にするかということも，みな決めなければならない．出席者の顔ぶれは，会の前日くらいになってようやく確定する．このときも，当初はシャトー・フィジャックのティエリー・マノンクールさんをお招きすることにしていたが，前日になって，マノンクールさんは足が悪くて来られないので，代わりに奥さまのマリー・フランソワさんがいらっしゃるという連絡が入り，そうなると，また席順を変えなければならない．そういうことは，オリヴィエ・ベルナールさんとふたりで決めていく．

　いよいよ当日になって，またベルナールさんのところへうかがったときにも，まだ，なんとか最高のワイン会にしようとするオリヴィエさんの興奮は続いていて，彼は電話でマルク・デュマンと，味はどうするこうすると言ってさんざんやり合っている．そして，マルク・デュマンが5人ほどの弟子とサービスマンをつれてやってきて，その日一日お世話になる私たちがあいさつに行っても，またすぐにオリヴィエさんがデュマンをつかまえて，彼が前日に仕込みをすませてきたソースやなにかの味を見ては，「これじゃだめだ」とかなんとか言いながら，細かい注文をつけている．

　ご自分の名誉にかけて懸命にやっている姿がありありで，まったくほほえましいかぎりだ．

　だが，なにもベルナールさんにかぎらず，ワイン会の前には，もてなす側がそうして直前まで料理の味を微妙に調整していくのがふつうだ．私も，ホテル・オークラでワイン会を開いたときには，赤ワインが多かったので，魚の味付けをどうするかで当時の根岸料理長といろいろとやりあったことがある．

　テーブル・セッティングは，当日の朝からベルナールさんの奥さまが中心になってやってくださった．私たちのワイン会では，グラスの数だけでもたいへんな数になる．だから，奥さまひとりではとてもできることではなく，シャトーの従業員のみなさんも手伝ってくださったのだろうが，ともあれ，シャトーでのワイン会では，そうしてホスト・シャトーの奥さまがお花を飾ったり，使用するシルバーやプレートを決めたりして，テーブル・セッティングをするのが習わしになっており，このときも，ベルナールさんの奥さまがとても素敵なお皿を使ってくださった．

　さて，準備が終わり，お客さまたちがいらっしゃる時刻になると，主催者は玄関に出て到着するお客さまをお迎えしなければならない．この日，私と家内がドメーヌ・ド・シュヴァリエの玄関でお迎えしたのは，次の13名のかたがただ．

アレクサンドル・ド・リュル・サリュースさん
（シャトー・ファルグ）

メイ・エレーヌ・ド・ランクサンさん
（当時シャトー・ピション・ロングヴィル・コンテス・ド・ラランド）

ベロニク・サンダースさん
（シャトー・オーバイイ）

マリー・フランソワ・マノンクールさん
（シャトー・フィジャックのティエリー・マノンクールさんの奥さま）

ジャン・アンリ・シラーさん
（シャトー・キルヴァン）

ヤン・シラーさん
（アンリさんの息子さん）

アントニー・ペランさん
（当時シャトー・カルボーニュ，故人）

ミクロ・ペランさん
（アントニー・ペランさんの奥さま）

ニコラ・ド・バイヨンクールさん
（シャトー・ガザン）

オリヴィエ・ベルナールさん
（ドメーヌ・ド・シュヴァリエ）

アンヌ・ベルナールさん
（オリヴィエさんの奥さま）

エルマン・ムスタマン
（レ・ヴァン・ド・クリュ）

ジョアンナ・ムスタマン
（ムスタマンの奥さま）

　おひとりおひとり，お見えになるとごあいさつをして，応接間にお通しし，ウェルカム・ドリンクのシャンパンをふるまう．そこでは，お互いにしばらくお会いしていなかった間の近況を伝え合い，「おまえは最近，なにしていたんだ？」「いや，昨日までイタリアに行っていてね」などという会話が交わされる．そして，全員がそろったところで，いっしょにダイニングに移り，用意しておいた席次表に従って着席する．

　このときは，シャトー・カルボーニュのアントニー・ペランさんがウェルカム・ドリンクを飲みながら立ち話をしているときに，

ブリューゲル色のダイニングで ©YOLLIKO SAITO

「最近はあまり体調がよくないのだけど，ツカモトさんが呼んでくださったので，喜んで来ましたよ」
とおっしゃったのが印象に強く残っている．1年後にまたボルドーへ行ったときには，すでにがんが骨に転移していたのだろうか，大腿骨を骨折し，病床に臥せっておられた．それだけに，あのちょっとした立ち話の席で，生真面目にそうお話をされていたペランさんの姿が忘れられない．

ブラインド・テイスティング

　この日のワイン会の準備をしているときには，会場を提供してくださったドメーヌ・ド・シュヴァリエのオリヴィエ・ベルナールさんが，かつての私たちと同じようなことをおっしゃっていた．

「ツカモトさん，明日はこんなにすごいワインを出しても，みんな『おいしかった』と言うだけで逃げるから，全部ブラインドにしよう」

　それまでボルドーのあちこちでワイン会を開いてきた経験では，参加者たちからけっこうワインに関するコメントが出ていたような気がしていたが，やはり，ボルドーのシャトー・オーナーから見れば，印象は異なるのだろうか．まあ，みんなでワインを飲む楽しい宴をさらに盛り上げるためのいたずら心もあったとは思うが．

　「ブラインド」とは，ワインを銘柄もヴィンテージもわからないようにしてテイスティングすることを意味する．参加者は，その銘柄もヴィンテージもわからないワインについて感想を言い，それがどこのワインで，何年のものかを当てなければならない．

　先にも書いたように，たいていどのワイン会でも，出されたワインについて意見を求められないことはない．必ず，

「ツカモトさんはこのワインをどう思いますか？」
と訊かれ，的外れな返事をしたりすると，もうそれきり，あの人にはワインのことがわかっていないと見なされて相手にされなくなるという緊張感のなかで返事をしなければならないが，「ブラインド」となると，それ以前にまず，銘柄とヴィンテージを当てなければならない．

　さあ，そうなると，いくらボルドーのシャトーのオーナーたちといえども，安穏とはしていられない．私たちは，お出しするワインをすべてブラインドにするだけでなく，あらかじめ，個々のワインについてコメントをいただく人も決めていた．だから，コメントをする役に割り当てられた人はみな，ここで外してはボルドーのワイン・ソサエティの一員としての自分の沽券にかかわるとばかりに，真剣な表情になり，まなじりを決し

てグラスに向かった．

　たとえば，ムスタマンには，彼がブルーノ・プラッツさんといっしょにレ・ヴァン・ド・クリュを始めたときからおもに取り扱ってきて，さんざん飲んできたはずのコス・デストゥールネルの1970年を割り当てた．彼なら，わかるはずだ．いや，わからなければおかしい．要するに，一種のいたずら，というか，意地悪であり，ボルドーへ通いだしたころに，彼にテイスティングでさんざん試されたお返しと考えればいい．

　デキャントされたワインを口に含んだムスタマンは，いつになく真剣な顔つきになり，しばらく考えていた．そして，おもむろに，私たちの顔を見ながら，

「これは……ではないね」

と言う．消去法だ．考えられるワインの可能性をひとつ，またひとつと消していき，10分ほど，ああだこうだと言っていただろうか．でも，やはり，最後にはみごとにコスの70年であることを言い当てた．さすがはわが友，ムスタマンだ．

　いや，ムスタマンだけではない．シャトー・オーバイイのベロニク・サンダースさんも，シャトー・キルヴァンのアンリ・シラーさんも，みな，ブラインドで出されたワインの銘柄とヴィンテージをみごとに当てた．やはり，ボルドーのシャトーのオーナーたちは違う，といったところか．

　楽しかった．こういうワイン会は，ワイン造りをしてきた人間としては，とても楽しい．自分が試されても，ほかの出席者の意見をお聞きしても，みな勉強になる．家内もそうだ．このようなワイン会に出席していると，粗相があってはならじと緊張するが，そうした体験を何度も重ねているうちに，それがいい刺激となり，こうした席での会話のもっていきかたや，お客さまのもてなしかたが磨かれていく．

　結局，このときもとても楽しいひとときを過ごすことができ，飲んだワインの空き瓶は，オリヴィエ・ベルナールさんが，シャトーを見学に来られた人たちが見えるようにセラーに飾っておきたいとおっしゃるので，みなドメーヌ・ド・シュヴァリエに置いてきた．

　終わったのは何時だったか．

　帰ろうとすると，ピション・ロングヴィル・コンテス・ド・ラランドのマダム・ランクサンが「うちに泊まっていきなさい」と言うので，同じ車でマダムのシャトーへ向かった．

　ボルドー市より南にあるドメーヌ・ド・シュヴァリエを出た車が市内を通過して，マルゴー村にさしかかったころだ．ポーヤックのピション・ロングヴィル・コンテス・ド・ラランドまではまだ距離があったが，マダムがシャトー・マルゴーのとなりのシャトー・パルメの建物のなかの小さな小屋を指さした．

「ほら，見える？　あそこの小屋に私は戦争中にユダヤ人をかくまっていたのよ」

　マダムはそう言った．

　『ワインと戦争』という本のなかで紹介されている逸話だ．ピション・ラランドのランクサン一家は，マダムのお父さまを始めとして，占領軍ナチに反抗するレジスタンスの活動をしていた．それで，まだお下げ髪の少女だったマダム・ランクサンも，その小屋にかくまっていたユダヤ人のところへ，ナチの兵士たちの目を盗んで食べ物を運んでいた．シャトー・パルメは，そのとき，ナチの軍隊に占領されていた．朝，食べ物をもって，そのパルメの前を通ると，ナチの兵士が「おはよう」と声をかけてきたので，なに食わぬ顔で「おはよう」と返事をしていたという．

　おそらく，そのときの少女は胸をどきどきさせていただろうが，車のなかでそんな話を聞きながら時計を見ると，もう夜中の1時を過ぎていた．そんな時刻に，真っ暗闇のなかで，本のなかにも紹介されているような歴史上の逸話をその当人の口から聞かされるのは，なんとも臨場感があって，迫力のあるものだった．

ワイン会のあと

　もう私たちもボルドーのシャトー・オーナーたちとのワイン会に慣れてきたので，よくわかっているが，こういうワイン会を開いてシャトー・オーナーたちを招くと，必ずそのオーナーたちのシャトーにも，ワイン会の前後にお招きいただく．このときにも，シャトー・マルゴーやシャトー・オーバイイやシャトー・ファルグに招かれた．

　イケムをやっていたサリュースさんが戻ったファルグはたいへんな名門シャトーだ．その昔，ボルドー大司教からローマ法

ブラインド・テイスティングでいつになく真剣な表情のオリヴィエ・ベルナールさん（左）とアレクサンドル・ド・リュル・サリュースさん（右）
©YOLLIKO SAITO

王になって，法王庁のアヴィニョン移転を行ったクレメンス5世のおいにファルグ枢機卿という人がいて，その人がもっていたシャトーだが，そこへうかがうと，ボルドーでは，ゴッホが描いた南仏の絵に出てくるような糸杉を見かけることはまずないのに，前の道に糸杉の並木がある．これを，なぜだろう，と思い，あるとき，サリュースさんに，
「どうして糸杉なのですか？」
と尋ねてみると，
「うちはイタリア系の血が入っているんですよ」
とおっしゃった．

最近，ひとりでボルドーへ行った妻がサリュースさんのところを訪ねたときには，ファルグの1955年がイケムの1990年といっしょに出されたらしいが，これがまたすばらしかったらしく，1990年のイケムは足元にも及ばなかったという．

どちらにしろ，ソーテルヌというのは料理に合う．甘いといっても，ソーテルヌの甘味は自然の甘味なので，口に残らないし，魚でも，肉でも，料理の味をやさしく包み，その味わいをそこはかとなく引き立ててくれる．だから，最初からチーズだけでなく，サラダも出ているようなときには，その段階からソーテルヌを出していい．オードブルにフォワグラのようなものを出すときにも，最初からソーテルヌを出せばいいし，ソースにソーテルヌを使っていたら，絶対にソーテルヌだ．

一度，ルミエールをひいきにしてくださっているみなさんの集まりであるクラブ・ルミエールのワイン会でも，ソースにソーテルヌを使い，飲むワインもすべてソーテルヌにしたことがあるが，このときはとても料理とワインがよく合った．ソーテルヌというとデザート・ワインのように思われているかたも多いが，決してそうではない．

脚を悪くされてドメーヌ・ド・シュヴァリエでのワイン会に出席できなかったシャトー・フィジャックのマノンクールさんのところへは，あとでうかがった．その翌日が90歳のお誕生日ということで，「（明日の誕生会にも）いらっしゃいませんか？」とお誘いを受けたが，残念ながら，私たちはもう帰らなければならず，マノンクールさんのお誕生日のお祝いに同席させていただくことはできなかった．またいろいろと深いお話をお聞かせ願えたかもしれないのに，残念だ．

シャトー・キルヴァンのシラーさんも，ネゴシアン出身のシャトー・オーナーのひとりだ．私たちにとても親切にしてくださる．私たちがボルドーへ行くと，いつも呼んでくださり，いいワインを出してくださる．だが，一昨年，奥さまを亡くされてからは，少し力をなくされたかもしれない．お悔やみを申し上げに行ったときには，奥さまの写真を出してきて，いろいろと思い出話をしてくださった．

ワインを造る人が織り成すテロワール

ワイン愛好家がよく口にする「テロワール」という言葉は，通常はぶどう畑の土壌や気象条件などをさす言葉として使われている．

シャトー・マルゴーで醸造責任者のポール・ポンタリエさんといっしょにワインをブレンドしたときも，こんな話があった．

私がブレンドしようと思って味を見たカベルネ・ソーヴィニョンには，どこかメルローのような風味があった．逆に，メルローのほうには，どこかカベルネ・ソーヴィニョンに近い風味があった．

だから，そう感じたことをそのまま口にすると，ポンタリエさんは，
「そのとおりだよ．これは土壌の影響だ．メルローのよくできるところにカベルネ・ソーヴィニョンを植えるとメルローのような香りができ，カベルネ・ソーヴィニョンのよくできるところにメルローを植えると，カベルネ・ソーヴィニョンのような香りが生まれる．悲しいかな，ぶどうの持ち味は土壌によって変わってくるんですよ」
と言った．

ワインを生み出す土壌というのはそういうものだ．同じ品種のぶどうを栽培しても，できたぶどうから造ったワインには，その土地その土地の土壌の影響が出る．だから，ワイン街道にあれだけ多くのシャトーが境界を接して並んでいても，みなそれぞれ個性の異なるワインができている．

シャトー・オーブリオンのジャン・ベルナール・デルマスさんも，テロワールは土壌だけでなく，そこに循環する空気も含め，その土地を取り巻く生態系全体をさす概念としてとらえる必要があることを強調したうえで，その空気の循環の影響もあって，長い歳月の間に岩石が風化してできた土壌がいかに複雑微妙に変化しているかを説いている．

ぶどう畑には，ふたつとして同じ土壌の畑はない．だから，そこにどのような品種のぶどうをかみ合わせるか，ワイン醸造家に委ねられたその判断がとても重要になる．

だが，テロワールというものには，単に気候や風土だけでなく，ワインを造る人の魂も含まれる．ワインは，造る人の魂によってまったく違ったものになる．そのいい例がシャトー・ダルマイヤックだ．メドックのポーヤック村に位置するこのシャトーは，ボルドーで唯一，1855年に定められた格付けを変えた男として知られるフィリップ・ド・ロートシルト男爵（バロン）が1933年に買い取ったシャトーのひとつで，その当時はムートン・ダルマイヤックと呼ばれていた．

あるときはグランプリ・レーサー，またあるときは脚本家や

演出家として，多彩な才能を発揮していた男爵は，ワイン造りを始めると，その道に打ち込んだが，戦争が始まると，ユダヤ人だった奥さまがナチにつかまり，ひとり娘のフィリピーヌさんはどうにかかくまわれて難を逃れたものの，奥さまはナチに焼き殺されてしまった．

戦後，荒れ果てたシャトーを再建した男爵は，1954年にパリ生まれのアメリカ人ポーリーンさんと再婚して，1956年にはこのシャトーの名前をシャトー・ムートン・バロン・フィリップと変え，さらにそのポーリーンさんが亡くなると，彼女を偲んでその名前をシャトー・ムートン・バロンヌ（男爵夫人）・フィリップと変え，ひじょうにやわらかくてアトラクティブなワインを造っていた．

だが，1988年に彼自身が亡くなり，最初の奥さまとの間にできた娘のフィリピーヌさんがあとを継ぐと，その翌年にはもうシャトー・ダルマイヤックという元の名前に戻した．すると，それまで男爵が造っていたやわらかいワインが一変して「男酒」に変化した．

同じ場所で，同じ風土のなかで，同じ家族の一員が同じような人たちを使って造っているのに，やわらかい女性的なワインがいっぺんに力強いワインに変わってしまった．これなどは，ワインのテロワールのなんたるかを如実に物語るいい例だろう．

そういうこともあるから，ワインのテロワールには，土壌や気候のような自然条件ばかりでなく，それを造る人やそのコンセプトも含める必要がある．

シャトー・マルゴーもそうだ．

あるとき，マルゴーへおじゃましたら，現在の当主のコリンヌ・メンツェロプーロスさんが，

「これは父が初めて造ったワインです」

と言って，1978年を出してこられた．

それと，いっしょに出された1985年を飲み比べてみると，まるで違う．1985年は，コリンヌさんがあとを継いでから造られたワインだ．

同じ家族が造っているのに，これほど違うかと思うほど違う．ムートンと同じように，造り手が父親から娘に変わったことによる変化だ．テロワールのなかに占める人間の比重の大きさをあらためて感じさせてくれる経験だった．

ワインの酒質に影響を及ぼす要素は，まだほかにもある．あるとき，サリュースさんは手紙にこう書いてきた．

Pickers are more important than enologist.

醸造家よりぶどうの摘み取りをするピッカーズのほうが重要だとおっしゃるのだ．

ボルドーのシャトーでは，収穫期になると，近隣の農家や，遠くはスペインあたりからも，大勢のピッカーズを雇ってぶどうの摘み取りが行われる．なかには，将来醸造家をめざす高校生や，醸造には興味がなくても当面の生活費を稼ごうとしてアルバイトに来る大学生もいる．シャトー・ムートン・ロートシルトで一気に収穫をするときには，一度に200人ものピッカーズが雇われることもある．

この，ピッカーズが集まり，にぎやかに収穫が行われる時期には，シャトーに彼ら専用のキッチンとダイニングルームが設けられ，フレンチフライを揚げたりして，大規模なまかないの宴，ピッカーズ・ランチが繰り広げられる．

そういう時期にシャトーにおじゃますると，私たちもそのピッカーズ・ランチの場に案内され，ピッカーズの人たちといっしょにランチを食べる．

とくに特別な技術をもっているわけではなく，ただぶどうを摘み取るために一時的に雇われている人たちだ．それでも，サリュースさんは，その人たちのほうが醸造家より重要だとおっしゃる．つねに現場を重視し，細かいにところに気を配っておられるサリュースさんらしい言葉だ．

フランス人の奥の間

昔から，イギリスあたりでは，フランス人はいくら表面では愛想よく応対していても絶対に奥の間は見せない，と言われ，信じられていた．ところが，どうだ．もちろん，冒頭のほうでも書いたように，ボルドーのシャトー・オーナーたちは「フランス人」というより「国際人」と言ったほうがいいかもしれないので，そんな国民性は当てはまらないのかもしれないが，私を迎えてくれたボルドーのシャトー・オーナーたちは，ほとんどみな，ご自宅の奥の間を見せてくださった．

あるとき，「どうぞ，うちのシャトーは自分の家のつもりで使ってください」と言ってくださったシャトー・ディケム（当時）のサリュースさんのところへ行って，応接間で絵画の話をしていたときだ．壁の前に立っていたサリュースさんがいきなり，

「あのね，実はここにこんな絵が隠れているんだよ」

と言って，壁に手をかけた．よく見ると，それは壁ではなく，漆喰の壁に見えるように白く塗られた扉で，その向こうからは，一面の壁画が現れた．分厚い石の壁に直接描かれた，イタリアの宗教建築の壁を飾るミケランジェロの絵のようなみごとなフレスコ画だ．描かれていたのは，馬にまたがった男の人の絵で，伯爵であるアレクサンドルさんのご先祖の絵だろうか，その絵が傷まないように扉がつけられたらしいのだが，それを見せられたときには，さすがに私も「おお」と言ったきり，あとは息

秘蔵の壁画を見せてくださるサリュースさん．左はムスタマン

収穫のプロセスを細かく管理するサリュースさん

をのんだ．

　この絵は，ほかのシャトー・オーナーたちもまだ見せてもらったことがなかったらしく，私と家内が見せてもらったという噂が広まると，別の機会にシャトー・ディケムでいっしょになったほかのオーナーから，

「ツカモトさん，アレクサンドルさんにあそこを開けて見せてくれるように頼んでくれないか？」

と耳打ちされた．

　意外だった．こちらは日本人で，たまにボルドーに行くだけだ．それなのに，ずっとボルドーに住み，アレクサンドルさんと同じようにワイン造りをしているほかのシャトー・オーナーたちがまだ見せてもらっていなかったとは．

「あなたたちはボルドーに住む同じワイン造りの仲間なのだから，自分で見せてくださいと言えばいいじゃないか」

と言ったが，

「言えない」

と言う．

　その返事を聞いたとき，サリュースさんがそれまでいかにあたたかく私たちを歓迎してくれていたかに，あらためて思いがいたった．

　サリュースさんは，とにかくまじめな人だ．イケムの醸造記録などは，ヴィンテージごとに克明につけていて，あの人ほど熱心にワイン造りに取り組んでいるシャトー・オーナーは見たことがない．

　それに，音楽，文学，絵画など，あらゆる芸術の分野に造詣が深く，イケムやファルグを始めとするワインを表現する言葉が人一倍豊かなかたでもある．どこのシャトーのオーナーもご自分のシャトーのワインがどの音楽に合うかということを心得ていて，ひとつのワインを表現するのに，絵画なら……のようなイメージ，音楽にたとえると……のようなイメージ，というような表現のしかたをよくするが，サリュースさんはとくにそういうお話が多いので，聞き手の側にも，そういうものに対してある程度の教養がなければ，ついていくのが難しい．

　サリュースさんのワインの話は，あるときはドストエフスキーの名前が出てきたかと思うと，また別のときには，ボルドー出身の作家モーリアックの名前が出てくるといったように進んでいく．私も漢詩や音楽が大好きなので，サリュースさんがひとつの楽曲について，いつ，誰が，どこで演奏したときのものはいい，などというお話をしているのを聞くのは，とても楽しく，私にもとても共感できるお話をなさることが多い．サリュースさんが面倒を見ておられたころのイケムでは，シャトーの四季を紹介するCDがつくられており，そこではヴィヴァルディの曲が背景に流れている．おそらく，あれもサリュースさんのお好きな曲のひとつなのだろう．

　カイ・ニールセンは亡くなった．心臓が悪かったとは聞いていたが，誰にも気づかれないままの，浴槽での孤独死だった．

　彼は，その前にも不幸なことがあった．かわいがっていた息子が東京へ来ているうちに自動車事故で亡くなったのだ．彼はデンマーク系で，家族はデンマークの王室の家系ということもあって，デンマークに住んでいた．それで，クリスマスにデンマークまで帰り，ボルドーへ戻ってきた直後のことだった．会社に出てこないからおかしいということになり，会社の人がデ

ンマークに電話をかけたら，もう帰ったと言われた．そこで，彼のところへ行ってみると，ひとり寂しく浴槽で亡くなっていたという．

　思えば，最初にうちに電話をくれて会ったときには，
「最初はパイプが細くとも，これからお互いに太くしていきましょう．ぼくはそういう主義ですから」
という話をした．あれから，本書で紹介してきた時期には，ムスタマンとともに，とてもよく私たちの世話をしてくれた人だった．お互いの努力で，私たちのパイプはほんとうに太くなってきていた．イケムを造っていたサリュースさんというよき友を得られたのも，すべて彼のおかげだ．

　ワインの世界には珍しく，たいへんなヘビースモーカーで，夜になると，目がよく見えないと言っていたが，いま思えば，そういうところにも徴候が表れていたのかもしれない．かわいそうなことをした．寂しい．

　マダム・ランクサンも，ナチへの抵抗の思い出が残るピション・ロングヴィル・コンテス・ド・ラランドを手放された．もとはデュクリュ・ボーカイユも，パルメももっていたランクサン家に生まれ，子どものころから，ピション・ロングヴィルの畑で大人たちがぶどうを収穫するのを手伝ってこられたかただ．その地を手放された背景には，さぞかしたいへんなご決断があったのだろう．だが，ワイン造りをあきらめたわけではない．相変わらず意気軒高で，いまは南アフリカに移ってワイン造りを始められている．

　ブルーノ・プラッツさんも，もうコス・デストゥールネルを手放され，レ・ヴァン・ド・クリュからも手を引いている．あるとき，プラッツさんから手紙が来たので，あけてみると，
「私はもうこの住所にはいません」
と書いてあった．

　どうやら，ギヨームさんの弟さんが銀行家に転身されたこともあり，相続問題がもち上がったらしい．プラッツさんは末っ子で，上にお兄さんがふたりいらっしゃる．だが，お兄さまのひとりがご病気で，いろいろと事情がおありになったようだ．

　もっとも，かつてテイスティングして出そうとしたコスにコルク臭が残っていて怒られていたギヨームさんは，立派なワイン・マンとして成長している．彼は，ロンドンの大学でMBAを取得したあと，またゼネラル・マネジャーとしてコスに戻り，
「ワイナリーがワイナリーだけでやっていけないのはおかしい」
と言いながら，がんばってコスをパーカー・ポイントで97点くらいもらえるまでに引き上げている．

　シャトー・コス・デストゥールネルでは，私は1970年がいちばんいいと思っている．だが，それをプラッツさんに言うと，プラッツさんは猛烈に抗議する．1970年は，プラッツさんがモンペリエ大学の醸造学科を卒業してコスの醸造を始めた年だ．それからあと，プラッツさんは長くコスを造ってきた．だから，もちろん1970年を評価する私の気持ちはわかってくれているのだが，私がその気持ちを口にすると，
「ぼくには進歩発展がないのか？」
と言って抗議する．まあまあ，そう言わず，ワインはなにも人の手だけでできるものではないのだから．

　シャトー・マルゴーのコリンヌ・メンツェロプーロスさんは，シャトーを買い取ったお父さまのあとを継いでがんばっておられる．マルゴーは，ボルドーの有名シャトーのなかでもひときわ名高いシャトーだ．はたから見ていると，さぞや儲かっているのだろうと思えることもある．だが，コリンヌさんにその点を問いただしてみると，
「まさか．とんでもない．まったく儲からないわ．足ばかり出していて，お金をつぎ込む一方よ」
と，顔をゆがめて，言下に否定された．

　やはり，立派なものを造るには，それなりの元手がかかる．だけど，「お金をつぎ込む一方よ」とおっしゃるところを見ると，コリンヌさんも別にそれを厭ったりしているわけではないわけで，どうやら，世界最高級のワインの品質を守るために出てしまう「足」は，昔からの家業であるユーロ・マルシェというスーパーマーケットや不動産業のほうから補填されているのだろう．文化を守るというのは，たいへんなことなのだ．

　いや，お金のことばかりではない．マルゴーは，世界のお金持ちにとっては，一度は自分のものにしてみたい垂涎の的，最高のなかの最高のワインだ．持ち株会社を経営していた発泡水のメーカー，ペリエの社長の一族が相続問題でおかしくなったときは，あのマイクロソフトのビル・ゲーツを始め，世界のお金持ちたちがその持ち株会社の買収を試みた．そこで，コリンヌさんはペリエの社長と再婚し，持ち株会社との絆を固く結びなおすことによって，マルゴーを守ったのだ．

　といって，別にマルゴーをもつ家のために自分を犠牲にしたわけではない．コリンヌさんにはコリンヌさんなりのビジネスプランや人生設計がある．それを実現するために，再婚という方法を選んだのだ．フランスの女性は強いと思う．

　わが友，ムスタマンもすっかり年をとった．レ・ヴァン・ド・クリュで成功した彼も，多くのネゴシアンの例にもれず，ムーラン・イケムというシャトーを買い，シャトー・オーナーのひとりになったが，いまでは，自分が立ち上げたレ・ヴァン・ド・クリュも自宅も息子に譲り渡し，自分たちはアパートに移り住んで，バンク・アリメンテールというフード・バンクのような活動に専念している．スーパーマーケットから賞味期限切れ直

前の食料をかき集めたり，そこで買い物をしている人たちに自分の買い物以外にも寄付の買い物をしてくれるように呼びかけたりして，集まった食料や生活物資をホームレスの人など，支援を必要としている人たちのもとへ届ける活動だ．

彼は，この活動を 15 年ほど前からすでに始めていたが，いまでは世界中に広まったこの活動のヨーロッパ全体の役員のようなこともやっている．フランスはカトリックの国で，ボルドーもカトリック色の濃い街であり，カトリックの教えには，人生でなにかを得たら，世のなかにお返しをするというものがあるが，オランダ出身のカトリック教徒の彼も，そんな考えかたに立っているのだろう．

この前会ったときには，

「広い畑を寄付してもらった．おかげで，これまでは賞味期限が切れる寸前のものをかき集めてきて届けていたけど，これで新鮮な野菜をみんなに届けられる」

とうれしそうに話していた．

もちろん，自分が長年世話になってきたワインの世界でもこの活動を展開していて，VINEXPO などでも，催しが終わると展示されていたワインをすべて集めてきて，困っている人たちのもとへ届けている．

やはり，たいした男だ．彼のような人間と知り合えて，ほんとうによかった．

それでも，会うと，やはり冗談ばかり言う．まじめな顔をして言うところも変わっていない．いい友だ．ワインの世界の人たちはみなおもしろい．

第 2 章

Cahier de dégustation

ボルドー・ワイン・テイスティングノート

目次

メドック地区 59
第 1 級 59
第 2 級 106
第 3 級 121
第 4 級 125
第 5 級 127
ブルジョワ級 130

ソーテルヌ地区 132
特別 1 級 132
第 1 級 136
第 2 級 137

グラーヴ地区 138

サンテミリオン地区 150
第 1 特別級 A 150
第 1 特別級 B 159
特別級 160

ポムロール地区 161

はじめに

　本章では，私がこれまでのワイン人生で飲んできた「人智を超えた」ボルドー・ワインの数々を紹介する．19世紀の半ばから20世紀の半ばにいたる，まだワインを造る人も飲む人も，日々の寒暖風雨や風雪のなかで，ただ人事を尽くし，その結果をよかれと願うしかなかった時代のワインだ．科学的に管理され，ガードされている現代のワインとは異なり，当然，この時代のワインには，やや振幅の大きい毀誉褒貶がともなう．私もその点は包み隠さず，明らかにしていくつもりだが，振幅が大きいからこそ，深い味わいも体験できることは重々承知しており，「残念」「悲しい」の言葉をもらしたところで，決して生産者や管理者のみなさんを頭から否定するものではないことは，どうぞご承知おき願いたい．

　なお，私は長く国際ワイン・コンクールの審査員を務めてきたので，ともすると表現が専門的なものに傾きすぎるきらいがあるかもしれない．できれば，もっと平易に，日常的な表現でワインを語れるとよいのだろうが，やはり，職業上のさがか，ワインと向き合うと，どうしてもこうなる．その点も，最初におことわりしておく．

　また，ワインには，科学的な管理が普及した現代においても，厳密に見れば2本と同じものはない．たとえテロワールやぶどうの品種や醸造方法が同じでも，できるワインは，ひとまとめにして扱われる果実のひと粒ひと粒の微妙な出来不出来によって変化するし，発酵や熟成に使用する樽の個々の材質の状態やつくりによっても違ってくるし，瓶詰め後にそれぞれの瓶がたどる管理・流通のプロセスによっても変わってくる．ひとりひとりの人間がみな違うように，ワインも1本1本，みな別物と考えてよい．このため，本稿でも，同じ年の同じシャトーのものでも，複数回飲んだ場合には，①，②……の番号を付して，なるべくそのすべてを列挙することにした．

　以下の稿より，19世紀の半ばから20世紀の半ばにいたるおよそ1世紀のあいだの時間の面影が，少しでもみなさんの眼前に浮かび上がってくれば本望だ．

〈掲載リスト〉

メドック地区

第1級

Château Lafite Rothschild [Pauillac]	1844 1846 1848 1858 1864 1865 1868 1869 1870 1871 1872 1874 1875 1876 1877 1878 1879 1881 1883 1888 1899 1900 1902 1903 1904 1905 1906 1907 1908 1909 1910 1911 1912 1913 1914 1916 1917 1918 1919 1920 1921 1922 1923 1924 1925 1926 1928 1929 1931 1933 1934 1936 1937 1938 1939 1940 1941 1943 1944 1945 1946 1947 1948 1949 1950 1952 1963 (1937)
Château Margaux [Magaux]	1847 1864 1865 1868 1869 1870 1875 1887 1893 1899 1900 1905 1906 1907 1908 1909 1910 1911 1912 1913 1914 1916 1917 1918 1919 1920 1921 1922 1923 1924 1926 1927 1928 1929 1931 1933 1934 1936 1937 1942 1943 1945 1947 1948 1949 1950 1952 1963
Château Mouton Rothschild [Pauillac]	1858 1864 1867 1869 1870 1874 1875 1878 1880 1881 1899 1900 1901 1905 1906 1907 1908 1910 1911 1912 1914 1918 1920 1921 1923 1924 1925 1926 1928 1929 1933 1934 1936 1937 1938 1940 1942 1943 1944 1945 1946 1947 1948 1949 1950 1952 1963 1964 1977
Château Latour [Pauillac]	1863 1865 1868 1869 1870 1871 1873 1874 1875 1876 1877 1878 1881 1899 1900 1901 1903 1905 1906 1908 1910 1911 1912 1913 1916 1917 1918 1919 1920 1921 1922 1923 1924 1925 1926 1928 1929 1930 1931 1933 1934 1937 1938 1939 1940 1941 1942 1943 1944 1945 1946 1947 1948 1949 1950 1952

第2級

Château Rauzan-Ségla [Margaux]	1847 1865 1868 1878 1900 1911 1920 1924 1934 1938 1962 1964
Château Rauzan-Gassies [Margaux]	1920 1921 1929
Château Léoville-Las Cases [Saint-Julien]	1868 1871 1900 1908 1924 1929 1963
Château Brane-Cantenac [Cantenac]	1899 1900 1904 1905 1906 1926 1928
Château Léoville Poyferré [Saint-Julien]	1874 1899 1908 1911 1916 1918 1921 1926 1929
Château Léoville Barton [Saint-Julien]	1864 1871 1874 1899 1917 1948
Château Dufort-Vivens [Margaux]	1900 1917
Château Gruaud Larose [Saint-Julien]	1865 1870 1874 1878 1881 1900 1905 1911 1915 1917 1919 1921 1924 1934
Château Pichon Longueville Comtesse de Lalande [Pauillac]	1865 1874 1875 1900 1920 1921 1924 1931 1990
Château Ducru-Beaucaillou [Saint-Julien]	1924 1926 1937 1967
Château Cos d'Estournel [Saint-Estéphe]	1870 1878 1905 1911 1928 1934 1970
Château Montrose [Saint-Estéphe]	1867 1869 1870 1921 1928

第3級

Château Giscours [Margaux]	1865
Château Kirwan [Margaux]	1865
Château Langoa Barton [Saint-Julien]	1945
Château Malescot Saint Exupéry [Margaux]	1904
Château Cantenac Brown [Margaux]	1881
Château Palmer [Margaux]	1868 1869 1920 1921 1924 1941 1948 1969
Château La Lagune [Haut-Médoc]	1916 1921
Château Desmirail [Margaux]	1875 1924
Château Calon-Ségur [Saint-Estéphe]	1918 1925 1928 1929 1937 1945 1949

第4級

Château Branaire Ducru [Saint-Julien]	1877 1900 1924
Château Talbot [Saint-Julin]	1934 1948
Château Duhart-Milon [Pauillac]	1924 1934
Château Beychevelle [Saint-Julien]	1922 1929 1934 1937 1943
Château Marquis de Terme [Margaux]	1906 1921 1929

第5級

Château Pontet-Canet [Pauillac]	1878 1929 1944
Château Batailley [Pauillac]	1924 1945 1947
Château Haut-Batailley [Pauillac]	1868
Château Dauzac [Margaux]	1883 1924
Château d'Armailhac [Pauillac]	1900 1929 1937
Château Cantemerle [Haut-Médoc]	1904 1916 1920 1921 1926 1928 1934 1949

ブルジョワ級

Château Siran [Margaux]	1916 1919 1921 1922 1923 1934

ソーテルヌ地区

特別1級

Château d'Yquem [Sauternes]	1854	1861	1864	1865	1896	1899	1900	1901	1906	1908	1921	1928	1929	1937

第1級

Château La Tour Blanche [Sauternes]	1899
Château Sigalas Rabaud [Sauternes]	1896
Château Suduiraut [Sauternes]	1893　1899
Château Coutet [Barsac]	1899
Château Climens [Barsac]	1901
Château Clos Haut-Peyraguey [Sauternes]	1893

第2級

Château Myrat [Sauternes]	1896
Château Filhot [Sauternes]	1899
Château d'Arches [Sauternes]	1900

グラーヴ地区

Château Haut-Brion [Pessac-Léognan]	1875　1906　1907　1908　1909　1910　1911　1919　1920　1921　1922　1923　1926　1928　1929　1931　1934　1937　1943　1944　1945　1947　1948　1949　1950　1952　1959　1960
Château Pape Clément [Pessac-Léognan]	1900　1924
Château La Mission Haut-Brion [Pessac-Léognan]	1878　1900　1904　1911　1914　1916　1918　1919　1921　1928　1929　1931　1933　1937　1938　1940　1941　1947　1948　1950
Château Haut-Bailly [Pessac-Léognan]	1869　1877　1900　1929
Château Carbonnieux [Pessac-Léognan]	1963
Château Olivier [Pessac-Léognan]	1920
Domaine de Chevalier [Pessac-Léognan]	1928　1934　1937　1963

サンテミリオン地区

第1特別級

A	Château Ausone	1874　1877　1879　1899　1900　1901　1902　1906　1911　1912　1913　1914　1916　1918　1921　1925　1926　1928　1934　1936　1942　1943　1945　1947　1949　1950　1952
	Château Cheval Blanc	1904　1908　1911　1918　1920　1921　1923　1924　1926　1928　1929　1933　1934　1937　1940　1943　1945　1947　1948　1949　1950
B	Château Canon	1937
	Château Figeac	1900　1905　1906　1934　1939　1949
	Château Angélus	1934

特別級

Château Tertre Daugay	1900　1924

ポムロール地区

Château Pétrus	1900　1908　1917　1921　1922　1923　1925　1926　1929　1934　1936　1937　1947　1948　1949　1950
Château Nenin	1924　1948
Château L'Église Clinet	1893　1899　1900
Château La Conseillante	1945
Château Trotanoy	1928
Château L'Évangile	1961
Château Gazin	1945
Château Latour à Pomerol	1921

Médoc
メドック地区

第1級

Château Lafite Rothschild ［Pauillac］

1844　ラフィット

外観：濃密でコクのありそうなルビー色．見事な色合い．

香り：甘美なブケ．クロスグリや薬草をいぶした時の香りを思わせる．

味：甘美な余韻．まろやかでやわらかい果実風味があって優雅な味わい．極めて魅力的で洗練されている．酒質は明らかにポーヤック，そして力強い．

1846　ラフィット

外観：非常に驚くほど濃厚な色調，すなわちダークガーネット．

香り：芳しく強く濃縮されたような香りで，ひろがりもある．

味：堂々としていて自己主張が強い．甘美でクロスグリのような果実風味が豊富に眠っている気配がある．複雑で風味はかなり長持ちする．芳香が高く，素晴しく甘美で，酒質やわらかく，タンニンは熟成しベルベットのごとく円熟．

1848　ラフィット

マイケル・ブロードベントは，前年の1847年のように多量の収穫があったように書いている．ルイ・ジャクランとレイネ・プーランによっても注目すべき良い年と記述されていた．すでに100年以上を経過しているので，ワインとしての価値はもうなかった．

外観：瓶が750mℓだからか，紅の色は完全に落ち，熟成を通り越して褐変，往年の姿なし．

香り：すでに酸化臭強し．複雑な香気も消滅し，酸化臭強し．無念さが残るのみ．

味：ワイン独特のタンニンや酸味を感じない．アルコール分も酢酸に変化．飲酒に適さない．

備考：100年以上も長く貯蔵すべきではなかった．むしろ100年ほど早く飲むべきだったろう．

1858　ラフィット ①

非常に偉大な酒造年．力強く香気良く微妙な風味に仕上ったワイン．良く熟したぶどうの収穫に適した環境が整った素晴しい年．9月22日収穫．

外観：円熟したルビー色．グラスの横はすでに煉瓦色に変色．古酒と判別できる．

香り：花や果実の香気も失い，動物臭を発している．

味：すでに年老いた感じあり．タンニンは熟成しきり，酸もぼけてしまっている．酸は，ほとんど認められない．20年ほど早く飲むべきだったか．

備考：1966年，父の叙勲記念に開栓．20〜30年ほど早く飲むべきだったろう．美しい風味を失い誠に残念．

1858　ラフィット ②

外観：コクがありそうで深みがあり，焦げたマホガニーを思わせる色合い．極めて上品．

香り：芳醇で濃密．良く熟した果実から得られる漿果のような混り気のない果実香が強くて複雑．

味：素晴しく豊かな果実風味．タンニンの渋みも全体を引き締めていて，最後に果実風味が残る．掛け値なしに見事な深み．ラフィットのすごさを知る．

1864　ラフィット ①

2001年1月，ニューヨークにおいて，ハリー・ウィンストンのロナルド氏のために，1869年のイケムほか，1868年，1900年等のワインを日本より持参．ル・サークとダニエルで弊社製の50年物ヴィネガーを使った食事とワインの特徴をテスト．

このワインは以前パリの著名な酒店，ニコラで入手．偉大なワインであった．優雅で極めてバランスが良い．

外観：極めて敬うべき深みのあるダークルビー色．過去に見た1848年や1858年より数段素晴しい．グラスのエッジは褐色を帯びてはいるが，ティアーは驚くほどに力強く立ち続ける．これが19世紀のワインかと驚く．

香り：すこぶる魅力的な花の香り．極めて優雅．この香りを越してから官能的なアロマを経て果実香に変化．漿果を思わせ

る．スパイシー，トースト，タバコのような香気．ムスクの香り，木苺，クロスグリ，プラムの香り．この種の古いワインで，このような香りを出すのが，本当のラフィットかと出席者全員が驚く香り．

味：コクがあり絹のようになめらかな風味と口当り．優雅な風姿は，これぞラフィットを感じさせる．タンニンは十分に円熟し酸と溶け合い，旨味は長く口中に残る．

備考：19世紀で最良年にあげられている．収穫は9月17日と伝えられている．出色の年で膨大な収量を記録したのに品質もベスト．ヴィクトリア女王が飲用していたワインとも伝えられる．長い年月を経たワインなのに古いと思わせず，辛酸甘苦渋，ほとんど完璧．

1864 ラフィット ②

外観：濃厚で燃えるような真紅．あるいは美しいルビー色．瓶の端は黄褐色に変化している．

香り：極めて芳醇で気品あり，とろけそうなアロマに樽の香りが完全に溶け込んでいる．

味：豊かで甘く極めて濃密な果実風味．円熟した味わいがある．醸造後100年以上経った酒がこのように繊細な風味に優れているとは．タンニン，酸とも完全に融和し素晴しく調和している．

1865 ラフィット ①

非常に素晴らしく，力強く，フルボディのワインが生産された．収穫は9月6日と言われている．

外観：極めてコクがありそうに見え，美しいルビーの色調．エッジは褐色を帯びている．ティアーも力強く，グラスに立つ．

香り：複雑で芳しくヒマラヤ杉や香辛料を思わせる円熟した香りがひろがる．濃厚で見事なバランスと繊細な香りは1級銘柄の血統の良さを物語る．

味：コクがあり絹のようになめらかな風味と口当り．極めて優雅な味わいがつき完全に熟成している．辛酸甘苦渋，見事さを感ずる．ニコラで良く完全に貯蔵したと驚く．

備考：出色の生産年．膨大な収量を記録した年であるにもかかわらず品質も高い．

1865 ラフィット マグナム ②

非常に偉大．フルボディに仕上った年．

外観：コルク完全．円熟し極めてコクのある美しい色調．かすかに褐色を帯びている．

香り：複雑で香気極めて芳しい濃縮された果実香．実に円熟している．樽から来る香りがワインに完全に溶け一体となっている．

味：円熟した風味が口中にひろがり，濃厚で見事なバランスは繊細にして優雅．力強さは特別銘柄の1級を表している．

備考：非常に出色の年でコンペティターのラトゥールのように大変良く仕上った．辛酸甘苦渋すべて完璧の姿は良いワインの典型を表す．

1868 ラフィット マグナム ①

クルーゼより購入するチャンスあり．

外観：コルク完全．円熟した美しいダークルビー色．非常にコクがありそうに見える．ワイン自体は褐色を帯びている．古酒である事を悟る．

香り：極めて優雅で力強く，花の香りを過ぎて果実香．それから強烈な香辛料を含んだヒマラヤ杉の香りに変化．素晴しさを満喫できる．

味：極めて濃厚で見事なバランス．繊細で優雅な風味は一度知ったら忘れられないであろう．本当に質の良さは特選銘柄の血統の良さを物語ってくれる．

備考：1868年は非常に良い年で大変微妙でかつ力強いワインができた年でもある．価格は最高がついた．

1868 ラフィット ②

外観：深くて強烈なダークルビー．かなり暗くてむしろガーネットに近い見事な輝きを帯びている．

香り：黒苺や爛熟した果実を思わせる素晴しいアロマ．驚くほど印象的で持続する．

味：どっしりとしたワインだが，口当りはなめらかで上品．きめが細かく風味はかなり長持ちする．信じられないほど豊潤で複雑．

1868 ラフィット ③

1972年6月ニコラにて購入．

外観：濃くも淡くもなく力強い赤．縁はすでに黄褐色．

香り：強く苺や菫を思わせる香気．調和がとれている．これらの香気の後に香辛料の香りに変化する．

味：強烈な香辛料に変じてから，酸とタンニンの調和・円熟を感じる．コクがあって風味も豊か．タンニンの渋味もあるが十分に美しいまるみがある．ポーヤックの個性を感ずる．

備考：コルクは打栓されたまま．良く保存がきいている．パリのニコラだけの事だと思う．

1869 ラフィット ①

外観：極めて澱多し．デカンターで清澄部を分ける．残念だが

褐変した薄いロゼ．食欲をそそらない．

香り：酢酸臭を感ずる．古い酒には往々にしてこのような事も起こることを知った．

味：ヴィネガーにはなっていないが，タンニンも完全にこなれておらず，ラフィットと言うべきではない．

備考：小さなネゴシアンは要注意．

1869　ラフィット　マグナム ②

外観：濃くて深みのあるダークガーネット．十分に苦さを残している．完成した色合い．

香り：極めて芳醇で濃密．良く熟した果実香．かすかなヴァニラの香りやオークの香りから，香辛料の香りに変化．

味：素晴しく豊かな果実風味．タンニンの渋味が全体を引き締めていて，最後に果実風味以外に強烈な香辛料の香りを残す．掛け値なしに見事なワイン．

備考：メドック，ポーヤック村のカベルネ・ソーヴィニョンの良さを余すところなく発揮している．

1869　ラフィット ③

外観：濃くて深みのある色調．濃厚なダークルビー．腰が強く堂々としている．

香り：果実を思わせる，素晴しく豊かな香り．

味：甘美な風味．カベルネとメルロー独特の果実風味と繊細な味わいが余すところなく発揮されている．さっぱりとしてすき通るような味わい．ラフィット独特の余韻が素晴しい．

1870　ラフィット ①

外観：濃厚で十分に熟成の跡がうかがえる．品質が完全に良好な状態で保存されたのを驚く．

香り：カベルネ・ソーヴィニョンおよびメルローの完全に融和した香り．素晴しい．特に美しい花と果実の香りを彷彿させる素晴しいワイン．

味：酸，タンニン，これらが一体となって溶け合い，完全に熟成し，欠点を見ない素晴しいワイン．

1870　ラフィット ②

外観：極めて深みのある暗赤色．ディープガーネット．濃厚な色調は暖かみのある赤．腰が強くワインが極めて濃厚そうに見える．エッジの黄変は気にならない．

香り：熟した果実を思わせるはっきりしたブケにヒマラヤ杉のような香りが混在する．この香りの後，ラフィット独特の甘い香りがグラス一杯に横溢する．

味：極めてコクがあり，ビロードのようで極めてなめらか．舌ざわりが素晴しい．口に含むとタンニンの渋味を感ずる．これらがタンニンに十分に融け合って素晴しい．かなり深みがあって複雑．風味が引き出され非常に上品．

備考：華麗なワイン．ポーヤックの中で最高．

1870　ラフィット　マグナム ③

非常に素晴しい当り年．大変に力強いボディのあるワインが生産された．しかし，長く貯蔵されたが，これらは少々アルコール分が多かったと言われている．

外観：極めて印象的な，ダークガーネットよりはダークルビーに近く，燃えるような赤にも見える．グラスの縁は黄褐色を帯び，すでに古酒と言えるマホガニー色を帯びている．

香り：芳醇で気品があり，果実香の後に香辛料の香りを発し，タンニンと酸渋が樽の香りに溶け込み一体となっている．

味：堂々とした造りと酒質．様々な要素が調和しているので過度の重さを感じない．タンニンの渋さも十分に感じるが，調和している．これが1870年のラフィットかと素晴しさを見直す．

備考：前年1869年と同じようにぶどうが完熟して濃縮された，極めて良い出来であった．パリのニコラより輸入して全く手をつけないで地下で12℃に保っていたので，このように良く管理されていたのだろう．

1871　ラフィット ①

一般に力の弱い酒と言われているが，色調は悪いが非常に上品なワインが多い．余り良くない品質のワインととらえていたが．

外観：色調はルビー色．燃えるような色にも感ずる．縁は黄褐色を帯びている．

香り：素晴しい甘美な香りは花から果実へ変化する．芳醇で気品あり，香気は長持ちする．

味：甘美．口中で長持ちする．中辛口でやや軽め．全体的に重くなく飲みやすい．

備考：古くても飲めるワインのいい例．悪いと言われていた．1984年のマルゴーの如し．ボルドーの専門家の見方がはずれ，日本人がワインの真価を認めた年．

1871　ラフット　マグナム ②

外観：ダークルビー，濃くて深みのあるマホガニーを思わせる色合い．独特な上品さがある．

香り：極めて芳醇で濃密．良く熟した果実より得られる漿果のような混り気のない果実香，実に強力で極めて複雑．

味：素晴しく豊かな果実風味を残す．タンニンの渋味が全体を

引き締めていて最後に果実風味が残る．酸は長い貯蔵のために非常に良く熟成し掛け値なしに見事な深み．素晴しい味は長く口中に留る．

備考：ポーヤックのカベルネ・ソーヴィニョンの良さはメルローの美味との結合の良さを余すところなく発揮している．極めて良く長期にわたり保存された例．

1872　ラフィット　①

外観：色調すこぶる薄く豊潤さを感じない．エッジは褐変．一見してあまり良いワインではない．

香り：色調悪く香気も今一つ．ヴァニラの香りが立つも酢酸臭が立つ．

味：この風味がラフィットと思いたくはない．色調薄く酢酸臭強し．褐変しワインの体をなしていない．誠に不幸なワイン．

備考：不幸な年もある事を知るべき．

1872　ラフィット　②

外観：色調極めて薄い．脱色してしまったようである．ワインの力を感じない．

香り：極めて薄くグレイト・ワインの深みを感じない．すべてが破壊されたよう．香りは花や果実香なく有機物の香気と湿ったコケのような感じを残す．

味：酸も感じ，極めて味薄し．良さを全く感じない．

備考：バッド・ヴィンテージは仕方がない．

1874　ラフィット　①

外観：濃厚で燃えるような赤．やや煉瓦色がかっている．グラスの縁の方は黄褐色を帯びている．

香り：芳醇で気品があり，ヒマラヤ杉や熟した漿果の香りを思わせる濃縮されたアロマ．木の香りがたっぷりと溶け込んでいる．

味：堂々とした造りと酒質．様々な要素は完全に調和しているので，重さは感じない．タンニンは未だ残っているが，渋味と荒さは感じず，また酸も美しく調和している．全く粗さを感じないのは素晴しい．豊かで濃密な果実風味．円熟した味わいがあるが生き生きとした躍動感も．繊細な風味に優れた，たくましいワイン．

備考：見事に濃縮させている．味わいは優雅で古さを感じさせない．

1874　ラフィット　②

良い醸造年．この年のワインは軽快に仕上り風味はデリケートで優雅に仕上る．収量は大量であった．

外観：ルビーカラー．淡く褪せた煉瓦色に変じ老化が進む．魅力を感じない．

香り：果実や花を思わせるものなし．

味：旨味を感じない．また味も極めて薄い．

備考：やせた酒質が続く時もある事を知るべき．

1875　ラフィット　マグナム　①

外観：深みのある色調．濃いルビー色．十分に熟成しており縁の方が黄褐色を帯びている．

香り：複雑で極めて芳しい．果実香の後に香辛料の香り．また，ヒマラヤ杉の香りを彷彿させる．実に素晴しい．

味：コクがあり，絹のようになめらかな風味と口当り．想像していた通り．優雅な味わいは，ラフィットの本領を発揮．素晴しい熟成したワインは風味が非常に豊かで口中に長く残る．

備考：ニコラで自慢して売ってくれたマグナム・ワイン．私がボルドーに持参し銘醸家と飲んだ時に，全員が驚きと興奮を示した．

1875　ラフィット　マグナム　②

極めて香り良好．酒質は上品で軽く仕上っている．

外観：深みのある濃厚なルビー色．極めてコクがありそう．瓶の端はすでに褐色を呈する．

香り：複雑で芳しく甘美な花の香り．次に果実香，最後に動物的麝香の香気に変ず．

味：口蓋にはっきりと旨味が残る．濃縮された果実風味．タンニンと酸が気持良く溶け合っている．辛酸甘苦渋が一体となり，樽の香りが完全にワインと一体となり溶け合って，旨味は口中に長く残る．

備考：ポーヤックの良さが完全に出た旨い良好なワインの典型．

1876　ラフィット

この年は全般的に出来が良くないと言われていた．フィロキセラの影響があった年で，ラフィットはこれを防ぐのに大変であったとか．台木の完全な植え替えに成功したところは良い品質のワインを造れたとも言われている．

外観：赤味を帯びたルビーカラー．色は良い年のワインほど濃くない．

香り：花の香り．バラ，クチナシの香りを残す．バナナの香りもあるが，すぐ過ぎ去る．タンニン，酸，アルコールが良く溶け合い口中に淡く長く残る．

味：酸とアルコールは一体となりワイン内に溶け込み口中に淡

く残る．

備考：この年の酒は出来が悪いのか心に残らない．ワインの持ち味は平均以下．平均点のワインが，早くその風味を失ってしまった．

1877　ラフィット ①

外観：非常にコクがありそう．凝縮されたガーネット．かすかに瓶の端がカラメル色を帯びている．

香り：あふれんばかりの極めて力強い香り．甘美でロシア革の匂いを思わせる円熟した香り．

味：凝縮された強烈な果実風味が非常にうまく溶け込んでいる．かすかに薬草のような風味があって口に含んでいる間は素晴しい味わい．

1877　ラフィット ②

外観：完全にルビー色．エッジは完全な煉瓦色でかつ黄褐色．

香り：開栓と共に素晴しい花の香気．これが過ぎると果実香．カンゾウ，ミント，シナモン等の香辛料の香りに押される．その後トーストのような香りに続き葉巻のような香りをかぐことができる．

味：絹のように口当りが良い．そして旨さが口中に続く．至福の時かも知れない．

備考：平年作でも天下のラフィットの思いを新たにする．

1878　ラフィット ①

非常に偉大な年．ワインは完全な調和を見せていた．

外観：色調，すでに黄褐色．焦げたような色．

香り：古酒香で良い香気を失っている．湿った革やコケのような臭い．

味：旨味を失い，酸化．すでに老醜を晒している．

備考：年によってはこのようなワインも出る．残念至極．

1878　ラフィット ②

外観：濃厚なロゼ．あるいは非常に濃厚なルビーレッド．エッジは煉瓦色．

香り：完熟した果実香．マルベリー．極めて美しい果実香．長く口中に留る木香があり，ヴァニラを思わせる香りと，極めて濃厚で円熟した果実香．

味：腰が強い．

1879　ラフィット

外観：非常に深みのあるダークルビー．エッジは焼けた煉瓦色．コクがあり熟成していそう．縁の方は黄緑色を帯びる．

香り：熟した果実を思わせる．ハッキリとしたブケにヒマラヤ杉のような香りが混ざる．後になりやや甘美さに欠けてくる．

味：凝縮された強烈な果実風味が非常にうまく溶け込んでおり，かすかに薬草のような風味があって口に含んでいる間は素晴しい．

1881　ラフィット ①

外観：濃厚で極めて深みのある色調．澱多くクロスグリのような色調．腰が強く濃厚そうに見える．エッジは黄緑色を帯びる．

香り：円熟した果実香．動物的香り．香辛料の香りも．

味：爽やかでかなり控え目な口当り．最後に優雅な香りを呼びおこす．余韻は長く持続する．

1881　ラフィット ②

外観：極めて深みのある濃厚なディープレッド．濃くて暖かみのある赤．腰が強くて濃厚そうに見える．

香り：果実香を思わせる素晴しく豊かな香り．香辛料，ユーカリのような香りが混ざる．極めて刺激的．

味：濃厚で甘味な果実風味．高尚な味わい．ロシア革や菫の香りを思わせる．非常に堂々としたワイン．

1883　ラフィット

外観：コクのありそうな深いルビー色．熟成している．濃くて深みがあり，焦げたマホガニーを思わせる香りが極めて上品．

香り：芳醇で濃密．良く熟した果実から得られる漿果のような混り気のない果実香．強くて複雑．

味：酸の味を感じたが，酸，アルコール，タンニンがワイン全体に上手に溶け合って，さっぱりとして引き締った果実風味が残る．その風味とアルコールとオークの風味の調和が見事．

1888　ラフィット

外観：淡く澄んだ明るい赤．美しいが少しやせた感じ．澱が多い．エッジは澱で黄褐色．

香り：果実の香りを思わせる軽くて優雅な香り．上品だが軽い．

味：優雅でかなり控え目な果実風味．コクに欠けている．

1899　ラフィット

外観：非常に深みのあるディープガーネット．瓶底が黄褐色に変色している．

香り：木香がありヴァニラを思わせるような香り．香辛料の香りを思わせる強烈なアロマ．ハッカの香りに近く濃厚で果実香が凝縮されている．

味：濃密で焼け焦げたような風味．口に含んでいる時の果実風味は素晴しい．タンニンと酸は円満に溶け合っている．

1900　ラフィット ①

外観：若々しい色を失っているが古酒としてのむらを感じない赤．グラスに注がれたワインのグラスの縁は褐色を呈している．

香り：甘い感じ．ヒマラヤ杉の香りにシガレットケースの香り．酸化している香りと少量の揮発酸臭．

味：豊かで素晴しく甘美な口当り．豊富なエキスに支えられたブケは香辛料の香気を十分に表す．甘味を感ずるタンニンは酸と調和して，驚くほど口当りが良く上品である．

備考：19世紀を飾る最後の年のワイン．天候に恵まれ，ぶどうの品質も最高で，収量も多かった．醸造も非常にうまくいきアルコール分も十分に出た．ニコラだから手に入った，最高のラフィットが上品と言われることを認識させてくれる極めて上品な酒質のワイン．長く口中に残る真のワインの良さをも再認識させられた．

1900　ラフィット ②

外観：濃厚で深みのある，焦げたマホガニーを思わせる上品な色合い．色調はルビー色．黄褐色のエッジと力強さを表すティアー．このワインの本質を完全に一目で表現してくれる．

香り：コルクを抜いてデカンターにワインを移し，しばらく間を置き香気を調べると徐々に香りが立ち出す．クロスグリ，木苺，プラム等複雑な果実の香りの後，強烈なヒマラヤ杉に変化．これが長く続く．

味：酸が渾然一体と溶け込み，実に重厚．真に芳醇で濃密．熟成したタンニンの渋味がワイン全体を引き締めている．最後に果実風味以外に素晴しいヒマラヤ杉の香気が発散し，このワインの並々ならぬ力を知る．

備考：ポーヤック産のカベルネ・ソーヴィニョンとカルベネ・フラン2種とメルローに加え，酸の調整に使われるプティ・ヴェルドの力が，このワインの表現をより一層立派に際立たせていると思う．

1900　ラフィット ③

外観：深くて濃い真紅色．素晴しいディープガーネット．瓶の底部の褐色は悪く感じない．

香り：甘美で美しい香りが長く続く．純然たるカベルネ種の香りと良く混和した素晴しいメルローの香り．

味：芳醇な果実風味．タンニンの渋味が全体を引き締めていて，最後に果実風味が残る．

1902　ラフィット ①

外観：美しく濃厚なルビー色．一見コクがありそう．

香り：親しみやすい香りを持つ．果実の香りを思わせる．優雅な香り．タンニンは酸と溶け合い素晴しい芳香を放つ．

味：クロスグリのような果実風味．バランス良く優雅でタンニンの渋味は感じない．

備考：年の関係で極めて軽い．老熟して締まっている．

1902　ラフィット ②

外観：深みのある強烈な赤．濃厚なダークルビー．

香り：非常に優雅な香り．凝縮された上品で典雅なブケ．野バラ，クロスグリ，野生のサクランボ，オークを思わせるみなぎるようなアロマ．複雑で良く練れている．

味：素直で素晴しくさっぱりとした花と果実の風味．軽くてバランスも良い．これらの香りは長く口中に留る．

備考：メドック産カベルネ・ソーヴィニョンの良さを余すところなく発揮している．

1902　ラフィット ③

外観：ダークルビー．

香り：菫のような芳香．香辛料のようにスパイシー．香りは非常にドライで，ワインは軽く強い．

味：軽い感じで酸渋，等々の上品なおもむき．良い年のラフィットとは異なる．

1903　ラフィット

この年は荒涼とした良くない年で，4月に遅霜，また真夏には天候が悪く日照も少なかった．ぶどうの収穫は少なく，ワインの品質も良くなかった．

外観：コルクが完全でなく，中身が1/5ほど減っていた．赤さを失い，瓶全体が褐変．酢酸敗．

香り：残念だが，赤ワインの色を失い，完全に酢酸敗．ワインの姿を留めず．

味：賞味するに価せず．

備考：10年か15年に1度はこのような年もある事を知るべきだ．

1904　ラフィット

外観：濃厚でコクがありそうなディープルビー．美しい見事な色合い．瓶の底は褐変．澱も多し．

香り：純然たるカベルネ種のブケ．果実の葉やイバラの香りを思わせ，オークの香りも感ずる．この香りの後に葉巻の香り

を十二分に堪能できた．

味：芳醇で濃密．良く熟した果実から得られる漿果のような混り気のない果実風味．強くて複雑．この後に葉巻の香りを堪能した．素晴らしく豊かな果実風味．タンニンの渋味が全体を引き締めていて最後に果実風味が残り，葉巻の美しい香りが残る．美味のワインの香りは長く口中に留る．

備考：久し振りにメドックの香りと味を堪能させてもらった．

1905　ラフィット ①

外観：濃厚な円熟した色合い．デープガーネット．黄褐色に変じたエッジは年を感ずる．

香り：香辛料のようなジンジャーの香りが極立つ．辛口のワインは上品ですこぶる魅力的な香りを伝える．この香りの後，野生の菫やヒマラヤ杉を思わせるアロマ．混り気がなくて古典的ワイン．洗練されている．

味：果実やヒマラヤ杉を思わせ芳しい．タンニンが十分に溶け込み，長く口中に残る．後味が素晴しい．

備考：一瞬，ラトゥールでないかと思う位，美味だ．

1905　ラフィット ②

外観：色調淡く色は赤いが淡い．濃厚さはない．

香り：香気，香りは立たない．残念であるが年が悪いので仕方がない．

味：しおれた味わい．酸渋が平年よりも強い．

備考：不美味なワイン．酸渋，アルコールも混和していない．

1906　ラフィット

外観：落ち着いた暗いルビー色．澱もやや多い．エッジは黄褐色．

香り：芳醇で濃密．良く熟した果実から得られるような混り気のない果実香．

味：素晴しく豊かな果実風味．タンニンの渋味が全体を引き締めている．ただ，不思議なことに発酵上の問題か，このワインに酪酸の香りが残る．しかし掛け値なしに見事なワイン．

備考：今までこのような酪酸臭の出たことはなかった．

1907　ラフィット

外観：淡いが深みのあるバラ色．赤より黄色に近い．澱も多い．エッジは褐色．

香り：極めてデリケート．白い菫，サンザシ，その後クロスグリのような香り．

味：酢酸の味が強く，タンニンも強い．アルコールの味がアンバランス．あまり良くない．

備考：後味が悪い．酢酸臭も良くない．

1908　ラフィット

外観：濃くも淡くもないルビー色だが，エッジの方がやや淡く見える．

香り：非常に親しみやすい香り．果実の香りに似ていて印象的でやさしい．

味：やわらかいクロスグリのような果実風味．杉香もある．極めて温和できちんとし，姿はラフィット．マデイラ化して，茶色がかっていた．動物の香りが強い．

1909　ラフィット

外観：淡いバラ色．エッジは全く黄褐色．

香り：香り薄く，すべて悲しい．酢酸臭．

味：新鮮さは全く衰えてしまっている．

1910　ラフィット

外観：濃くも淡くもないルビー色．エッジの方が褐色．

香り：退廃的香り．

味：味覚が長く残らない．

1911　ラフィット

外観：濃くて深みがあり豊かな色調．エッジの方が菫緑色に色づきかけている．

香り：甘美でねばっこく，メルロー種独特の果実を思わせる濃縮された香り．極めて上品．

味：コクがあって，風味も豊か．タンニンの渋味があるが十分にまるみがついている．風味は長持ちし個性的．

備考：口中に長く留り美味を感ずる．

1912　ラフィット

外観：やや濃い目の煉瓦色．ルビーがかっている．エッジの方が淡い色合い．澱も多い．

香り：果実の香りを思わせる軽くて優雅な香り．上品だが軽い．

味：果実風味がきいて，バランスがとれている．樽熟成の間についた，ある程度の渋味が味を引き締め，ワインの質をさらに高めている．タンニンとアルコールが良くこなれ，酸と糖が一体となっている．味は口中に長く残る．

1913　ラフィット

外観：非常に深みのあるアンバー．コクがありそう．

香り：凝縮された上品で典雅なブケ．木香が漂いヴァニラを思わせるような香りも．極めて濃厚に円熟した果実香も．

味：濃厚でロウのような舌ざわり．果実風味に富んだ昔ながらのメドック（ポーヤック）の風味が良く引き出されており，酸味がきいている．思ったより品質良好．

1914　ラフィット

外観：濃くて深みのあるルビー色．ダークルビー．完全に熟成している．エッジはマデライズ．

香り：野生の菫やヒマラヤ杉を思わせるアロマ．混り気がなくて極めて古典的．

味：果実やヒマラヤ杉を思わせ芳しい．タンニンが十分に溶け込んでおり，アルコールと共に味はバランス良し．

1916　ラフィット

外観：濃くて美しいディープルビー．力強く円熟した色合い．

香り：野生の菫やヒマラヤ杉を思わせるアロマ．混り気がなく極めて古典的．洗練されている．

味：果実やヒマラヤ杉を思わせ芳しい．快い果実風味があり腰の強さは残っている．飲むと酸味がきいていて，ポーヤックとはっきり分る．平均的な年のラフィット．

1917　ラフィット

外観：コクのありそうな深いルビー色．ディープルビー．

香り：香辛料の香りを思わせ，円熟した果実を思わせる豊かな香りも．全体をユーカリのような香りが包む．

味：開栓してから風味が極端に早く変化するのはどうした訳か．

1918　ラフィット

外観：濃くも淡くもなく力強い赤．ディープレッド．円熟した色合い．十分に熟成しており，エッジが黄褐色を帯びている．澱多し．

香り：しっかりしてかすかに野生の菫のような香りが混ざる．その後香辛料のようなアロマ．ハッカの香りに近い．濃厚で果実香凝縮．

味：濃厚で甘美な果実風味．高尚な味わい．ロシア革や菫の香りを思わせる．非常に堂々としている．

1919　ラフィット ①

外観：濃くて深みがあり豊かな色調．エッジは完全に菫緑色．澱多し．

香り：花の香り．果実香．かすかに木をいぶしたような芳香があり同時にクロスグリの香りも．

味：スパイシーで，美しい飲み口．コクがあり濃密な口当り．エキス分に富む．

1919　ラフィット　マグナム ②

外観：非常に良い発酵をしたと思われる．ワインの色は極めて美しい．濃厚なルビー色．そしてコクがありそう．瓶（マグナム）の底は褐色を帯びている．

香り：強くて申し分のないポーヤック独特の芳香．花の香り，魅力的な果実香．桜桃や野生の果物を思わせる．またプラムの香りも．

味：極めてコクがあり，ビロードのようになめらかで舌ざわりが素晴しい．一貫して強烈な風味が感じられる．

1920　ラフィット ①

外観：極めて深みのある強烈な濃いルビー色．瓶底は褐色を呈している．

香り：しっかりしていてかすかに菫の香り．また香辛料の香り．その後にハッカの香りに近い香り．また濃厚で果実香が凝縮されている．

味：濃厚で甘美な果実風味．高尚な味わい．ロシア革や菫の香りを思わせる．堂々とした風格．

1920　ラフィット ②

外観：極めて深みのある色調．濃くて深くて暖かみのある赤．腰が強くて濃厚そうに見える．

香り：凝縮された上品で典雅なブケ．濃厚で円熟した果実香．かなり深みがあってプラムを思わせ極めて優雅．

味：凝縮され，濃厚で強烈な果実風味．口に含むとタンニンの渋味が感じられる．かなり深味があって複雑．

1921　ラフィット ①

外観：深みのある強烈な赤．ディープガーネット．堂々とした深みのある色調．褐色の色合いはほとんど見られない．ただ瓶の底に澱多し．

香り：熟した果実を思わせる．はっきりとしたブケ．ヒマラヤ杉のような香りが混ざる．後の方になりやや甘美な香りに欠けてくる．

味：凝縮された強烈な果実風味が非常にうまく滲み込んでいる．かすかに薬草のような風味があって口に含んでいる間は大変素晴しい．

1921　ラフィット ②

外観：極めて濃く深みのある暗赤色．非常に濃厚で深みのあるクロスグリのような色調．ディープガーネット．瓶の底が黄

褐色．澱多し．

香り：甘く，革の香り．強烈で印象的．

1921　ラフィット ③

外観：非常に深みのあるルビー色．瓶の底は茶褐色．

香り：甘く豊かな香り．凝縮された果実香．また洋革の香りを感ずる．

味：発酵の方法に問題があるのか．タンニンの風味が強く非常にアンバランスに感じる．ワインの質としては不満．

1922　ラフィット

外観：濃くて深みがあり豊かな色調．エッジの方が黄褐色に色づきかけている．澱も多い．

香り：かすかに木をいぶしたような芳香があって，同時にクロスグリの香りも．

味：果実風味が極立ち，きめが細い．メルロー種のやわらかさと，ラフィットの酒質，それにカベルネ種独特の濃密な風味が一体となっている．

1923　ラフィット　マグナム ①

外観：ディープルビー．深くて強烈．かなり暗くてルビー色の見事な輝きを帯びている．

香り：芳醇で気品があり，とろけそうなアロマに木の香りがたっぷり溶け込んでいる．

味：堂々とした酒質．様々な要素が完全に調和しているので，重さは感じない．タンニンの渋味はまだ残っているが，粗さはない．果実風味が素晴しい．瓶の澱は問題でない．後味が口中に長く残る．味すこぶる良し．

1923　ラフィット ②

外観：濃くも淡くもないルビー色．瓶底の方は黄褐色．豊かな色合い．

香り：強く，申し分ないポーヤック独特の芳香．果実を押しつぶしたような香り．

味：コクがあって濃密な口当り．エキス分に富み極めて繊細．典型的なラフィットの良さを感ずる．

備考：オレンジがかった色で香りは焦げたマホガニーを思わせる．辛口ワインに仕上ってしまった．

1924　ラフィット ①

外観：ダークルビー．深くて強烈なルビー色．ルビー色が見事な輝きを帯びている．

香り：芳醇で気品があり，とろけそうなアロマに木の香りがたっぷり溶け込んでいる．ヒマラヤ杉や熟した漿果の香りを思わせる濃縮されたアロマ．まだ少しもの足りないが，この先かなり有望で力強さがある．

味：堂々とした造りと酒質．様々な要素が完全に調和しているので重さは感じない．タンニンの渋味はまだ残っているが粗さはない．果実風味は素晴しい．タンニン，酸，アルコールが十二分に混ざり合っている．

1924　ラフィット　マグナム ②

外観：濃厚で極めて堂々とした色調．はっきりとしたルビー色．極めて美しい．瓶底は褐変．

香り：濃厚で円熟した果実香．かなり深みがあって，プラムを思わせ極めて優雅．

味：凝縮された強烈な果実風味が非常にうまく溶け込んでいる．かすかに薬草のような風味があって口に含んでいる間は素晴しい味わい．

1925　ラフィット

外観：色薄い．ライトガーネット．エッジは黄褐色．

香り：花の香り，菫．純然たるカベルネ種のブケ．果樹の葉や，イバラの香りを思わせる．オークの香りもはっきり感じとれる．

味：やせているが混り気のない果実風味．まだタンニンの渋味があり，メドック風の酒質を備えた古典的カベルネ．

備考：ワインとして軽量．

1926　ラフィット ①

外観：非常に深みのある濃い赤．わずかに褐色を帯びている．むらがなく濃厚そうに見える．深みのあるクロスグリのような色調．

香り：素晴しく芳しいブケ．果実やバラを思わせるやわらかみのある香り．印象的で，うっとりする．

味：爽やかでかなり辛口の風味．最初は控え目だが，やがて素晴しく優雅な味わいが出てきて余韻は長く持続する．

1926　ラフィット ②

外観：上品で濃厚なルビー色．十分にコクがありそう．

香り：鼻孔にやさしく豊かな果実香．香辛料やクロスグリを思わせる．胸をワクワクさせる．

味：香辛料を思わせる素晴しい果実風味．絹のように心地良い喉ごし．香味が忘れられない．素晴しい．

1926　ラフィット

1928　ラフィット

1928　ラフィット　マグナム

外観：良い年と言われるワインにしては品質があまり良くなくて残念．色調ローズカラー．瓶底の黄褐色の色調がやや濃い．

香り：力強さを感じなかった．香気は全般的に薄い．

味：全般にやや甘く，開栓後しばらく経つとハッカの香りが強く感じられた．マグナム瓶でもこのような具合のものがあるのか．残念．

1929　ラフィット ①

外観：褐変していた．世界一とも言われているものとしては残念．

香り：古酒香と酸化臭．揮発酸を感ずる．すでに過去の良さを感ずるよすがもない．

味：揮発酸強く，タンニン，酸のバランス悪し．ワインの味もない．

備考：長い貯蔵でいたんでしまったか．残念の一語に尽きる．

1929　ラフィット　マグナム ②

外観：濃くて深みがあり，焦げたマホガニーを思わせる色合い．極めて上品．瓶底に澱あり．

香り：濃密でコクのありそうな力感あり．甘美なブケ．クロスグリや薬草を思わせ円熟した果実香もかなり豊か．全体をユーカリのような香りが包んでいる．

1931　ラフィット ①

外観：平年より色調薄し．瓶底は褐色．

香り：鼻孔にやさしく豊かな果実香．香辛料やクロスグリを思わせる．

味：香辛料を思わせる素晴しい果実風味．絹のような心地良い喉ごし．ポーヤックらしい．前年に比して，味覚は良い．タンニンが強く酸が浮き立ち酢酸が重く感じる．

1931　ラフィット ②

外観：色調薄い．

香り：香り立たず．

味：酸が強い．味が全体に立たず．総体的に良くない．

1933　ラフィット

外観：濃くて豊かな色合い．やわらかみがあって深いルビー色．

香り：香辛料を思わせる濃厚な果実香．また果実を押しつぶしたような甘美なブケ．

味：心地良く，ねばり気のある果実風味．ヴァニラのような風

味もあり，果実の持つすっぱさもある．

1934　ラフィット ①

外観：コクのありそうな深いルビー色．また色濃くて深みがあり，焦げたマホガニーを思わせる色合い．極めて上品．

香り：芳醇で濃密．良く熟した果実から得られる漿果のような混り気のない果実香．強くて複雑．

味：豊かで濃厚．クロスグリや香辛料を思わせる素晴しく甘美な果実風味．タンニンの渋味もきいているが，きついと言うほどではない．非常に良くできている．

1934　ラフィット ②

外観：極めて深みのある色調．濃くて深みのある濃いダークルビー．極めて美しい．

香り：極めて香り高く香辛料を思わせるような強烈なアロマ．これに濃縮された果実香．

味：爽やかでかなり辛口の風味．最初は控え目だが，やがて素晴しく優雅な味わいが出てきて余韻は長く続く．タンニンの後味も素晴しい．

1936　ラフィット

外観：素晴しく深みのある赤．赤紫色．全くむらがない．

香り：菫やクロスグリの薬をすりつぶしたような香り．すがすがしく新鮮でアロマも素晴しい．ポーヤックの力を感ぜしめる．

味：濃縮され深みのある果実風味が長く尾を引く．バランスは素晴しい．

1937　ラフィット ①

外観：コクがありそうな深いルビー色．熟成しかけたところ．

香り：芳しいクロスグリを思わせるアロマに，かすかにオークの香りが混ざる．

味：良くバランスのとれたワイン．口当りは果実を思わせ，爽やかで，優雅な果実風味があり，飲むとオークの風味も漂う．

1937　ラフィット ②

外観：深みのある深い色調．ダークガーネット．瓶の底は黄褐色．

香り：濃厚で円熟した果実香．木香があり，ヴァニラを思わせるような香り．菫の香りも含まれる．

味：濃厚でプラムや香辛料やクロスグリを思わせる果実風味．ラフィットの良さが十分に理解できる．堂々としたワイン．

1938　ラフィット

外観：濃くて深みがあり豊かな色調．エッジの方が黄褐色に色づきかけている．

香り：かすかに木をいぶしたような芳香があって，同時にクロスグリのような香りも．

味：果実風味が際立ち，きめが細かい．メルロー種のやわらかさと，ラフィット本来の酒質，それにカベルネ種独特の濃密な風味が一体となっている．

1939　ラフィット ①

外観：コクがありそうな深いルビー色．熟成しかけたところ．

香り：芳しい．クロスグリを思わせるアロマに，オークの香りが混ざる．

味：良くバランスのとれたワイン．口当りは果実を思わせ，爽やかで優雅な果実風味があり，飲むとオークの風味も漂う．ポーヤックそのものの風味．落ち着いている．

1939　ラフィット ②

外観：力強く，色はディープロゼ．燃えるような赤色．瓶の端は黄褐色．

香り：香りは軽く，果物などの香りが豊か．すなわち菫やクロスグリの香りが新鮮．アロマも素晴しい．

味：クロスグリに似た風味があり，飲むとタンニンの渋味を感じる．深味のある果実風味が長く尾を引き，バランスが美しい．

1940　ラフィット

外観：美しい．ダークブラウンレッド．極めて力強い．瓶の端は褐色．

香り：ビロードの肌ざわりを思わせる素晴しいブケ．また果実の香りを思わせ，豊かで長く持続し，極めて繊細．

味：バランスが見事．ポーヤックの果実風味がこのようなものかと驚く．最高級のカベルネとメルローの調和が見事．ラフィットの酒質を表す．

1941　ラフィット ①

外観：円熟した色調．やわらかみのある煉瓦色．エッジの方が黄褐色．中心部はルビー色．

香り：洗練された香り．香辛料的な香りが強く，また澄んでいる香りが強い．

味：凝縮され濃厚な果実風味．口中に含むとタンニンの後味が感じられる．かなり深みがあって複雑．

1941　ラフィット ②

外観：極めて深みのある色調．ディープロゼ．瓶の底部は黄褐色．

香り：濃厚で円熟した果実香．かなり深みがありプラムの香りを思わせる．

味：凝縮された果実風味が非常にうまく溶け込んでいる．かすかに薬草のような風味があり，口に含んでいる間は素晴しい味わい．

1943　ラフィット

外観：堂々と深みのある濃厚なディープガーネット．瓶の底は黄褐色．

香り：濃厚なブケ．果実の香りを思わせ，豊かで長く持続する．極めて繊細．

味：口蓋にはっきりと果実風味が伝わって，1943年物に特有の酸味のきいた口当たり．優雅さと力強さのバランスが見事．

1944　ラフィット

外観：深く美しい濃厚なルビー色．瓶の底はすでに黄褐色．

香り：極めて魅力的な果実や菫を思わせる香り．

味：風味にかなりの深みがあり，最高級のカベルネとメルローの円熟した果実風味と力強さのバランスは申し分ない．非常に上品なワイン．

1945　ラフィット

外観：濃くて美しい深みのある濃厚なルビー色．瓶の下部は黄褐色．

香り：野生の菫やヒマラヤ杉を思わせるアロマ．混り気がなくて古典的．極めて洗練されている．

味：果実風味が際立ち，極めて繊細．カベルネの力強さと，メルローのやわらかさとが一体となり，ワインを堂々としたものに造りあげている．酸，渋，共に素晴しい．

1946　ラフィット ①

外観：濃厚にして深みのある深紅色．若々しくてすこぶる強烈な迫力を感ずる．

香り：果実香が豊か．ワインに力がある．柑橘類の香りも豊か．もちろん香辛料の香りも極めて豊か．

　＊果実香：クロスグリ，プラム，アンズ

　＊花の香気：菫，ジャスミン，バラ，アイリス

　＊香辛料：ペッパー，シナモン

味：タンニンすこぶる力強し．酸の所在ははっきり．ワインが

1945　ラフィット

1945　ラフィット

まだ若いせいか，バランスは完全でない．

備考：このワインはあと十数年貯蔵しないと本当の力を発揮できないのではないか．

1946　ラフィット ②

外観：非常に美しい真紅色に仕上った色彩．またこれに焦げついたマホガニーを思わせる極めて上品な色合いを加味している．

香り：ラフィット独特の上品で優雅な香気を表す．素晴しい香辛料の香りと，柑橘類を思わせる極めて優雅な香気．また，控え目だが時間が経つにつれて果汁を濃縮させた漿果を思わせる優雅な香気を発する．

味：爽やかでかなり辛口の風味．最初は極めて控え目だが，やがて素晴しく優雅な香りに変化する．余韻は長く持続する（開栓後2時間以上）．

1946　ラフィット ③

外観：濃厚なルビーカラー．瓶の底は黄褐色．

香り：フルーツの香り豊か．また焦げたオークを思わせる豊かなブケ．果実の香りに富みコクもある．

味：甘美な風味．カベルネ種独特の果実風味と繊細な味わいが余すところなく発揮されている．さっぱりとしていて透き通るような味わい．バランスと余韻が素晴しい．

1947　ラフィット

外観：ダークルビー．濃厚で極めて重々しい深みのある色調．褐色の色調はほとんど認められない．

香り：果実香濃厚．かなり深みがあってプラムを思わせる．

味：極めてコクがあり，ビロードのようになめらかで舌ざわりが素晴しい．一貫して強烈な風味が感じられる．

1948　ラフィット

外観：落ち着いて円熟した濃暗赤色（ガーネット色）．エッジはやや褐色を帯びている．

香り：極めて落ち着いた花の香気．すなわちバラ等．濃縮された果実香．柑橘類（レモン），クロスグリ，プラム，桜桃．これになめし革を思わせる華麗複雑な香気を含む．もちろん香辛料の香りも．

味：甘く濃密な味わいと素晴しく華麗な香辛料の香り．これに濃縮された柑橘類の香り．プラムや砂糖漬けにした桜桃の香りも．また円熟したタンニンは甘く感じ，酸に調和し，極めて良好な品質のワイン．

備考：ラフィットの品質の素晴しさを再認識させられた．ワイ

1947　ラフィット

1947　ラフィット　マグナム

ンチャートで最高位にランクされてはいなくても，十二分に酒質に満足した．

1949　ラフィット

外観：濃くも淡くもない円熟したルビー色．瓶の縁は黄褐色を帯びている．

香り：長く余韻を残すブケ．まだかすかにクロスグリのような香りがあり，実に複雑．

味：風味にかなりの深みがあり，最高級のカベルネ種とメルロー種が醸し出す円熟した果実風味と力強さのバランスは申し分ない．非常に上品なワイン．タンニンと木の溶解した風味は極めて素晴しい．

1950　ラフィット ①

外観：濃いガーネットカラー．

香り：極めてやわらかみのある花の香気．

味：極めて豊潤な舌ざわり．おだやかな渋味は酸を害さない．開栓直後でも飲みやすい．酸渋のバランス良し．

備考：ワインの質はベストではない．早く消費すべきワイン．

1950　ラフィット ②

外観：濃厚で極めて堂々として深みのある赤．ディープロゼ．瓶の底と端は黄褐色．

香り：熟した果実風味を思わせるはっきりしたブケに，ヒマラヤ杉のような香りが混ざる．

味：凝縮された強烈な果実風味が非常にうまく溶け込んでいる．かすかに薬草のような風味があって口に含んでいる間は素晴しい味わい．飲むとやや硬質．

1952　ラフィット

外観：極めて深みのあるディープロゼ．瓶の底と端はかすかに黄褐色．

香り：ロシア革の匂いを思わせる芳醇で複雑なブケ．かなり動物的な香りがある．

味：濃縮され深みのある果実風味が長く尾を引く．（酸，果実風味，タンニンの）バランスは申し分なく甘美な飲み口は素晴しい．ひろがりは長く豊か．

1963　ラフィット

外観：色調，あまり濃厚でない．明らかに薄いワインと感じる．

香り：良い年のワインに比して香りはすべてにおいて薄い．

味：味薄く旨味を感じない．口中に残らず．

備考：真夏があまり暑くなかった．それで酸の強いワインがで

1954　ラフィット

1955　ラフィット

1958 ラフィット　マグナム

1961 ラフィット

1959 ラフィット

きた．

1937　カリュアド・ド・ラフィット

外観：煉瓦を思わせる深紅色．生き生きとして若々しい色合い．

香り：やや控え目な漿果を思わせるアロマ，優雅で十分深みがある．

味：まろやかな果実風味があり，飲み口がしっかりしている．良くできている．メドック風の酒質を備えた，古典的ポーヤックのカベルネ．

Château Margaux ［Margaux］

1847　マルゴー ①

外観：非常に美しくてコクのありそうな色調．瓶の端がかすかに褐色を帯びている．

香り：複雑で芳しく，ヒマラヤ杉の香りを思わせる．素晴しい．

味：コクがあって絹のようになめらかな風味と口当り．本当に期待した通り．極めて優雅な味わいがつき，また完全に熟成

している．風味は完全にマルゴー．

1847　マルゴー ②

外観：深みのある非常に美しくてコクのあるルビー色．やや色が落ちている．エッジは褐色を帯びている．

香り：素晴しく強烈な甘い香り．次に果実香がきて，ジャムの芳香を放つ．

味：力強くコクがあり絹のようになめらかな風味と口当り．真に完成されている．風味は口中に長く残る．

備考：出色の年．膨大な収量を記録．品質も極めて高い．

1864　マルゴー

外観：深みのある，一見コクのありそうなディープルビー．ティアーが高く立ち，エッジは褐色．

香り：複雑で芳しくしっかりとしていて，まだクロスグリ香を感じさせる．ただ，揮発酸臭を感じるのはどうした事か．

味：100年以上経ったものとしては，良く持ったものだ．クロスグリやハッカを思わせる独特の果実風味，メドックのテロワールからくる酒質を持つ古典的ワイン．

備考：パリのニコラより購入のワイン．ある程度の酒質を持っているワインと分る．

1865　マルゴー

9月5日収穫．豊作．タンニンが濃く仕上った．熟成が良い．

外観：コクがありそうで極めて力強い．深みのある深遠なルビー色．グラスの縁は黄褐色．十分に熟成している．

香り：やわらかみがあり，極めて円熟し芳香を放つ．花の香りと心地良い果実香が十分に引き出されている．クロスグリ，アーモンド，アンズ等を感ずる．

味：素晴しく豊かな果実風味．タンニンの渋味がワイン全体を引き締めていた．最後に果実風味を残す．掛け値なしに見事なワイン．

備考：マルゴーの土地柄から，フィネスを感じる．瓶の底にある澱はかなり大量であったが，デカンターに空けて良い部分のワインは素晴しかった．芳醇で濃厚という意味を知らされたワイン．

1868　マルゴー ①

外観：非常に深くて強烈なルビー色．これがマルゴーなのかと驚く．深いガーネットと言ってもいい．ただ，色調の割にはワインが薄い．

香り：素晴しく濃密な果物を思わせる香り．バラ，クロスグリ，野生のサクランボ，それにオーク樽を思わせる，みなぎるようなアロマ．複雑で良く熟成している．

味：果実風味が素晴しい．タンニンはまだ力を残し力強い．マルゴーらしさが出ている．

1868　マルゴー　マグナム ②

これもニコラより．

外観：極めて落ち着いた濃赤色．瓶の底の澱は多い．デカンターに取った．熟成が進み，瓶のまわりは黄褐色．

香り：甘美な果実風味，馥郁とした香りはマルゴーのフィネスを表す．極めて調和がとれている．

味：コクがあり濃密な口当り．エキス分に富みかつ繊細．タンニンは十分に酸に溶け，まるみも十分．熟成も完全．酒質の良さも表す．

備考：この年のマルゴーは非常に良くできた．マグナム以上の瓶はすべて良かった．長持ちも十分感じられた．

1869　マルゴー　マグナム

同じマルゴー村のパルメと十分に比較するチャンスがあった．

外観：澱多くデカンターにとり，すべて清澄部分から判定する．極めて美しい濃いルビー色．深みを感ずる．十分に熟成しておりエッジは黄褐色を帯びているが，古酒として難点を認めず．

香り：このワイン独特のやらわかみがあり，マルゴーの素晴しさを実感する．最初，強烈な果実香が長く続き，この後香辛料の香りが続く．円熟した風味が口中にひろがる．濃厚で見事なバランスと繊細な風味が，マルゴー村で一番と言われているテロワールの血統の良さを知らしめる逸材．

備考：ボルドーの銘醸家もこの酒質に敬服した．これぞマルゴー．良い年のものは本当に良いという事を実感した．

1870　マルゴー ①

外観：深くて強烈なルビー色．かなり暗くてルビー色の見事な輝きを帯びている．

香り：濃密でブラックチェリーのような芳香．良く熟成して香りが素晴しい．

味：どっしりとしたワイン．口当りはなめらかで上品，きめが細かく同時にかなり長持ちし，信じられないほど豊潤で複雑．

1870　マルゴー ②

外観：濃厚で極めて堂々とした深みのある色調．ディープガーネットカラー．エッジの褐変は古酒の姿を表す．

香り：極めてしっかりとした野生の菫の香気．これを感じてか

ら果実香を生ずる．この後香辛料の香りを十二分にうかがわせる．
- 味：凝縮され，濃厚で強烈な野生の菫の香気．この後に果実風味を感じ，溶け込んだ酸渋が長い貯蔵により十二分に溶け合い，舌ざわりも極めて良好．後味は口中に長く持続する．マルゴー村の最高品質を示す．
- 備考：マルゴー村のトップを表す最高のワイン．記憶に留る品質のワイン．

1875　マルゴー①

- 外観：深くむらのないダークロゼ．この色が極めて濃厚．
- 香り：クロスグリや爛熟した果実を思わせる素晴しいアロマ．驚くほど印象的．
- 味：濃厚で複雑．堂々としている．スパイシーな風味が長く続く．

1875　マルゴー②

- 外観：非常に美しく深みのある色調．エッジは黄褐色を帯びている．
- 香り：極めて美しい花の香り．特に野生の菫．甘い香気は長くいつまでも続く．
- 味：コクがあり絹のようになめらかな風味と口当り．円熟した風味が口の中にひろがる．濃厚で優雅で見事なバランスと繊細な風味．熟成しているワインはこのように長持ちすることを示してくれた．この素晴しい味は口中に長く留る．
- 備考：マルゴーのエレガントさを追求したワイン．これがマルゴーという姿を示してくれた．

1875　マルゴー③

- 外観：十分に熟成し，赤褐色．エッジは黄褐色．澱も多かった．
- 香り：花の香り，すなわち菫の香りは極めて優雅．完全に円熟している．
- 味：魅力的で芳しい味わい．コクがあり絹のようになめらかな風味と口当り．円熟した風味が口中にひろがり，濃厚で見事かつ繊細な風味は真の特選銘柄の血統．マルゴー村の誇り．
- 備考：澱が多いので，酒質を心配したが，これは杞憂であった．ワインの香りが長く口中に残った．

1887　マルゴー

- 外観：深くて強烈なルビー色．見事な輝きを帯びている．
- 香り：野草の香りの中にかすかに芳醇で華麗なブケ．果物の香り，黒苺やプラムや桜桃の香り．これらが一体となり美しく一つに溶け合っている．
- 味：豊かで甘く濃密な果実風味をたたえ，酸，タンニン等がその風味を引き立てている．樽香も含めて融合されたワインの芸術品．素晴しさが長く残る．

1893　マルゴー

- 外観：ディープルビー．瓶底に澱．非常に良く澄んでいた．
- 香り：花，果実の香り素晴しく芳醇．

1899　マルゴー

- 外観：極めて濃く深みのあるディープローズカラー．腰が強くて暖かみがあり濃厚そう．
- 香り：果実を思わせる素晴しく豊かなブケは野生のバラ，クロスグリ，野生の桜桃の香り，それにオーク樽の香りがまだ力強く残っている．
- 味：果実風味が素晴しく口当りが円熟したワイン．酸とタンニンが完全に溶け合っていて，素晴らしく熟成している．極めて女性的．

1900　マルゴー①

パリのニコラからまとめて 12 本購入した．不思議なことに失敗がなかった．日本では高円宮様が拙宅で召し上った．

- 外観：極めて濃厚で深くむらのない赤色エッジは年代物を十二分に感じさせる黄褐色を帯びる．
- 香り：豊かで芳しく極めて濃縮されたような香気．芳醇で，すこぶる気品を感じさせる．甘美で円熟した菫の香り．これらの香り以外に完熟した甘美な果実香．
- 味：極めてコクがあって絹のようになめらかな口当り．濃厚で極めて見事なバランス．酸とタンニンは十分で落ち着いており，口中に含むと優雅な味わいを含む．味は口中に長く残る．
- 備考：極めて華麗なワイン．香気と味覚が共に出色．マルゴーがこのように官能的なワインになるとは，ただ驚嘆しかない．

1900　マルゴー②

これもパリのニコラで 12 本まとめて購入したうちの 1 本．ボルドーや日本，ニューヨークで有名銘柄と酒質を比較した．

- 外観：非常に深い色調．濃厚なルビー色．
- 香り：濃密でクロスグリ，プラム，ブラックチェリー等の複雑な果実香を感ずる．芳しくて強烈，かつ濃縮されたような香りはひろがりを持つ．100 年経ったワインと思えない若さを感ずる．
- 味：堂々とした造りは自己主張が強く酒質も完全に調和している．果実風味，特にクロスグリのような果実風味も感ずる．タンニンは十分に酸に溶け込み，甘美で濃密な果実風味を宿

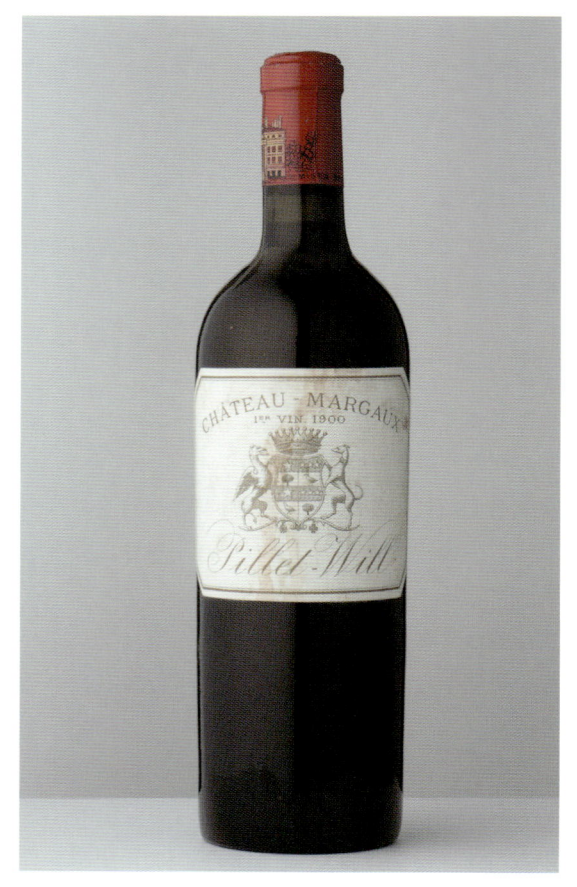

1900　マルゴー

し円熟した味わいを持続する．生き生きとした躍動感も．繊細な風味に優れた，たくましいワイン．100年以上経たワインと誰が信じようか．本当に素晴しいワイン．

1900　マルゴー ③

外観：濃くて深みのあるルビー色．素晴しい色合い．完全に熟成し完成された色合い．

香り：純然たるカベルネのブケ．果樹の葉やイバラの香りを思わせ，オークの香りもはっきり感じとれる．

味：素晴しくなめらかな果実風味．わずかにタンニンの渋味も．産地の特徴をはっきりと備え，バランスは極めて見事．ボルドーのワインアカデミーの会員も風味を絶賛．

1905　マルゴー

外観：深くて強烈なルビー色．

香り：芳醇で気品があり，とろけそうなアロマに，木の香りがたっぷり溶け込んでいる．

味：豊かで甘く，濃密な果実風味．円熟した味わいがあるが，生き生きとした躍動感も．繊細な風味に優れた，たくましいワイン．

備考：ポーヤックとマルゴーの違いが十二分に分る．これらのワインを見ると本当のテロワールの違いと良さが分って楽しい．

1906　マルゴー ①

外観：非常に深みのある濃いルビー色．エッジは上品なマホガニー色．

香り：素晴しく芳しいブケ．菫とバラの香り．果実の香り．やわらかみのある香り．印象的でうっとりとする香り．

味：爽やかでかなり辛目の風味．最初は控え目だがやがて素晴しく優雅な味わいがあり，余韻は長く持続する．

備考：華麗なワイン．この村産のワインの中では間違いなく最高の出来．メルロー種とカベルネ種の豊かな果実風味のバランスが素晴しい．

1906　マルゴー ②

外観：むらのない褐色がかった濃厚なルビー色．縁の方は完全な黄褐色．十分に熟成しているように見える．

香り：濃密なブケ．菫や花の香り．果実を思わせ上品でビロードの肌ざわりを思わせる．素晴しいブケ．豊かで長く持続する．極めて繊細．

味：口蓋にはっきりと果実風味が伝わる．甘美な味は秀逸．最高級のカベルネ・ソーヴィニョン，カベルネ・フラン，メルロー種の良さ．これらが一体になり，プティ・ヴェルドの酸味が，マルゴーを引き締めていき，その味わいを口蓋に宿す．

備考：マルゴーの良さを余すところなく伝えてくれる．

1907　マルゴー

外観：赤色．全体に色が褪せている．澱多し．

香り：美しい香気なし．酢酸臭強し．

味：酢酸臭強く香りのみならず味も悪し，残念．

備考：酢酸が強く，色調も悪く不味．澱も多い．失敗作．

1908　マルゴー

外観：やや濃いディープカラー．実に美しい．コクのありそうな色調．縁の方は黄褐色．

香り：複雑で，ヒマラヤ杉や香辛料の香りを思わせる．素晴しい．

味：円熟した風味が口の中にひろがるが，濃厚ではない．見事なバランスと繊細な風味は，やはりマルゴーの所以．澱の多さも気にならない．

備考：落ち着きの素晴しさを知るべき．

1909　マルゴー ①

外観：色，濃縮された感じなし．失敗作と思われる．酸化が進み，ワインの体を成していない．残念．

香り：こちらも濃縮された感じなし．ただ薄いワイン．

味：味も薄く，力がない．ワインが本来持つ姿がない．酢酸臭が悲しい．

1909　マルゴー ②

外観：色淡く澱多くルビー色も褪せている．縁は淡くすでに峠は越えてしまっている．

香り：残念であるが酸化臭．

味：酸化している．

備考：早く飲むべきであった．

1909　マルゴー ③

外観：完全に腐敗．

香り：完全酸化．

味：腐敗臭がするばかり．

1910　マルゴー ①

不良年．うどんこ病発生．収穫遅し．

外観：濃いルビー色．澱多し．エッジは褐色．

香り：花の香りが過ぎ去ると，動物の香り，退廃的な香りが続き，食欲をそそらない．

1910　マルゴー ②

外観：十分に熟成した赤褐色．煉瓦色．円熟している．

香り：やわらかみがあって円熟した果実香．十分に引き出されている．

味：魅力的で，しなやか．やわらかみのある果実風味．この年のものとしては良くできているが，今のうちに飲んだ方が良い．

1911　マルゴー

外観：深く美しいルビー色．色合いは完璧．

香り：かすかに木をいぶしたような芳香があって，同時にクロスグリのような香りも．

味：果実風味が極立ち，線が細いメルロー種のやわらかさとマルゴーの酒質，それにカベルネ種独特の濃密な風味が一体となっている．タンニン，酸，アルコールが一体となって，ほど良く飲みやすい．口中に長く漂う．旨い．

1912　マルゴー

ラベルは1900年など，ピレ・ウィル所有時代のものと同じ．

外観：色，ディープローズカラー．澱が多い．十分に熟成した色合い．縁はすでに褐色．

香り：複雑で芳香は花の香りを思わせる優雅な香りを残している．すでに円熟している．

味：円熟して，風味が口の中にひろがる．酸味と甘味がやや残る．濃厚ではないが美味なバランス．旨味をじっと口中に留めるべきだ．

1913　マルゴー

外観：一見十分に熟成しているように見えた．ディープローズカラー．澱が多い（デカンターにとる）．

香り：複雑で芳しく西洋キズクやヒマラヤ杉や香辛料の香りを思わせる香りを感じさせる．

味：良くできている．円熟した風味で口中にひろがる．濃厚ではないが見事なバランス．

1914　マルゴー

外観：深く美しいルビー色．色合いは完璧．

香り：かすかに木をいぶしたような芳香があり，同時にクロスグリのような香りも．甘美でねばっこく，メルロー種独特の果実を思わせる濃縮された極めて上品な香り．

味：コクがあって，風味も豊か．口当り良し．エキス分に富む．ただし開栓するとあっという間に飲み頃がくる．

1916　マルゴー

シャトー・キルヴァンのシラー家での食事に出る（2006年6月）．

外観：濃厚で深みのあるルビー色．完成された色合い．ディープロゼ．

香り：純然たるカベルネ種のブケ．プラムや菫の香りを思わせる．まろやかで濃厚な香り．

味：良くバランスがとれたワイン．口当りは果実を思わせ，爽やかで，優雅な果実風味があり，飲むとオークの香りが立つ．

1917　マルゴー

外観：深みのある色調．十分に熟成しており縁の方は黄褐色を帯びている．

香り：やわらかみがあり，円熟した果実香．十分に引き出されている．

味：コクがあって絹のようになめらかな風味と口当りが口の中

にひろがるが濃厚ではない．見事な味と繊細な風味が第 1 級の血統を物語っている．

1918　マルゴー

外観：非常に美しくてコクがありそうな色調．瓶の底は褐色を帯びている．澱多し．

香り：複雑で芳しく力強い円熟した果実香．パイナップルの香りが強く残る．

味：円熟した風味が口の中にひろがり，濃厚ではないが，見事なバランスと繊細な風味．マルゴーのテロワールの良さを感じさせる．

1919　マルゴー ①

外観：やや濃い目の煉瓦色．熟成のあとがうかがえる．縁の方が煉瓦色．

香り：メルロー独特の素晴しいブケ．またカベルネ・ソーヴィニョンの混り気のない独特のブケは香辛料の香りを思わせる．若々しくて辛辣味のあるブケ．次第に果実の香りが強くなる．

味：樽熟成の間についたある程度の渋味が味を引き締め，ワインの質をさらに高めている．入念に造られたワイン．

1919　マルゴー　マグナム ②

外観：極めてコクがありそう．濃厚なローズカラー．マグナムの底は褐色．

香り：凝縮された上品で典型的なブケ．樽の香りが十分に溶け込み，申し分なし．

味：爽やかでかなり辛口の風味．最初は極めて控え目だが，やがて素晴しく優雅な味わいが出てきて，マルゴー独特の余韻が長く続く．

1920　マルゴー

外観：濃厚で極めて深みのあるルビー色．瓶底はすでに褐色を呈している．

香り：プラムやイバラの香りを思わせてまろやかで濃厚な香り．極めて引き締まっている．

味：素晴しくなめらかな果実風味が豊か．わずかにタンニンの渋味も残る．辛酸甘苦渋のどの要素の面でも完全に熟成しバランス極めて良し．

1921　マルゴー ①

外観：十分に熟成した黄褐色．深みあり．

香り：複雑で芳しくヒマラヤ杉や香辛料の香りを思わせる．素晴しい．

味：良くできていてバランスも良くとれており，円熟した風味が口の中にひろがる．濃厚ではないが見事なバランスと繊細な風味が特選銘柄の良さを物語っている．

1921　マルゴー ②

外観：非常に美しくてコクがありそうな色調．かすかに褐色を帯びている．澱も多い．

香り：複雑で芳しく，ヒマラヤ杉や香辛料を思わせる．甘美な香り，口中に長く残る．

味：円熟した風味が口の中にひろがる．濃厚ではないが見事なバランスと繊細な風味が特選銘柄の血統の良さを物語っている．

1921　マルゴー ③

外観：濃くて深みがあり焦げたマホガニーを思わせる色合い．極めて上品．

香り：芳醇で濃厚，良く熟した果実から得られる漿果のような混り気のない果実香．強くて複雑．

味：素晴しく豊かな果実風味．タンニンの渋味が全体を引き締めている．最後に果実風味が残る．

1922　マルゴー　マグナム

まだピレ・ウィルのラベル．

外観：濃くて深みがあり美しいダークルビー．非常に見事な色合い．縁は黄褐色に色づきかけている．瓶の底の澱はデカントすれば邪魔にならず．

香り：マルゴー独特の花の香り．その後漿果を思わせるかなり強烈な香り．甘美でねばっこく，メルロー種独特の果実を思わせる濃縮された香り．タンニンがきいたマルゴーのカベルネ種独特の落ち着いた香り．極めて上品．

1923　マルゴー

味：コクがあり風味豊か．やさしく円熟している．引き締まっている姿は女性的．エキスに富み，かつ繊細．口中に長く留めるべき．長く風味を残し良さが分る．

1924　マルゴー ①

外観：深みのある色調．十分に熟成しており，瓶底は黄褐色を帯びている．

香り：複雑で芳しくヒマラヤ杉や香辛料の香りを思わせる．素晴しい．

味：円熟した風味が口の中にひろがり，濃厚ではないが，見事

なバランスと繊細な風味が特選銘柄の血統．1855年に1級銘柄に選ばれたわけが良く分る．

1924　マルゴー　マグナム ②

外観：濃厚でコクがありそうで凝縮された赤．かすかに瓶の端がカラメル色を帯びている．澱も多いが瓶の底までキレイ．

香り：あふれんばかりの極めて強い香り．甘美でロシア革の匂いを思わせる円熟した香り．濃厚で円熟した果実を思わせる．かなりの深みがあって，プラムやクロスグリを思わせ優雅．

味：極めてコクがあり，ビロードのようになめらかで，舌ざわりが素晴しい．一貫して強烈な風味が感じられる．

1926　マルゴー ①

外観：非常に美しくてコクのありそうな色調．瓶底がかすかに褐色を帯びている．瓶底の澱，問題にならず．

香り：花の香りを思わせる優雅な香り．それが過ぎると複雑で芳しく，ヒマラヤ杉や香辛料の香りを思わせる素晴しい香り．

味：円熟した風味が口の中にひろがる．濃厚ではないが見事なバランスと繊細な風味．

1926　マルゴー ②

外観：かなり濃いルビーのような赤．極めて濃厚そうに見える．

香り：芳しいクロスグリを思わせるアロマに，プラムやイバラの香りを思わせるまろやかで濃厚な香り．引き締まっている．

味：素晴しく豊かな果実風味．タンニンの渋味が全体を引き締めている．最後に果実風味が残る．掛け値なしに見事な深み．

1927　マルゴー　マグナム

外観：濃厚で深く強烈な赤に紫色が溶け込んでいる．暗紫紅色．瓶は冷暗室に保存してあったために保存完璧．

香り：典型的な菫，その香りの後にプラム，イバラの香りを思わせる濃厚な香り．これにクロスグリを思わせるアロマ，かすかにオークの香りが混ざる．

味：酸と糖とタンニンのバランスが整う．まろやかな果実風味があり，飲み口がしっかりしている．品質が良くでき上っており，マルゴーのワインの酒質を完全に備えた古典的なカベルネ．長期貯蔵に耐える．

1928　マルゴー　マグナム

外観：濃くて美しい深みのあるルビー色．熟成してマグナム瓶の底の澱は美しく分離される．

香り：甘美でねばっこく，メルロー種独特の果実を思わせる濃縮された香り．極めて上品．

味：果実風味が際立ち，極めて細かい．メルロー種のやわらかさと，マルゴーの酒質，それにカベルネ種独特の濃密な風味が一体となっている．ただ素晴しさに感心するのみ．

1929　マルゴー ①

外観：深みのある非常に美しくてコクがありそうな色調．縁の方が黄褐色を帯びている．

香り：花の香りを思わせ優雅な香り．複雑で芳しく，ヒマラヤ杉や香辛料の香りを思わせる．

味：コクがあって絹のようになめらかな風味と口当り．円熟した風味が口の中にひろがるが濃厚ではない．見事なバランスと繊細な風味．

1929　マルゴー　マグナム ②

外観：濃厚で落ち着いた赤．茶色がかった極めて深い赤．しかし黒みがかってもいる．暗く澄んだ色も素晴しい．

香り：極めて濃縮された草花の香り．華麗な匂い．菫，バラ，ジャスミン，アイリス等．これ以外に濃厚な果実香．これぞマルゴーと驚いても不思議でない．

味：素晴しく甘美な口当り．円熟した濃厚な花の香気と果実風味．腰は極めて強く，タンニンの渋味はワインの酸と一体に

1929　マルゴー

なってかき消されている．極めて繊細で上品．

備考：グラン・クリュの1級のワインの姿を十分に知らしめたワイン．力強く極めて優雅．このようなワインを平常飲める人が羨しい．

1931　マルゴー ①

1986年にマルゴーでコリンヌ夫人と昼食時に飲む．

外観：濃くて美しい深みのあるルビー色．エッジは黄褐色に色づきかけている．

香り：菫の香り，次にかすかに木をいぶしたような芳香があってクロスグリのような香りも．その後甘美でねばっこく，メルロー種独特の果実を思わせる濃縮された香り．極めて上品．

味：果実風味が際立ち，きめが細かい．メルロー種のやわらかさとマルゴーの酒質，それにカベルネ種独特の濃密な風味が一体となっている．

1931　マルゴー ②

外観：ルビーカラー．

味：全体的に甘くタンニンもほど良し．口中にあまり長く残らない．

備考：1992年，マルゴーの部屋で昼食を一緒にした時にいただいた．同時にこの年のワインが2本出たが，マルゴーの良い点のみ強調されていた．

1933　マルゴー

外観：深みのあるルビー色．1934年物より色は濃いが若々しさに欠ける．

香り：魅力的な香り．やや粗削り．

味：風味とバランスが素晴しい．酸味がある程度きいているが，まだ果実風味の方が支配的．

1934　マルゴー ①

外観：非常に美しくて，コクがありそうな色調．かすかに褐色を帯びている．

香り：花の香りを思わせる優雅な香り．複雑で芳しく，ヒマラヤ杉や香辛料を思わせる香りも．素晴しい．

味：堂々としていてたくましく，風味が素晴しく長持ちし，酒質も優れている．複雑で余韻が長い．

1934　マルゴー ②

外観：深みのある色調．濃いダークルビー．十分に熟成しており，瓶の縁は黄褐色を帯びている．

香り：しっかりとしていて，まだ果実香を感ずる．また，やわらかみがあり，円熟した果実香．

味：コクがあり絹のようになめらかな風味と口当り．マルゴー独特の素晴しい味わい．円熟した味覚は繊細な風味として見事なバランスを示し，特選銘柄の良さを物語っている．

1936　マルゴー

外観：濃くて美しい深みのあるルビー色．縁の方が黄褐色に色づきかけている．

香り：菫の花の香り．この香りにクロスグリの葉をすりつぶした香り．アロマも素晴しい．またロシア革を思わせる芳醇で複雑なブケ．かなり動物的．

味：濃縮され深みのある果実風味が長く尾を引く．バランスは申し分なく，甘美な飲み口．樽の香りも落ち着いている．

1937　マルゴー ①

外観：素晴しい色．深くて豊かな深紅色．かなりコクがありそうに見える．熟成しかけたところ．

香り：菫を始めとして花の香り．後，芳しいクロスグリを思わせるアロマ．かすかにオークの香りが混ざる．

味：純粋で澄んだメドック独特の味わい．果実風味とアルコールとオークの風味の調和が見事．最高級の完璧なワイン．

1937　マルゴー ②

外観：非常に深みのある色調．濃厚なディープロゼ．十分に熟成しており，瓶底が黄褐色．

香り：複雑で芳しく，ヒマラヤ杉や香辛料の香りを思わせる．

味：コクがあって絹のような，なめらかな風味と口当り．優美な味わいがついており完全に熟成している．

1942　マルゴー

外観：戦時のワインで，グリーン瓶詰．深みのある色調．十分に熟成しエッジは黄褐色．ディープロゼ．

香り：しっかりしていてまだ果実香が残っている．花の香りが豊か．なかでもとくに野生の菫の匂いが豊か．

味：良くできていてバランスも良い．魅力的でしなやか．やわらかみのある果実風味．

1943　マルゴー

外観：濃くも淡くもない円熟したルビー色．極めて美しい．

香り：複雑なブケ．チョコレートやヴァニラの香りを思わせ面白い果実香がある．

味：風味にかなりの深みがあり，最高級のカベルネとメルローが混和し，一体となり円熟した果実風味と力強さのバランス

は申し分ない．非常に上品なワイン．

1945　マルゴー

外観：深みがある色調．非常に美しく十分に熟成しておりコクがありそうで，瓶の底がすでに黄褐色を帯びている．

香り：濃厚で円熟した果実香．複雑で芳しくヒマラヤ杉や香辛料の香りを思わせ素晴しい．

味：コクがあり絹のようになめらかな風味と口当り．極めて素晴しい．タンニンの渋味も同化し後味が素晴しい．

1947　マルゴー ①

外観：円熟し，落ち着いた強烈なガーネット色．

香り：強烈な香辛料香．美しい花の香り．すなわちニオイ菫，バラ，ジャスミン．日本のどのようなワインも，このような香りは持ち合わせていない．

味：極めてコクがあり濃密な口当り．果実風味はきめ細かく，メルロー種のやわらかさとマルゴー本来の酒質とカベルネ種独特の濃密な風味が一体となっている．

備考：酸渋，すなわちタンニンと酸のバランスは極めて良好．長く経ってもこのような酒質を保持し続けられるワインの力にただ驚嘆．

1947　マルゴー

1947　マルゴー ②

外観：極めて深みのあるダークルビー．瓶の底部および底の近くは黄褐色．

香り：揮発酸は少なかった．木香はヴァニラの香りと相まって極めて見事．

味：凝縮され濃厚で強烈な果実風味．口に含むとタンニンの渋味を感ずる．かなり深みがあって複雑．飲み口も素晴しい．

1948　マルゴー

外観：濃くも淡くもない円熟したルビー色．シャトー・パルメと同じほどに濃厚．

香り：果実を思わせる上品で湿り気のないブケ．かすかにカンゾウのような香りがあり実に複雑．

味：素晴しくたくましい．やや硬質の印象を与えるが，あらゆる要素がそろっており全体的に成功している．今飲んでも良いが保存にも十分に耐える．ただし揮発酸量がやや多いのが注意．

1949　マルゴー

外観：深みのある色調．十分に熟成しており縁の方が黄褐色を

1945　マルゴー

帯びている．
- **香り**：複雑で芳しく，ヒマラヤ杉や香辛料の香りを思わせる．
- **味**：円熟した風味が口の中にひろがるが，濃厚ではない．見事なバランスと繊細な風味が特選銘柄の血統の良さを物語っている．

1950　マルゴー ①

- **外観**：濃厚にして暖かみのあるルビー色．
- **香り**：優雅な花の香り．菫，バラおよび果実香．クロスグリ，桜桃，無花果（干し無花果）等．
- **味**：甘美にして酸渋のバランス良く，開栓後 5 時間でも美味．酸渋のバランス完璧．
- **備考**：グラン・クリュのうち，最高ではないが，口中に良い味が残り，消えない．

1950　マルゴー ②

- **外観**：非常に美しくてコクのありそうな色調．ディープロゼ．瓶の底と端がすでに黄色に変じている．
- **香り**：複雑で芳しくヒマラヤ杉や香辛料の香りを思わせる．素晴しい．
- **味**：良くできていてバランスも良くとれており，この年のワインは極めて風味が長持ちする．極めて良いワイン．

1952　マルゴー

- **外観**：非常に濃くて鮮やかなディープルビー．非常に見事な色合い．瓶底と端は黄褐色．
- **香り**：甘美でねばっこく，メルロー種独特の果実を思わせる濃縮された香り．極めて上品．
- **味**：コクがあって，風味も豊か．タンニンの渋味があるが，十分まるみがついている．風味は長持ちし個性的．

1963　マルゴー

- **外観**：濃厚でなく外見的にも薄く感ずる．
- **香り**：海藻臭を感ずる．花の香気も感ずるが薄い．
- **味**：旨味はない．酸とタンニンのバランスがまだとれていないし，力なく口中に残らず，ただ薄さを感じる．

Château Mouton Rothschild ［Pauillac］

1858　ムートン

- **外観**：やや濃い目の煉瓦色．縁の方がわずかに淡い．
- **香り**：濃厚で円熟した果実香．かなり深みがあり，プラムを思わせる．また優雅．
- **味**：濃厚で甘美な果実風味．高尚な味わい．

1864　ムートン

- **外観**：煉瓦色．赤色をすでに失っている．熟成を明らかに過ぎている．
- **香り**：香りをすでに失っている．過去の片鱗もうかがえない．
- **味**：味をすでに失い，ムートンと思えない．タンニンも旨味も全くない．
- **備考**：貯蔵方法が悪いのか，完全にいたんでしまった．ワインが可愛そうだ．

1867　ムートン

- **外観**：濃くて深みがあり焦げたマホガニーを思わせる色合い．極めて上品．
- **香り**：芳醇で濃密．良く熟した果実から得られる漿果のような混り気のない果実香．強くて複雑．
- **味**：素晴しく豊かな果実風味．タンニンの渋味が全体を引き締めていて最後に果実風味が残る．

1961　マルゴー

1869　ムートン ①

コルク腐敗，破壊寸前．

外観：褐変．すでに老熟も終りに来ている．

香り：病んで酸臭と黴臭に満ちていた．

味：飲めぬ位にいたんでおり残念の一語に尽きる．飲むに価しない．腐敗酒．たまにはこのような事がある．

備考：買う時に注意すべきである．

1869　ムートン ②

外観：濃厚で深みのあるガーネット．濃くて深みがあり焦げたマホガニーを思わせる色合い．

香り：薬草の香りを思わせ，円熟した果実香．若いクロスグリの葉の香りに似たブケ．

味：純粋で澄んだメドック独特の味わい．果実風味とアルコールとオークの調和が見事．最高級の完璧なワイン．

1869　ムートン　マグナム ③

外観：円熟した色調．非常に美しくてコクのありそうな色調．縁は褐色を帯びていても年代物として難点を認めず．

香り：やわらかみのある果実香．香辛料の香りに変ずる．複雑なヒマラヤ杉や香辛料の香気を思わせ素晴しい．

味：コクがあり，円熟した風味が口中にひろがる．タンニンは十分にワインに溶け込み渾然一体となり，ワインの熟成の素晴しさを表す．

備考：努力家のワイン．極めて素晴しいワイン．

1870　ムートン ①

外観：非常に深い色調．暗くて強烈．かなり濃い．

香り：芳しくて強く濃縮されたような香りでひろがりもある．

味：素晴しく甘美な口当り．豊富なエキスに支えられた濃密な果実風味．腰が強いが，タンニンの渋味はかき消されている．極めて上品である．

1870　ムートン ②

外観：非常に深みのある濃厚な赤．ディープルビーの色はむらがなく濃厚そうに見える．縁の褐変は難点にならない．

香り：湿った木の枝やヒマラヤ杉，いぶした木材，それにヴァニラ香が混ざる．極めて芳醇な果実香を宿す．

味：濃密で焼け焦げたような風味．ムートンのムートンたる所以．口に含んでいる時の木香やヒマラヤ杉の香りは果実風味と共に素晴しい．口に含みこれらを飲むと酸渋はワインにすべて溶け合い，口中に長く長く残りワインの力強さと良さを出す．

備考：古典的なポーヤック．古風と言っても良い酒質．カベルネの力強さが全部出ている．

1874　ムートン

外観：深くて濃い深紅色．深みがあり，マホガニーを思わせる色合いも．極めて上品．

香り：最初果実香が長く続く．それから濃厚なヒマラヤ杉の香気．しっかりとした香辛料の香りが誘発される．カベルネ・ソーヴィニョンの力強さを再認識．

味：素晴しく豊醇な果実風味．タンニンの渋味が全体を引き締めていて，最後に果実風味が残る．後味は最後まで長く長く留る．

備考：これぞポーヤックの口中に留る力強さと認識．

1875　ムートン ①

外観：非常に深い色調．暗くて強烈．濃厚なガーネット．

香り：芳しくて強く濃縮されたような香りがひろがる．

味：素晴しいワイン．むらがなくて濃厚で，生き生きとしていて複雑な円熟した果実風味がある．なめらかで飲むとまだタンニンの渋味を感ずる．あたかもビロードの手袋をはめた鉄の手を思い起すようだ．

1875　ムートン ②

外観：円熟した色調．ディープルビーカラー．エッジはやわらかみのある煉瓦色で，縁の方は黄褐色を帯びる．

香り：最初花の香りを思わせる優雅な香り．極めて円熟している．

味：最初は甘美で極めて調和がとれていたように思えたが，案外早く風味が消え去った．同じポーヤックでも，ラトゥールとは酒質が異なる．口中に長く残るのは，ムートン．

備考：開栓後，かなり味覚が変わるのはどうした事か．後味に酪酸臭と獣臭も出た．これもムートンか．ただし難点にはならず．

1875　ムートン ③

外観：極めてコクがありそうに見える．濃厚なルビーカラー．エッジは黄褐色．

香り：この年のラフィットと間違いそうな風味．果実風味と香辛料の強烈な香りとヒマラヤ杉の香気．一般に酸（揮発酸）を心配するが，全く感じない．

味：良くできていて，バランスが極めて良い．魅力的でしなやか．やわらかみのある果実風味．コクがあり，非常に素晴し

い．口中に長く残る．

1878　ムートン

外観：澱多し．焼けた煉瓦色．コクがあり熟成している感じ．エッジが黄褐色．

香り：しっかりして，最初はかすかに野草の葉のような香りが混ざる．花の香りが閉じ込められている．

味：香りの強い果実と木の風味がある．少し疲れている．早く飲むべきかも．

1880　ムートン

外観：淡い色合いのあるディープロゼ．焼けた煉瓦のような色でコクがあって熟成していそう．縁は全く黄褐色．澱が多い．

香り：果実の香りを思わせる控え目な香りの後に多くの香り．動物，麝香，スモーク，その他の香り．酢酸の香りも最後に出る．

味：味は極めて軽い．思ったほど良くない．

1881　ムートン

外観：深みのある極めて堂々とした色調．ディープルビーカラー．強烈で濃厚な色調はワインの良さを表す．瓶の底は熟成し褐変．

香り：果実を思わせる素晴しく豊かなブケに香辛料やユーカリのような香りが混ざって極めて刺激的．香気は素晴しい．

1899　ムートン

外観：非常に深みのある濃厚なガーネットカラー．瓶の底が褐色を帯びている．

香り：湿った木の枝や，ヒマラヤ杉，いぶした木材，それにヴァニラのような香りがかすかに混ざり芳醇．

味：爽やかな，かなり辛口の風味．最初は控え目だが，やがて素晴しく優雅な味わいが出てきて余韻は長く続く．

1900　ムートン ①

日本のワイン業者より購入．

外観：コルクの関係で少し減量していた．ワインはすでに濁っていた．

香り：酢酸臭がすべて．

味：完全に腐敗．論評するに足らず．

備考：日本の業者から買うと失敗が多い．

1900　ムートン ②

コーニー・アンド・バロウより購入．

外観：濃く深みのある美しいルビー色．円熟した色合い．

香り：香辛料やクロスグリ，ヴァニラやシナモンの香りを思わせるアロマ．

味：濃縮され，深みのある果実風味は長く尾を引く．バランスは申し分なく甘美な飲み口．果実やヒマラヤ杉を思わせ芳しい．酸にタンニンが十分に溶け込んで素晴しい円熟したワインを形作っている．理想の形である．

備考：1900年はメドック地方のワインにとって大変に良い年だった．良くできたものは大切に長く囲いたい．

1900　ムートン ③

外観：非常に深い色調．深くてむらのない赤．濃厚なルビーカラー．

香り：芳しくて強く濃縮されたような香りでひろがりもある．甘美で円熟し，また腰が強くタンニンが渋味を消して味が美しい．

味：豊かで甘く濃密な果実風味．円熟した味わいがあるが生き生きとした躍動感も．繊細な風味に優れたたくましいワイン．ポーヤックのワインとして素晴しい本当のスタイル．

1901　ムートン ①

この年のワインは大阪の輸入問屋を通して購入した．

外観：ワインがショルダーの下までの自然欠であった．赤色を失い，すべて褐色に変化．残念であるが論外．

香り：すでに老熟を越え，酢酸臭が鼻をついた．

味：酢酸敗が進み，ワインの味を失っていた．良いワインでもこのような事もある．

1901　ムートン ②

外観：瓶，1/5が空．色調は黄褐色．明らかに酸敗している．

香り：残念だが参っている．

味：このようなワインを見て感ずる事は，悲惨の極み．

1905　ムートン

外観：深みのある強烈な赤．エッジは黄褐色．年を経たワインと分る．

香り：植物を思わせるような香り．湿った下草のような，人によっては，雨に打たれた犬のような香りと言う者もいるだろう．この後麝香の香りを知る．動物臭が最初から強かったので果実香が出るのに時間がかかるのが分った．

味：良い悪いは別にして，これも特徴あるワイン．口中に長く留る．

1906　ムートン

外観：深みのある強烈なディープローズ．褐色の堂々とした色合は極めて上品なマホガニー色．非常に印象的．

香り：熟した果実を思わせるはっきりとしたブケにヒマラヤ杉のような香りが混ざる．後になり，やや甘美な香りが欠ける．

味：凝縮された強烈な果実風味．非常にうまく溶け込んでいる．かすかに薬草のような風味があって，口に含んでいる間は，生き生きとした素晴しい味わい．

備考：極めて印象的なワイン．昔ながらの大変良い品質．メルロー独特のやわらかみのある果実風味が，カベルネから抽出されたタンニンや醸造法の影響で，目立たなくなっている．口中に残る味も素晴しい．

1907　ムートン

外観：極めて濃く深みのある暗赤色．不透明に近い．

香り：しっかりしている．かすかに野生の菫のような香りが混ざる．

味：開栓後，しばらく経つと飲みやすくなる．生産地も良く分り，香りも良く分る．ワインの酒質は平年作でやや薄く一寸力がなく感じられる．

備考：華のあるワインで，色は濃く飲みやすい．

1908　ムートン ①

外観：濃赤色．ディープルビー．

香り：麝香のような，ヴァニラの香気あり．この香気の後にチーズの香りあり．落ち着いた香り．草いきれ，麝香の香りも．

1908　ムートン ②

外観：同じポーヤック同士では，ムートンが一番良い質であったようだ．濃縮された赤．

香り：濃縮された果物香．この香りが立つと濃縮されたチーズの香り．香りは残っている．

1908　ムートン ③

外観：円熟した色調．やわらかみのある煉瓦色．縁の方は褐色の煉瓦色．澱多し．

香り：やわらかみがあり円熟した果実香．

味：良くできていてバランスもとれており，この年のものにしては風味が長持ちする．飲むとかすかに渋味．

1910　ムートン ①

外観：ショルダー減量．色調，色落ち煉瓦色．残念．

香り：酢酸臭，極めて顕著．

味：酢酸臭強く飲用にならず．

1910　ムートン ②

外観：極めて濃く深みのある暗赤色．不透明に近く若々しくて熟成が少しも進んでいないように見える．

香り：果実を思わせる素晴しく豊かなブケに香辛料やユーカリのような香りが混ざる．極めて刺激的．

味：濃厚で甘美な果実風味．高尚な味わい．ロシア革や菫の香りを思わせる．まだかなり若く非常に堂々としたワイン．やわらかみがつきかけていた．

1911　ムートン

外観：色調，淡い．エッジは完全に黄緑色．すでに酢酸臭強し．

香り：酢酸臭強く飲むに耐えず．

味：オキシダイズド．飲用不可．

1912　ムートン

外観：濁り，コルクの栓不完全．

香り：酢酸臭強し．

味：酸敗し，腐っていた．残念．

1914　ムートン

外観：煉瓦色を思わせる濃くて豊かな色合い．やわらかみがあって深いルビー色．

香り：香辛料を思わせる濃密な果実香．

味：香辛料を思わせる素晴しい果実風味．絹のような心地良い喉ごし．ヴァニラのような風味もある．

1918　ムートン ①

外観：濃厚で美しい深みのあるルビー色．ディープダークルビー．熟成して澱多し．縁は緑色．

香り：かすかに木をいぶしたような芳香あり．同時にクロスグリのような香りも．

味：果実風味が極立ち，きめが細かい．カベルネ・ソーヴィニョンの強さと，メルロー種のやわらかさと，ポーヤックの質の良さが一体となっている．

1918　ムートン ②

外観：濃厚で深みのあるルビー色．熟成している．

香り：芳醇で濃密．良く熟した果実から得られる漿果のような混り気のない果実香．強くて複雑．

味：素晴しく豊かな果実風味．タンニンの渋味が全体を引き締

1918 ムートン

めていて，最後に果実風味が残る．見事な深み．

1920　ムートン

外観：煉瓦を思わせる深紅色（ルビー色）．十分に熟成している．

香り：純然たるカベルネ・ソーヴィニョンのブケ．果実の葉やイバラの香りを思わせ，オークの香りもはっきり感じとれる．

味：豊かで濃厚．クロスグリや香辛料を思わせる素晴しく甘美な果実風味と酒糖とオークの風味の調和が見事．最高級の完璧なワイン．

1921　ムートン ①

外観：濃厚で素晴しい色合い．暗くて強烈な赤，燃えるような赤．ディープレッド．瓶の底が黄褐色．澱多し．

香り：香りは極めてラトゥール的．香辛料，芳醇で気品がありとろけそうなアロマに木の香りがたっぷり溶け込んでいる．

味：豊かで甘く濃密な果実風味．円熟した味わいがあるが，生き生きとした躍動感も．繊細な風味に優れた，たくましいワイン．

1921　ムートン ②

外観：濃厚で深みのある，力強いルビー色．

香り：純然たるカベルネ・ソーヴィニョン種のブケ．芳しく豊熟で濃密な果実から得られる混り気のない果実香．強くて複雑．

味：素晴しく豊かな果実風味．タンニンの渋味が全体を引き締めていて，最後に果実風味が残る．タンニンの渋味もかすかに残り美しい．

1923　ムートン　マグナム

外観：深くて強烈なルビー色（ダークルビー）．澱多し．

香り：甘美で円熟し，ヒマラヤ杉や熟した漿果の香りを思わせる濃縮されたアロマ．豊熟で気品があり，とろけそうなアロマに木の香りがたっぷり溶け込んでいる．

味：堂々とした造りと酒質．自己主張が強く様々な要素が完全に調和しているので重さは感じない．タンニンの渋味はまだ残っている．粗さがない．果実風味は素晴しい．風味が繊細で，たくましいワイン．口中に残る素晴しさ．余韻長し．

1923　ムートン

1924　ムートン ①

外観：プラムの色を思わせる深くて濃い深紅色．ディープガーネット．

香り：プラムやイバラの香りを思わせるまろやかで濃厚な香り．引き締まっている．芳醇で濃密．良く熟した漿果のような混り気のない果実香．強くて複雑．

味：甘美な余韻．まろやかでやわらかい果実風味があって，優雅な味わい．極めて魅力的で洗練されている．甘美な果実風味．タンニンの渋味がきいているが，きついと言うほどではない．非常に良くできている．果実風味とアルコールとオークの風味の調和が見事．

1924　ムートン ②

外観：濃くて深みのある美しいルビー色．ワインは完全に熟成して瓶底は黄褐色．

香り：しっかりとしていて複雑で芳しくヒマラヤ杉や香辛料の香りを思わせる．

味：円熟した風味が口の中にひろがるが，濃厚でかつ見事なバランス．優雅な味わいは，このワインの本質からくる素晴しさをいつでも実感させてくれる．

1925　ムートン

外観：色やや薄い．ディープレッド．濃い深紅色．焦げたマホガニーを思わせる色合い．極めて上品．

香り：純然たるカベルネ種のブケ．メルローのやわらかみもはっきり．果実の葉やイバラの香りを思わせ，オークの香りもはっきりと感じとれる．瓶底に澱も．やや軽めの品質のワイン．

1926　ムートン ①

外観：極めて深みのある色調．濃くて深くて暖かみのある赤．腰が強くて濃厚そうに見える．

香り：果実を思わせる素晴しく豊かなブケ．香辛料やユーカリのような香りも混ざる．

味：濃厚で甘美な果実風味．高尚な味わい．ロシア革や菫の香りを思わせる．まだかなり若く，非常に堂々としたワイン．やわらかみがつきかけたところ．

1926　ムートン ②

外観：濃厚で深みのあるガーネットカラー．

香り：薬草の香りを思わせ，円熟した果実香．若いクロスグリの葉の香りに似たブケ．

1928　ムートン

1928　ムートン

味：素晴しく豊かな果実風味．タンニンの渋味がかすかに残りワイン全体を引き締めている．甘味は深く力強く充実している．最後に果実風味が残る．

1928　ムートン ①

外観：深くて豊かな深紅色．かなりコクがありそうに見える．濃くて深みがあり焦げたマホガニーを思わせる色合い．極めて上品．

香り：芳醇で濃密．円熟した果実香．甘美なブケ．クロスグリや薬草をいぶした時の香りを思わせる．

味：純粋で澄んだメドック（ポーヤック）独特の味わい．果実風味とアルコールとオークの風味の調和が見事．

1928　ムートン ②

外観：濃くて美しい深みのある豊かな色調．瓶底の方は黄褐色に色づいている．

香り：強くて申し分のないポーヤック独特の芳香．果実を押しつぶしたような香り．

味：果実やヒマラヤ杉を思わせ芳しい．コクがあり風味も豊か．タンニンは完全にワインに溶け込んでいる．ワインは完全に熟成している．

1929　ムートン　マグナム

外観：コクがありそうな姿で円熟した色調．十分に熟成した赤褐色．

香り：濃厚で円熟した果実香．かなり深みがあってプラムを思わせ，優雅．

味：極めてコクがあり，ビロードのようになめらかで，舌ざわりが素晴しい．一貫して強烈な風味が感じられる．

1933　ムートン

外観：煉瓦を思わせる深紅色．コクがありそうな色調．

香り：香辛料やハッカの香りを思わせるような豊かなブケ．果実のような香りもかなり豊か．また薬草の香りを思わせ円熟した果実香．若いクロスグリの葉の香りに似たブケはイバラの香りを思わせる．

味：素晴しく豊かな果実風味．タンニンの渋味が全体を引き締めていて，果実風味が残る．

1934　ムートン ①

外観：非常に深い色調．暗くて強烈．かなり濃い．濃厚なガーネットの色はおもしろいほど強烈．

香り：ヒマラヤ杉や熟した漿果の香りを思わせる．濃縮された，芳醇でとろけそうなアロマに木の香りがたっぷり溶け込んでいる．

味：堂々とした造りと酒質．様々な要素が完全に調和している．タンニンの渋味は残っているが粗さはない．果実風味は素晴しい．

1934　ムートン　マグナム ②

外観：非常に深みのあるダークガーネット．マグナムの瓶の底が黄褐色．

香り：素晴しく芳しいブケ．果実やバラを思わせるやわらかみのある香り．極めて印象的．

味：濃厚でプラムや香辛料やクロスグリを思わさる果実風味．爽やかでかなり辛口の風味．開栓直後は控え目だがやがて素晴しい優雅な力強い味わいが出てくる．

1936　ムートン

外観：強烈で生き生きとした色合い．グラスを傾けてからまた起こすとグリセリンがグラスの側面に残る．ワインの内容が非常に濃いことが分る．

香り：野生の菫やヒマラヤ杉を思わせるアロマ．混り気がなくて古典的なムートン．

味：口当りが素晴しくほのかな甘味と，やや硬さは残るが爽かな舌ざわりとのバランスが良い．深みのある果実風味も素晴しい．

1937　ムートン ①

外観：濃厚で深みのあるルビー．かなり完成した色合い．

香り：純然たるカベルネ種のブケ．果樹の葉やイバラの香りを思わせ，オークの香りもはっきり感じとれる．

味：甘美な余韻．まろやかで，やわらかい果実風味があって優雅な味わい．極めて魅力的で洗練されている．酒質は明らかにポーヤック．

1937　ムートン ②

外観：極めて深みのある濃厚な色調．ディープガーネット．カベルネとメルローの風味が完全にタンニンに融和している．瓶底は黄褐色．

香り：熟した果実を思わせはっきりとしたブケにヒマラヤ杉のような香りが混ざる．

味：凝縮され濃厚で強烈な果実風味．口に含むとタンニンの渋味が感じとれる．かなり深みがあって複雑，堂々としている．

1938　ムートン ①

外観：濃くて深みがあり焦げたマホガニーを思わせる色合い．極めて上品．

香り：芳醇で濃密．漿果のような混り気のない果実香．強くて複雑．

味：素晴しく深みのある果実風味．タンニンの渋味が全体を引き締めていて，最後に果実風味が残る．

1938　ムートン ②

外観：濃くて鮮やかなルビー色．非常に見事な色合い．

香り：苺の香りを思わせる甘美でとろけそうなブケ．菫にも似て調和がとれている．また，かすかに動物的な匂いも（ダイアセチル臭）．

味：複雑でクロスグリに似た風味があり飲むとタンニンの渋味を感ずるが，果実風味はまずまず．若いワイン特有の口に含んだ時にサッとひろがる果実風味はないが，もっと奥が深い．

1938　ムートン ③

外観：色調一見濃厚．仕込みが 9 月 28 日．味は薄い．「細く長く」の見本．日本人好みの赤．

香り：複雑で野生的な果実香．濃密だが重みはない．

味：純粋で澄んだメドック独特の味わい．ただし味は薄い．全般的に力は劣る．

1940　ムートン

外観：色調濃く瓶の底の端は黄褐色．ディープレッド．

香り：濃密なブケ．果実の香りを思わせる．また甘美でやわらかい香りが長く持続する．

味：風味にかなりの深みがあり，カベルネとメルローが美しく溶和．極めて美しくバランスが素晴しい．タンニンと酸の溶和のバランスも素晴しく堂々としたワイン．

1942　ムートン

外観：非常に濃厚で深みのあるディープガーネット．

香り：凝縮された上品で典雅なブケ．かなり深みがあってプラムを思わせ優雅．

味：極めてコクがありビロードのようになめらかで舌ざわりが素晴しい．一貫して強烈な風味が感じられる．かなり深みがあって複雑．

1943　ムートン

外観：非常に美しくコクのありそうな色調．ディープガーネトカラー．瓶の底は黄褐色．

香り：果実を思わせる素晴しく豊かなブケに，香辛料やユーカリのような香りが混ざる．極めて刺激的．

味：濃厚で甘美な果実風味．高尚な味わい．ロシア革や菫の香りを思わせる．非常に堂々としたワイン．

1944　ムートン

外観：濃くて円熟したディープガーネット．

香り：濃い香辛料の香味．また甘味が強く余韻を残すブケ．まだかすかにクロスグリのような香りがあり，実に複雑．

味：バランスが見事．ポーヤックはサンジュリアンより果実風味が豊かだが，風味の持続時間がやや短い．

1945　ムートン

外観：極めて濃厚で堂々とした深みのある色調．ディープガーネット．

香り：極めて豊熟．果実の香り，および花の香りが混ざり，これらの豊かなブケに香辛料やユーカリのような香りが混ざる．極めて刺激的．

味：濃厚で甘美な果実風味．高尚な味わい．ロシア革や菫の香りを思わせる．タンニンが完全に溶け合い，酸も素晴しい．

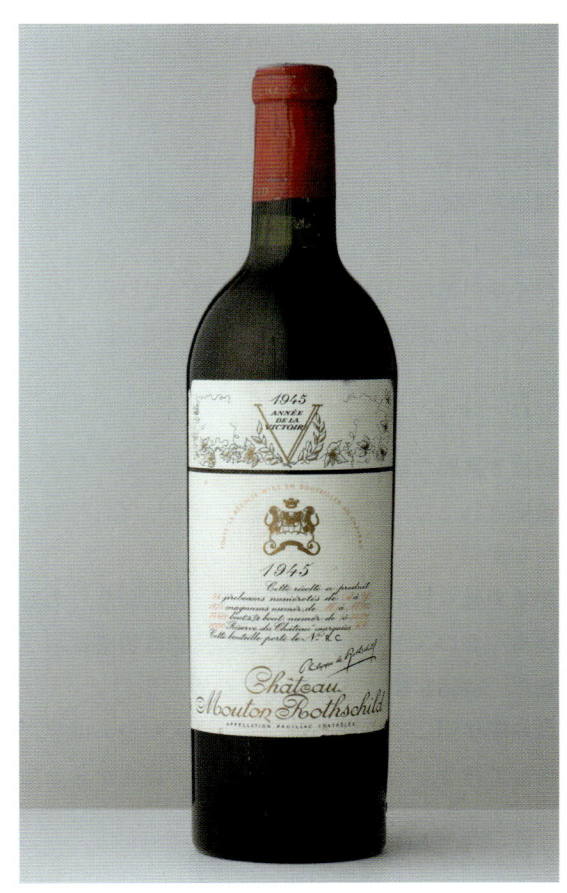

1945　ムートン

1946　ムートン

揮発酸も少なかった．

1946　ムートン ①

外観：極めて濃厚．ディープガーネット．

香り：濃厚で円熟した果実香．かなり深みがあってプラムを思わせ優雅．

味：カベルネの風味が強く，腰が落ち着いている．タンニンの風味がワインに溶けバランスも良い．実に良いワイン．

1946　ムートン ②

外観：極めて濃厚な暗赤紫色．

香り：濃縮された甘い果実香．それにも増しておだやかでスパイシーな香気．

味：豊かで力強く甘い濃密な果実風味．まだかなりの若さが残っている．クロスグリのような果実風味は豊富に眠っている気配濃厚．複雑な風味は長持ちするだろう．

備考：良い収穫期に恵まれたワインは酒質が良いはずだ．30年以上経ってバランスがとれてきたらその良さが分るだろう．

1947　ムートン ①

外観：濃密で深みのある濃暗紅色．ほとんど光を通そうとしない．

香り：香辛料の香りがすこぶる強烈．ラトゥールのような香気は良い香りかどうか．その香気と濃縮された臭汁の香りと，花の香気以外に動物的な香り．アカシア，ジャスミン，ライムの香り．

味：濃縮された果実風味，クロスグリ，木苺，プラム．渋味は酸に非常に良く溶け込み，甘くおだやか．樽の香りもすべて美しく，ワインに溶け込み，うっとりとするワインの味に変化している．

1947　ムートン ②

外観：極めて濃厚な暗赤紫色．

香り：濃縮された甘美な果実香．それにも増して華やかな香辛料の香気．

味：豊かで力強く，甘美で濃厚な果実風味．まだ力ない硬さが残っている．クロスグリのような果実風味は豊富で，かつまだまだ眠っている気配も濃厚で，複雑な風味はきっと長持ちするだろう．

備考：良い収穫期に恵まれたぶどうより造られたワインの酒質は必ず良いはずだ．良い酸と渋のバランスがとれるまでには30年以上を待たねばならないだろう．

1947　ムートン ③

外観：極めて濃厚なディープガーネット．濃厚で深みのある色は極めて素晴しい．

香り：凝縮された強烈な果実香が非常にうまく溶け込んでいる．かすかに薬草のような香りがあって口に含んでいる間は素晴しい．

味：かすかに甘味を感じ，木香があり，またヴァニラと果実の風味が強い．後味は長く美しい．

1948　ムートン

外観：非常に堂々とした色調．濃厚でコクがありそうに見える．ディープガーネット．

香り：素晴しいブケ．果実や野生の花の香りを思わせる．かなり深みがある．

味：血統が良く，やや軽めでバランスも良い．全体的に硬質の味わいに乏しい．今飲んでも良い．タンニンと酸の融和も良い．バランスが良好．

1949　ムートン

外観：非常に深くてコクがありそうで強烈な赤．むしろ濃紺に近い．瓶底は黄褐色．

1950　ムートン

香り：濃厚で円熟した果実香．かなり深みがあってプラムを思わせ優雅．
味：凝縮され濃厚で強烈な果実風味．口に含むとタンニンの渋味が感じられる．かなり深みがあって複雑．風味が引き出されている．非常に上品．

1950　ムートン ①

外観：極めて濃厚．深みのあるガーネット．
香り：香辛料の香気を強く感じる．動物的なやわらかみのあるブケ．ムートン独特のカベルネの香りが秀逸．
味：濃縮された香辛料を含むカベルネの風味．タンニンはやや強く酒も落ち着いている．まろやかで旨味は口中に残る．
備考：落ち着いた品質の良さを感じる．

1950　ムートン ②

外観：非常に濃厚で深みのあるクロスグリのような色調．ディープガーネット．瓶の底とその周辺はすでに黄褐色に変色．
香り：凝縮された上品で典雅なブケ．木香が漂い素晴しい熟成が続いている．
味：極めてコクがあり，ビロードのようになめらかで舌ざわりが素晴しい．一貫して強烈な風味が感じられる．良い酒質の

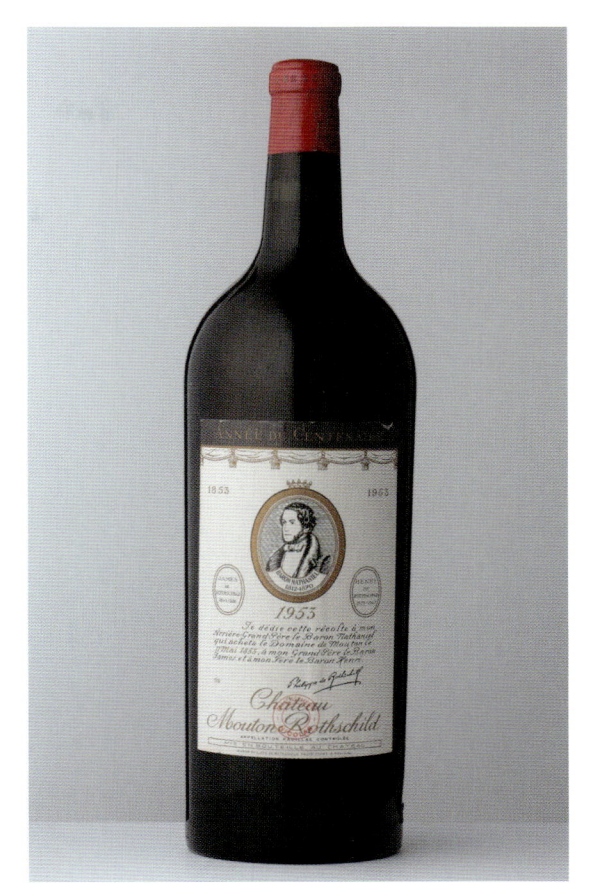

1953　ムートン

1958　ムートン

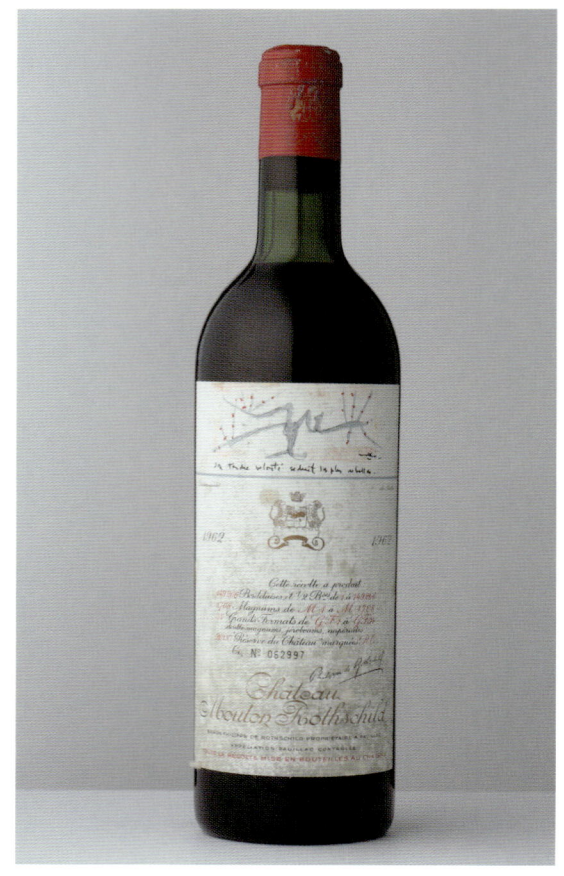

1962 ムートン

ワイン．

1952　ムートン

外観：深くむらのない濃紺．すなわちデープガーネット．力強い．瓶底とエッジはすでに黄褐色に変じている．

香り：苺を思わせるブケ．また菫にも似て調和もとれている．

味：やさしく円熟した風味があり引き締まっていて，女性的なムートン．味のひろがりは長い．

1963　ムートン

帝国ホテルで試飲．

外観：濃厚さをあまり感じさせない．良い年のワインに比して薄く感じさせる．

香り：温和にして香気は全く薄い．

味：極めて薄く酸渋の力なし．旨味を感じず，タンニンと酸のバランス悪し．口中に残らず．

備考：ワインに力量を感じない．旨味はなく口中に残らず，香味は簡単に口中に消えてしまう．

1964　ムートン ①

このワインは新宿の伊勢丹と三越で購入した．すこぶる良い収穫年と言われていた．オーブリオンなどでは最高年にランクされている．原料の良いものを集めようと，遅い熟期で10月の1日から同月の16日に収穫されている．真に残念な事に降雨に会い，結果は良くなくなってしまったようであった．

外観：色が全体に落ちかかっているのに驚く．かつてのムートンの色調なし．緋色になりかかっていた．

香り：不思議な事に良いブケを感じず酸化臭を感じ，香気がバランス悪し．

味：タンニンが強くカベルネとメルローの良い香りが感じられない．残念の一語．酸，渋のバランスが悪い．

備考：日本輸入の品物は冷蔵で輸入していなかったので熱にやられ，酸化が進み，品質が劣化してしまった．

1964　ムートン ②

パリで購入し良く保管をしていたと思うもの．

外観：ムートンの持っていたと思われる濃厚な色（紫黒色）が完全に落ち，緋色に変色．デパートでの購入時は完全に緋色が薄く退色．

香り：酸化臭．一般に良いワインにある香気が感じられない．またダイアセチル的な香りも出始めている．

味：完全に良くない．酸化し，風味は良くない種類のワインのようになってしまっていた．日本に輸入されたものも，フランスより自分で持ち帰ったものも大同小異．タンニンと酸のバランスが悪い．味は薄く口中に良いワインの味を感じず，残らない．

備考：降雨による品質劣化で，すべてに大きな影響を蒙ったようだ．

1964　ムートン　マグナム ③

コーニー・アンド・バロウより購入．

外観：極めて濃厚な豊熟の色を感じさせるルビー色．グラスの端は黄褐色を呈し古酒であることが明白．

香り：不思議な香気．すなわち有機物を燃やしたような，木のような，コーヒーのような，またタールのような香りを発していた．甘美な香りは閉じ込められている果実のような香りを動物的な香りにもして引き出す．このあと香辛料の香気に変る．

備考：前二者と全く酒質が異なるのはなぜか．ムートンは本当に不思議な酒だ．

1977　ムートン

外観：素晴しく美しい色合いに変化．暗くて強烈な深紅色（濃

厚なガーネットカラー）．良く見れば，青味も帯びているように見える．極めて出色のワイン．
- **香り**：極めて豊醇なワイン．とろけるようなアロマはクロスグリと香辛料を含んだ素晴しい香気を保つ．落ち着いた甘さを感ずる．タンニンと酸が一体に溶け合い素晴しいバランスを整えている．樽の木の香りも美しくワインに溶け込んでいる．
- **味**：極めて上品な味は，これがムートンと驚かされる．口に長く残る味は良いワインの姿を長く留めてくれる．
- **備考**：30年貯蔵されたムートン．忘れる事のできない酒質のワインに変化した．風味の素晴しさに驚く．

Château Latour ［Pauillac］

1863　ラトゥール

- **外観**：濃くて深みがあり，豊かな色調．すなわちディープガーネット．縁の方が黄褐色に色づいている．
- **香り**：野生の菫やヒマラヤ杉を思わせるアロマ．混り気がなくて古典的．極めて洗練されている．
- **味**：果実やヒマラヤ杉を思わせ芳しい．タンニンが十分に溶け込んで完全に熟成．また極めてバランスが素晴しい．

1865　ラトゥール ①

豊作で成功した素晴しい年と記録されている（ニコラで購入）．
- **外観**：極めて濃厚で深みのあるダークガーネット．また焦げたマホガニーを思わせる極めて上品な色合い．エッジは褐色．
- **香り**：複雑で芳しく，ヒマラヤ杉や香辛料を思わせる素晴しい香り．
- **味**：円熟した風味が口の中にひろがる．濃厚な口当りと見事なバランスと繊細な風味に驚く．ポーヤックのボディからくる力強さを初めて知った．
- **備考**：原料が豊富にとれ非常に良くできたヴィンテージになった．酒質も素晴しかった．濃厚で風味絶佳の意味が分る．

1865　ラトゥール　マグナム ②

- **外観**：コルク完全．素晴しく濃厚なダークルビー．円熟した色調．グラスの外側は褐色を呈するも，まだ若さを十二分に残す．見ただけで素晴しさを感ずる．
- **香り**：複雑で香しく，果実香を通り越してからヒマラヤ杉や香辛料を思わせる香気．平年作と異なる感じ．
- **味**：コクがあり濃厚で見事なバランス．血統の良さは十分．素晴しい年にできた素晴しいワイン．1865年物のポーヤックはどれも素晴しかった．

1868　ラトゥール ①

- **外観**：極めて濃厚で強烈な色調．濃いガーネット．
- **香り**：ヒマラヤ杉や熟した漿果の香りを思わせる濃縮されたアロマ．芳醇で樽の香りがたっぷりと溶け込んでいる．
- **味**：極めて優雅で特別な味わい．優雅で力強く極めて頑健な体質．本当に良い年のラトゥール．

1868　ラトゥール ②

- **外観**：円熟した極めて濃厚なガーネットカラー．エッジが黄褐色を帯びている．
- **香り**：複雑で極めて強烈な香気．花，果実の香りより先に強烈なヒマラヤ杉の香りに驚く．その後マスタードや香辛料香を感ず．
- **味**：円熟した風味．辛酸甘苦渋すべてが円熟し，旨味は口中にひろがり長く続く．これを知るのは幸福のいたり．
- **備考**：マイケル・ブロードベントはこのワインに，ニスと堆肥の香気があったと記述しているが，私はそれと異なるトリュフの香りを感じた．

1868　ラトゥール　マグナム ③

ニコラで購入．
- **外観**：この年は9月10日に仕込んだ．濃厚な青みがかったダークガーネット．瓶底の澱は多め．デカンターにとる．
- **香り**：香辛料の香気強くポーヤック独特の香気．野生の菫やヒマラヤ杉の香気は，極めてエレガントで古典的．洗練されている．
- **味**：果実やヒマラヤ杉を思わせ芳しい．タンニンは十分に溶け込んで円満．

1869　ラトゥール　マグナム

この年のワインは素晴しいの一語に尽きた．
- **外観**：非常に美しく，ダークルビーで十分にコクのありそうな色調．エッジは褐色．ティアーはすこぶる強烈．
- **香り**：複雑ですこぶる芳しい．ポーヤックのサンジュリアン寄りのテロワールに特有のヒマラヤ杉や香辛料の香り．
- **味**：コクがあり絹のようになめらかな風味と口当り．口中に入ると，力強くも温和．これがラトゥール本来の姿．風味は非常に長く口中に残る．100年以上経ったワインとは思えない．
- **備考**：一部，フィロキセラの被害があり，この年を最後に，小

休止してぶどうの植え替えを始めたシャトーも多かったようだ．この年のラトゥールのマグナムの酒質がこのように素晴しいのは驚嘆．テロワールの素晴しさを表す．

1870　ラトゥール ①

外観：濃厚で極めて堂々とした深みのある色調．瓶底にある褐色の澱は苦にならない．

香り：野生の菫やヒマラヤ杉を思わせる．混り気がなくて古典的．極めて洗練されている．

味：コクがあって濃厚な口当り．タンニンが十分に溶け込んでおり繊細．味は極めて複雑．

1870　ラトゥール　マグナム ②

外観：深くあくまでも強いガーネット色．100年以上経った酒とは思われず，円熟していた．エッジはすでに黄褐色を呈していた．

香り：極めて豊醇で熟した漿果の香りを思わせる．濃縮されたようなアロマ．これはもちろんヒマラヤ杉をも彷彿させる．この力強さは永遠か．

味：堂々とした造りと酒質．様々な要素が完全に調和している．飲む時に重さは全く感じない．タンニンの渋味はすでに消え粗さを感じない．これらは酸に溶け込み一体となり，いつの間にか樽の木の香りとも完全に溶け合い果実風味を誘い出し，これがまた素晴しい．

備考：このワインはパリのニコラで購入したが，このように素晴しいと思わなかった．澱が瓶底に沈澱し，清澄部分を飲んだ時に，本当に良いワインの本質を知ったが，本場のワインはこのように立派の一語に尽きる．

1870　ラトゥール ③

外観：円熟し極めて濃厚．ディープガーネットカラー．外観だけでも濃厚で力強い品質を知らしめる．エッジの褐色は極端な難点にならず，強烈なティアーはワインの力強さを表す．

香り：強烈な香辛料の香りが素晴しい．強烈なヒマラヤ杉の香気．本当に良く素晴しく造られたこのワインの典型を表す．

味：凝縮され極めて濃厚な果実風味．転じて香辛料香，酸渋はこの中に完全に融合．また，これらは樽香に十二分に融合．これらはポーヤックの良さを表す典型的ワイン．

備考：同じポーヤックの産でもラフィットと全く異なる型を示す．むしろサンジュリアン産のワイン的．

1871　ラトゥール

外観：円熟した深い赤．ディープルビーカラー．縁の色は褐色に変化．ポーヤックの持つワインとしてエッジの力強さを感じさせる．

香り：最初に果実香があり，後にヒマラヤ杉の香気が立つ．しかしこの香りが割合早くなくなるのは寂しい．ラトゥールとしては酸が強く，少しアンバランス．

味：一見堂々としてはいるが，素晴しく良くできた年ほどの力がない．重さを感じない．酸は軽くタンニンとの調和がまだ足らず，ラトゥール独特の力強さを感じない．同じ1級のラフィットと比較すべき．

備考：色調，酸，渋の関係を見た時，酸が浮いて口中に旨味が長く残らない．残念．

1873　ラトゥール

外観：色調薄く力のなさを感ずる．エッジは完全に褐変．

香り：色調極めて薄く，ただ酢酸臭が強い．

味：味も悪く酢酸の香気が強く残り，この味がワイン全体の味を形作っており，誠に残念．

備考：良くない年のワインが残っていても，それらに魅力を感じない．ただ残念．

1874　ラトゥール ①

外観：色極めて薄し．脱色されすでに褐変．

香り：古酒香で良くない．酸化臭強し．

味：旨味を全く感じない．酸と渋味が嫌味でワインに残る．酸とタンニンがバラバラ．

備考：良くない酒を見るのは寂しい．

1874　ラトゥール ②

外観：濃厚で燃えるような赤．縁はすでに褐色を帯びている．しかし難点にはならない．十分に年数を経ている証拠だ．しいて言えば濃くて深みがあり，マホガニーを思わせる色合い．極めて上品．

香り：薬草香があり，芳醇で濃密．良く熟した漿果のような混り気のない果実香．強烈で複雑．

味：純粋で澄んだメドック独特の味わい．果実風味とアルコールと樽のオークの風味は完全に調和して見事．ラフィット以上にエレガントなワイン．生き生きとしている．酒質は最高級で完璧．口中に長く美しく留る．

備考：カベルネ・ソーヴィニョンの渋味がメルローとカベルネ・フランによってやわらげられる一方，プティ・ヴェルドとマルベックで色合いは一層深まっている．

1875　ラトゥール

外観：濃くて美しい深みのあるルビー色．この色調でも難点にならず，完全に熟成している．エッジは黄褐色．グラスの側面にはティアーが立つ．

香り：野生の菫やヒマラヤ杉を思わせるアロマ．混り気がなくて，極めて古典的なワイン．洗練されていて，実に美しい．

味：果実やヒマラヤ杉を思わせ実に芳醇．タンニンが十分にワインに溶け込んで，アルコールも落ち着いている．バランスも実に素晴しい．口中に極めて長く留る．

備考：ラフィットと同じポーヤックでも，ここのテロワールはサンジュリアン的である．実に酒質が異なる．我々はワインの内容を知るべきだ．

1876　ラトゥール

良く残っていたワイン．

外観：色調淡い，ルビーがかったやや濃いバラ色．縁は完全に褐色．

香り：酸化している．タンニンの前で酸とアルコールが遊んでいるが如し．酢酸臭強し．

味：この年はあまり良くない年で，酢酸臭強く，タンニンとワインの味が完全に遊離．

備考：このワインは失敗作．

1877　ラトゥール ①

外観：素晴しく強烈で濃厚な色合い．濃いガーネットカラー．醸造年を本当にこの年かといぶかるくらい若く感ずる．

香り：ヒマラヤ杉や熟した漿果の香りを思わせる濃縮されたアロマ．

味：堂々とした造りと酒質．様々な要素が完全に調和しているので重さを感じない．このワインの特徴であるタンニンが十分に酸などの他の要素と調和し一つのスタイルを作り出す．

1877　ラトゥール ②

外観：ルビー（やや濃いルビー色）．縁は完全に黄褐色を帯びる．

香り：果実を押しつぶしたときの香りのように甘美でかつ香辛料やクロスグリを思わせるブケ．

味：香辛料を思わせるような素晴しい果実風味．絹のような心地良い喉ごし．これがポーヤックの１級銘柄．純粋で澄んだメドック独特の味わい．果実風味とアルコールと木樽の風味の調和がすこぶる良好．口中に長く残る．

備考：普通の年でもこのようなワインを造りあげる力はすごい．ただ敬服するのみ．

1878　ラトゥール ①

外観：非常に濃厚で深みのあるクロスグリのような色調．強烈で印象的．

香り：果実を思わせるような素晴しく豊かなブケ．芳醇な果実．マルベリー．

味：甘美で芳醇な果実風味は濃厚で，マルベリー，プラム，クロスグリや香辛料を思わせる．澱も苦にならず，口中に長く留りて良し．

1878　ラトゥール ②

外観：濃くて深みのあるルビー色．熟成している．グラスの端はすでに褐色に変っている．

香り：野生の菫やヒマラヤ杉を思わせる強烈な香り．洗練された古典的なワイン．

味：果実やヒマラヤ杉を思わせる．芳香は素晴しい．タンニンはワインのアルコールに十分に溶け込んでいる．

1881　ラトゥール

外観：深みのある強烈で濃厚な色調．ダークガーネット．濃厚な深みのある色調は見ただけでも素晴しい事が分る．瓶の底は褐色で澱が多い．

香り：熟した果実を思わせるはっきりとしたブケには，ヒマラヤ杉のような香りが混ざる．後に徐々に香りは欠けることが残念．

味：凝縮された強烈な果実風味が非常にうまく溶け込んでいる．かすかに薬草のような風味があって，口に含んでいる間は，素晴しい味わい．飲むと硬質．

備考：印象的なワイン．昔ながらの酒質で，メルロー独特のやわらかみのある果実風味が，カベルネから抽出されたタンニン分や醸造の影響で目立たなくなっている．長く口中に味を留めると一層素晴しさが分る．

1899　ラトゥール

外観：非常に深みのあるディープガーネット．堂々としている．瓶の隅は褐色を呈している．

香り：濃厚で円熟した果実風味．香辛料を思わせる強烈なアロマ．ハッカの香りに近い．芳醇で気品があり，とろけそうなアロマに樽の木香がたっぷり溶け込んでいる．

味：堂々とした造りと酒質．様々な要素が完全に調和しているので重さは感じない．辛酸甘苦渋の要素が完全に融合して極めて上品．

1900　ラトゥール ①

良くこれほどのワインの品質が保たれたと驚く．

外観：濃厚で色調はすこぶる暗い．古酒が歴然と分る．

香り：このワインの所有するヒマラヤ杉の香りのほか，漿果を思わせる極めて濃縮されたアロマも素晴しい．これらは芳醇で気品があり，とろけそうなアロマに樽の香りがたっぷり溶け込んでいる．

味：豊かで甘く堂々とした酒質．様々な要素が完全に調和しており重さを感じない．腰は極めて強固．円熟したタンニンも素晴しい．マグナム瓶の良さが分る．

備考：暑く果汁が十分に濃縮された素晴しい年のワイン．グラスのエッジは褐色で古酒と十分に感じさせるし，揮発酸も少し感ずるが，これらを欠点と感じさせないのはワインの酒格が最高で，最高の味わいがあり，それらが口中に長く残るからだ．

1900　ラトゥール ②

外観：堂々としたこのワインの力を表現する素晴しい色．極めて濃厚な色調はディープガーネットに紫紺色．むしろ黒に近い色調．

香り：芳醇で気品がありとろけそうなアロマに樽の香りと，タンニンが酸に溶け一体となって，ヒマラヤ杉や熟した漿果を思わせる濃縮されたアロマも感じさせるのは圧巻．

味：堂々とした造りと酒質．様々な要素が完全に調和しているので，重さを感じない．タンニンはワインの酸に完全に溶け込んで，香りを十二分に引き立てている．果実風味もまた素晴しい．

備考：ニコラに長い間貯蔵されていた．良くこれだけの酒質を持ち続けたと思う．ラフィットと双壁であろう．

1900　ラトゥール ③

外観：極めて深い色調．暗くて強烈な赤．ディープガーネット．

香り：芳醇でとろけそうなアロマ．ヒマラヤ杉や熟した漿果の香りを思わせるアロマ，また樽の香りがたっぷり溶け込んでいる．

味：堂々とした造りと酒質．様々な要素が完全に調和している．辛酸甘苦渋の要素が十分に溶け合っている．20世紀のあけぼののワインとして実に華やか．

1901　ラトゥール ①

外観：濃くも淡くもないルビー色．縁の方はかなり淡く褪せた煉瓦色．ロゼに近い．

香り：すでにワインの力を失ってしまっている．

味：コーヒー豆を思わせるような香り．香辛料の香り．ワインは薄く，魅力に欠ける．

備考：グラン・クリュと言っても，このようなワインは実力がない，と言われても仕方がない．

1901　ラトゥール ②

外観：極めて濃厚．ディープガーネット．

香り：上品で典雅なブケ．木香が漂い熟した果実を思わせるはっきりしたブケに，ヒマラヤ杉のような香りが混ざる．この香りの後に強烈なコーヒーノーズ．力強く長く感ずる．しかしこの香りの後，香りは落ちてしまう．大変に悲しい．香りは口内に長く留らない．

備考：1級のワインもこのような事がある事を知る．

1901　ラトゥール ③

外観：濃くて深みがあり焦げたマホガニーを思わせる色合い．極めて上品．

香り：コーヒーに似た香り．甘いブケ．

味：非常に力強さを感じたが，少し経つと風味をなくしてしまった．新鮮さの衰えが早い．

1903　ラトゥール ①

外観：褐変．赤色も退色．味も薄く面白味がない．

香り：酸を強烈に感ずる．タンニンも強く，酸化した香りが鼻をついた．

味：旨味なく，ただ酢酸臭が強い．寂しい．

1903　ラトゥール ②

外観：極めて濃厚で深みのあるプラムの色を思わせる濃紺色．ディープガーネットカラー．

香り：濃厚な香り．興味をそそる香りは杉香，それにタンニン．古い良い意味でのシガーの香りは好奇心を誘う．

味：良くバランスのとれたワイン．口当りは果実を思わせ，爽やかで優雅な果実風味がある．飲むとオークの風味も漂う．葉巻の香りが心地良い．

備考：久し振りに素晴しいラトゥールを見た．メドックのサンジュリアン寄りのポーヤック．ラフィットと全く異なるワイン．本当に素晴しかった．

1905　ラトゥール

外観：濃厚で美しい深みのあるルビー色．完全に熟成し，エッジは黄褐色．

- 香り：強くて申し分のないポーヤック独特の芳香．果実を押しつぶしたような香り．野生の菫や，ヒマラヤ杉を思わせるアロマ．混り気がなくて極めて古典的．洗練されている．
- 味：コクがあって濃密な口当り．エキス分に富む．極めて繊細さに富む．
- 備考：同じ年のラフィットと酒質を比較するのも，極めて良いワイン同士の比較でおもしろい．

1906　ラトゥール

- 外観：濃厚な堂々とした深みのある色調．すなわちディープガーネットカラー．縁は黄褐色．腰は明らかに強そう．熟成が進んでいる．
- 香り：香辛料を思わせる強烈なアロマ，ハッカを思わせる．このあとヒマラヤ杉を彷彿させる強烈な香り．これがラトゥール本来の香り．
- 味：豊かで甘い濃密な果実風味．円熟した味わいがあるが生き生きとした躍動感も．繊細な風味に優れたワイン．
- 備考：良くとっておけた．

1908　ラトゥール

- 外観：淡く褪せた煉瓦色．ロゼに近く退色している．2本のうち1本は完全に参っていた．他の1本は飲むのに十分．最初の1本は酢酸敗，退色，次のは落ち着いてしっかりとして，生気をいまだ残しており，生き生きとしていた．しかし，開栓後20分で姿を消した．
- 香り：古い姿を持つワイン．安定した香りは果実香をはらみ，若さを保っていた．そしてこれらは元気を回復させる良い意味での酸を持っていた．酸と糖とアルコールのバランスは極めて良好．
- 備考：良いポーヤック．色は退色したかもしれないが，ラフィットより良く保存されたと言ってよいだろう．

1910　ラトゥール

- 外観：深みのある色調．十分に熟成しており，縁の方が黄褐色を帯びている．
- 香り：複雑で芳しく，ヒマラヤ杉や香辛料の香りを思わせる．素晴しい．
- 味：円熟した風味が口の中にひろがるが，濃厚さはない．見事なバランスと繊細な風味が特選銘柄の血統の良さを物語っている．

1911　ラトゥール ①

- 外観：濃くて深みがあり美しくコクがありそうな色調．エッジは黄褐色．
- 香り：果実風味強く，その後湿ったコケのような香気．また動物の香りも．複雑で芳しく，ヒマラヤ杉の香りも．
- 味：円熟した風味が口の中にひろがる．濃厚な香気が見事にバランスし，繊細な風味が素晴しい．酸の切れも素晴しく，このワインでは酢酸臭を感じず．

1911　ラトゥール ②

- 外観：濃くて美しい深みのあるルビー色．エッジは黄褐色．
- 香り：野生の菫やヒマラヤ杉を思わせるアロマ．混り気がなくて古典的．洗練されているが例年ほど強くない．
- 味：果実風味が極立ち，きめが細かい．メルロー種のやわらかさとポーヤックのサンジュリアンに近い酒質，それにカベルネ種独特の濃密な風味が一体となっている．旨味は口中に長く漂う．

1912　ラトゥール

- 外観：深みのある色調．十分に熟成しており，縁の方は黄褐色．
- 香り：複雑で芳しく，ヒマラヤ杉や香辛料の香りを思い起こさせる．
- 味：良くできておりバランスも良い．風味も長持ちする．口中

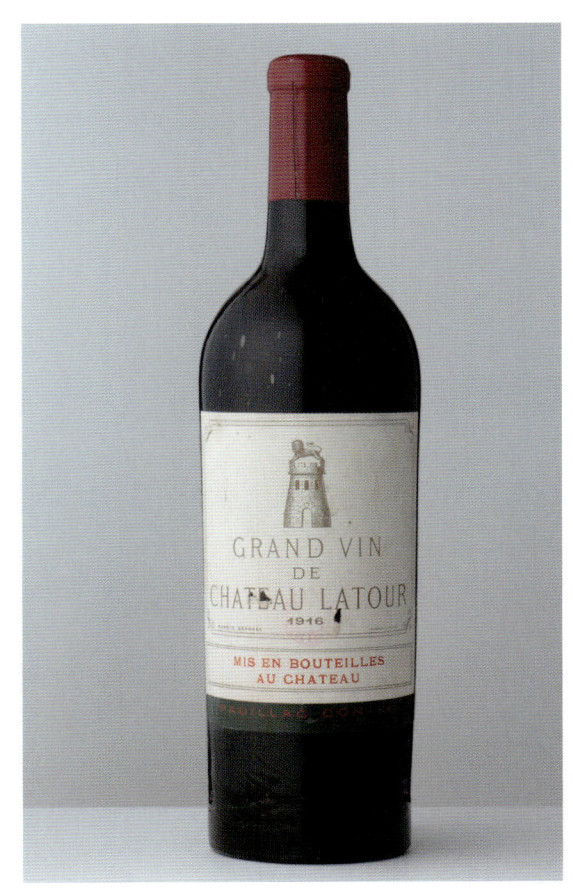

1916　ラトゥール

で旨味が長持ちし，長く留る．

1913　ラトゥール

外観：濃厚で極めて堂々とした深みのある色調（ディープガーネット）．

香り：芳香性が強い．甘美で，またスパイシー．

味：新鮮で引き締まり，枯れ葉のような，トリュフのような風味があり，果実の風味もある．これらの風味が，ワイン全体を包んでいる．口中に力強さとして残る．

1916　ラトゥール

外観：濃くて美しい深みのあるルビー色．ダークルビー．完全に熟成しており，瓶の底は褐色．澱多し．

香り：野生のヒマラヤ杉を思わせるアロマ．混り気がなくて古典的．甘美でねばっこくメルロー種独特の果実を思わせる濃縮された辛口の刺激．極めて上品なポーヤック．

味：果実風味が極立ち，きめが細かいメルロー種のやわらかさと，ポーヤックの酒質，それにカベルネ種独特の濃密な風味が一体となっている．

1918　ラトゥール

1917　ラトゥール

外観：濃密でコクがありそうなルビー色．見事な色合い．瓶の底にある澱はデカンターに．

香り：甘美なブケ．クロスグリや薬草をいぶした時の香りに似た香り．

味：甘美な余韻．まろやかで，やわらかい果実風味があって優雅な味わい．極めて魅力的で洗練されている．

1918　ラトゥール ①

外観：コクのありそうな深みのある濃厚なガーネットカラー．かなり濃縮されている．澱多し．

香り：香辛料を思わせる濃密な果実香．果実を押しつぶしたような甘美なブケ．

味：心地良く粘り気のある果実風味．ヴァニラのような風味と香辛料を思わせる果実風味．絹のような心地良い喉ごし．果実とヒマラヤ杉を思わせる香り．混り気がなくて古典的．

1918　ラトゥール ②

外観：濃くて深みがあり焦げたマホガニーの色合い．極めて上品．

香り：芳醇で濃密．良く熟した果実から得られる漿果のような混り気のない果実香．

味：素晴しく豊かな果実風味．タンニンの渋味が全体を引き締めていて，最後に果実風味が残る．ワインのバランスも良い．

1919　ラトゥール

外観：淡い澄んだ明るい赤．ディープルビー．美しいが少しやせた感じ．

香り：果実や花の香りを思わせるアロマ．香りの質がなかなか高い．

味：果実風味がきいて，バランスがとれているが，他の年の物よりも酸味が強い．

1920　ラトゥール ①

外観：濃厚で深みのあるルビー色．熟成を十分に感じさせる．

香り：純然たるカベルネ・ソーヴィニョンのブケ．果樹の香りやイバラの香り．

味：非常に良くバランスがとれたワイン．口当りは果実を思わせ，爽やかで優雅な果実風味がある．飲むとオークの香り（完全に熟成している）もワインにはっきり残っている．ワインの5大要素の熟成も完璧．

1920　ラトゥール ②

外観：濃くて深みがあり，豊かな色調．縁の方が黄褐色に変っている．

香り：強くて申し分ないポーヤック独特の芳香．果実を押しつぶしたような香り．野生の菫や，ヒマラヤ杉を思わせるアロマ．混り気がなくて古典的．極めて洗練されている．

味：コクがあって濃密な口当たり．エキス分に富み，極めて繊細．酸とタンニンは完全に熟成しており，バランス最良．

1921　ラトゥール ①

外観：濃厚で極めて堂々とした深みのある色調．濃厚なディープガーネット．瓶の底は褐変．澱多し．

香り：凝縮され上品で典雅なブケ．木香が漂い熟成が始まっている．

味：極めてコクがあり，ビロードのようになめらかで舌ざわりが素晴しい．一貫して強烈な風味が感じられる．

1921　ラトゥール ②

外観：1921 年物にしては素晴しい色合い．暗くて強烈な赤や紫に若々しい色合いを帯びている．

香り：ヒマラヤ杉や熟した漿果の香りを思わせるアロマ．まだ少なくもの足りないが，この先かなり有望で力強さがある．

味：堂々とした酒質．様々な要素が完全に調和しているので，重さは感じない．タンニンの渋味はまだ残っているが，粗さはない．口中に素晴しい．

1921　ラトゥール ③

外観：素晴しい色合い．暗くて強烈な青みを帯びた赤をこの年になっても持ち合わせている．

香り：ヒマラヤ杉や熟した漿果を思わせる凝縮されたアロマ．自然な甘さを感ずる．

味：堂々とした造りと酒質．様々な要素が完全に調和している．タンニンの渋味もまだ残っている．果実風味は素晴しい．

1921　ラトゥール ④

外観：極めて深みのある色調．濃厚なルビー色．瓶底は褐色．

香り：しっかりして，かすかに野生の菫のような香りが混ざる．ポーヤック独特の香り．

味：極めてコクがあり，ビロードのようになめらかで舌ざわりが素晴しい．酸とタンニンは完全に熟成．飲むと美味を感ずる．

1922　ラトゥール ①

外観：深くむらのないルビー色．ダークルビー．

香り：野生の菫やヒマラヤ杉を思わせるアロマ．混り気がなくて古典的．洗練されているが例年ほど強くない．

味：果実やヒマラヤ杉を思わせ芳しい．タンニンが十分に溶け込んでおり 3～4 年寝かせておくと良い．バランスも良い．

1922　ラトゥール ②

外観：非常に深みのある濃厚なガーネット．力強い．瓶底は黄褐色を呈している．

香り：野生の菫やヒマラヤ杉を思わせるアロマ．混り気がなくて古典的．極めて洗練されている．

味：果実やヒマラヤ杉を思わせて芳しい．タンニンが十分に溶け込み完全に熟成している．純然たるポーヤックの風味は，この年の不良を忘れさせ，例年のワインを思わせる．

1923　ラトゥール　マグナム ①

外観：1923 年物にしては，素晴しい色合い．暗くて強烈な赤に濃紺青色を帯びている．瓶底の澱は問題にならず，濃厚なワイン．

香り：ヒマラヤ杉や熟した漿果の香りを思わせる．菫を思わせる濃縮されたアロマ．混り気がなくて古典的．洗練されている．

味：コクがあって濃密な口当り．果実やヒマラヤ杉を思わせ芳しい．タンニンが十分に溶け込んでおりエキスに富み繊細．メルロー種のやわらかさとポーヤックの力強さとカベルネ種の濃密な風味が一体となっている．口中に長く美しく留る．味は最後に不思議な，甘いチョコレートの風味と辛口の旨味．タンニンが十分にワインに溶け込んでおり，旨い．

1923　ラトゥール ②

外観：深くて濃い深紅色．極めて力強い色調．

香り：香辛料や薬草の香りを思わせ，円熟した果実香．若いクロスグリの葉の香りに似たブケ．

味：純粋で澄んだところはメドックの特徴．ポーヤックの味わいと果実風味とアルコール，それにタンニンと樽の風味が見事に溶け合っている．酒質は完璧．

1924　ラトゥール ①

外観：濃くて深みがある．プラムの色を思わせ強烈．また焦げたマホガニーを思わせる色合い．極めて上品．

香り：薬草の香りを思わせ円熟した果実香．若いクロスグリの

葉の香りと似たブケ．混り気のない新樽の香りも．

味：純粋で澄んだメドック独特の味わい．果実風味もアルコールとオークの調和が見事．最高級の完璧なワイン．

備考：カベルネ・ソーヴィニョンの渋味がメルローとカベルネ・フランによってやわらげられる一方，プティ・ヴェルドが色合いを強めている．

1924　ラトゥール ②

外観：非常に濃厚で深みのあるクロスグリのような色調．ディープガーネットカラー．強烈で印象的．

香り：野生の菫やヒマラヤ杉を思わせるアロマ．混り気がなくて古典的．極めて洗練されている．

味：果実やヒマラヤ杉を思わせ芳しい．タンニンが十分に溶け込んでいる．5大要素が完全に溶け合って熟成が素晴しい．

1925　ラトゥール

外観：煉瓦を思わせる深紅色．瓶の底に澱がある．すでに熟成しかけている．

香り：芳しい薬草香があり，ブケはイバラの香りを思わせる．円熟しかかっており，おのずからオークの香りも．

味：やせているが混り気のない果実風味．わずかにタンニンの渋味が残る．また飲むとオークの風味も漂う．総体的に軽質のワイン．

1926　ラトゥール ①

外観：濃くて深みがあり焦げたマホガニーを思わせる色合い．極めて上品．

香り：芳醇で濃密．野生の菫やヒマラヤ杉を思わせるアロマ．古典的．

味：野生のヒマラヤ杉を思わせて芳しい．タンニンと樽の香りは十分に溶け合って味が素晴しい．

1926　ラトゥール ②

外観：非常に深みがあり濃厚なガーネットカラー．瓶底は黄褐色に．

香り：豊かな紅茶の芳醇な香り．時間が経つにつれ，豊かな香り．

味：時間の経過に従い，タンニンの味が強く感じられる．

1928　ラトゥール　マグナム ①

外観：最高年の稀なでき．この年のワインの色は素晴しい．暗くて強烈で，若々しい青味を帯びている．この色は，1世紀に何回あるか．見れば見るほど素晴しい．

1928　ラトゥール

香り：ヒマラヤ杉や熟した漿果の香りを思わせる濃縮されたアロマ．力強く長く続く．樽香も長く続く．

味：堂々とした酒質．様々な要素が完全に調和している．重さは感じない．タンニンの渋味はまだ残っているが，粗さはない．果実風味が素晴しい．

備考：1世紀に1度あるかどうかの年．マグナムの瓶の底にある澱は苦にならない．

1928　ラトゥール ②

外観：濃厚で極めて堂々とした深みのある色調．瓶底の黄褐色の色調はデカントすれば決して苦にならず，ディープガーネット．

香り：野生の菫やヒマラヤ杉を思わせるアロマ．混り気がなくて極めて古典的．洗練されている．サンジュリアン的ポーヤック．

味：果実やヒマラヤ杉を思わせ芳しい．タンニンが十分に溶け込んでおり，ワインの5大要素も一つに溶け合っており，ワインの旨味が最高．

1929　ラトゥール　マグナム ①

外観：濃くて深みがある．プラムの色を思わせ若くて強烈．極

1929　ラトゥール

めてコクがありそう．瓶底に澱がある．
- 香り：芳醇で濃密．良く熟した果実から得られる漿果のような混り気のない果実香．強くて複雑．
- 味：素晴しく豊かな果実風味．タンニンの渋味が全体を引き締めて，最後に果実風味が残る掛け値なしに見事な深み．

1929　ラトゥール　マグナム ②

- 外観：素晴しい，暗くて強烈な赤．はっきり言ってガーネットカラー．エッジは黄褐色を帯びている．
- 香り：香辛料の強烈な香りと草花の葉の香り，それに動物的なやわらかみのあるブケ．これらは混り気がなくて古典的で洗練されている．果実香に香辛料の香気が強烈．それにラトゥールの持つ独特なヒマラヤ杉の香気が芳しい．
- 味：タンニンは十分にワインに溶け込み口中に甘く長く残る．力強いワインの典型．
- 備考：色調も十分に濃い仕上り．これぞラトゥールと言える．100年は長持ちするであろう．このようなワインを多くキープする事のできる英国のワイン商の力も大したものだ．

1930　ラトゥール

この年は前年に比して年が悪く，収穫ゼロの年とされるくらい悪かった．

1931　ラトゥール ①

マルゴーは1931年から1933年まで流通ルートでは入手不可．ただラトゥールのみ可能であった．
- 外観：年の割に，色調は濃くて深みがあり焦げたマホガニーを思わせる色合い．ルビーカラー．
- 香り：ヒマラヤ杉や熟した漿果の香りを思わせる濃縮されたアロマ．また甘美で円熟しクロスグリや桑の実を思わせる濃密なブケ．
- 味：コクがあって風味も豊か．タンニンの渋さがあるが十分まるみがついている．風味は典型的なポーヤック．コクは豊か．

1931　ラトゥール ②

- 外観：色調，ガーネットカラーで淡い．
- 香り：ラトゥール独特の香りなし．
- 味：揮発酸強し．味極めて悪し．平素のラトゥールの風味を感じない．

1933　ラトゥール

- 外観：かなり濃いような赤．極めて濃厚そうに見える．
- 香り：純然たるカベルネ種のブケ．果樹の葉やイバラの香りを思わせ，また芳しいクロスグリやプラムの香りを思わせるまろやかで濃厚な香り．引き締まっている．
- 味：まろやかな果実風味があり，飲み口がしっかりしている．良くできており，メドック（ポーヤック）独特の酒質を備えた古典的なカベルネ．

1934　ラトゥール ①

- 外観：コクがあり，深くて豊かな深紅色．一見力強そうなワイン．
- 香り：香辛料，ハッカの香りを思わせる豊かなブケ．果実のような香りもかなり豊か．また薬草の香りも思わせる．若いクロスグリと似た混り気のない新樽の香りも感じられる．
- 味：純粋で澄んだメドック独特の味わい．果実風味とアルコールとオークの風味の調和が見事．最高級の完璧なワイン．

1934　ラトゥール ②

- 外観：極めて深みのある色調．深くて暖かみがあるクロスグリのようなダークガーネットカラー．
- 香り：果実を思わせる素晴しく豊かなブケに，香辛料やユーカリのような香りが混ざる．極めて刺激的．
- 味：濃厚で甘美な果実風味．高尚な味わい．ロシア革や菫の香

りを思わせる．堂々としている．タンニンも良く熟成している．

1937　ラトゥール　マグナム ①
外観：深くむらのない赤．古さをほとんど感じさせない．瓶底澱多し．
香り：強く残る．薬草香があり，ブケはイバラの香りを思わせる．円熟していてわずかにオークの香りも．
味：さっぱりとして引き締まった果実風味があるが，まだタンニンの渋味が残る．

1937　ラトゥール ②
外観：濃くて美しい深みのあるルビー色．実に美しい．
香り：野生の菫やヒマラヤ杉を思わせるアロマ．混り気がなくて極めて古典的．洗練されている．
味：果実やヒマラヤ杉を思わせ芳しい．タンニンが十分に溶け込んでいる．味は全く素晴しい．

1938　ラトゥール ①
外観：色調薄く揮発酸を感ずる．あまり良くない年と思えて残念．
香り：木香を感じ，揮発酸を感じる．
味：木香の感じが強調され，色調が旨味を阻害し，揮発酸がワインの酒格を下げてしまった．

1938　ラトゥール ②
外観：濃密でコクがありそうなルビー色．見事な色合い．
香り：甘美なブケ．クロスグリや薬草をいぶした時の香りを思わせる．
味：甘美な余韻．まろやかでやわらかい果実風味があって，優雅．

1938　ラトゥール ③
外観：コクがありそう．濃くて美しい深みのあるルビー色．
香り：果物の香りの後に，野生の菫やヒマラヤ杉を思わせるアロマ．混り気がなくて古典的．洗練されている．例年ほど強くない．
味：果実やヒマラヤ杉を思わせ芳しい．タンニンが十分に溶け込んでおり，3〜5年寝かせておくと，バランスが素晴しくなる．

1939　ラトゥール
外観：ワインの色調，濃厚．かなり濃くて深みのある赤．ディープガーネット．瓶の端が淡い褐色．
香り：ヒマラヤ杉や熟した漿果の香りを思わせる濃縮されたアロマ．いぶしたような葉巻の香りに近いブケ．樟脳のような香りも見事．
味：甘く濃密な味わい．果実風味が豊かだが峠を越した感あり．あまり良いワインではない．残念．

1940　ラトゥール ①
外観：むらのない煉瓦色．縁の方が黄褐色．濃厚で深いディープガーネット．
香り：濃密なブケ．果実の香りを思わせ豊かで長く持続する．極めて繊細．
味：古典的なワイン．ポーヤックの風味豊か．カベルネとメルローが一体となりバランスが見事．

1940　ラトゥール ②
外観：非常に濃厚で深みのあるクロスグリのような色調．グラーヴのワインかと驚く．ダークガーネット．
香り：甘味が強く，しっかりしていてかすかに野生の菫のような香りが混ざる．
味：濃厚で甘美な果実風味．プラムや香辛料やクロスグリを思わせる果実風味．ただし甘味の強さの持続は短い．

1941　ラトゥール
外観：色調，ディープガーネットよりやや薄い．力強さも足りない．
香り：ブケは香辛料を思わせるもの以外に，甘い香りも豊か．
味：腰の強い果実と木の風味があるが，少し枯れかかっている．

1942　ラトゥール
外観：非常に深みのある強烈なガーネットカラー．瓶の底部は黄褐色．
香り：熟した果実を思わせるはっきりとしたブケにヒマラヤ杉の香りが混ざる．後の方になり，やや甘美な香りに欠けてくる．
味：しっかりとした口当り．最初は控え目で粗削りだが次第にひろがる．飾り気のない甘味が素晴しい．秀逸．

1943　ラトゥール
外観：非常に円熟した濃厚なディープガーネット．
香り：長く余韻を残すブケ．まだかすかにクロスグリを感ずる香りがあり複雑．
味：口蓋にはっきりと果実風味が伝わる．1943年物に特有の酸

1943　ラトゥール

味のきいた口当り．優雅さとバランスが見事．

1944　ラトゥール

外観：やや濃く澄んだ赤．ディープガーネット．瓶の底は黄褐色．

香り：複雑なチョコレートやヴァニラの香りを思わせる．面白い果実香がある．

味：素晴しい風味．口当りは優雅だが飲むと，ややタンニンの渋味が強く残り，まだ未熟さが感じられる．不思議なワイン．

1945　ラトゥール

外観：濃くて美しい深みのあるルビー色．瓶の底は黄褐色．

香り：落ち着いた野生の菫やヒマラヤ杉を思わせるアロマ．混り気がなくて古典的．ワインの質は極めて洗練されている．

味：果実やヒマラヤ杉を思わせ芳しい．タンニンが十分に溶け込み，バランスも素晴しい．1928年，1929年の酒質に匹敵する．

1946　ラトゥール ①

外観：極めて濃く深みのある紫色がかった深紅色．腰が強そう．

香り：ヒマラヤ杉や漿果を思わせる濃縮されたアロマ．樽の木の香りが強い．

味：しっかりとした酒質ではあるが，まだ酸とタンニンとのバランスは良くない．

備考：あと30年近く経ってからの変化を知りたい．

1946　ラトゥール ②

外観：深いルビー色．縁は褐色に変じていた．タンニンがやや強く，バランスは思ったより悪し．酸が薄く，ワインの酸化が進んでいた．

香り：ヒマラヤ杉の香りは薄くなり，とろけるような木の香りも薄い平凡なワイン．

味：酸と渋のバランスはあまり良くない．どうしてこのように平凡なワインに変身したのか残念．

備考：開栓後2時間経つと，ラトゥールの本質は失われてしまった．平凡なワインで残念．

1946　ラトゥール ③

外観：ディープガーネット．瓶の底が黄褐色．

香り：香辛料の香りを思わせ強烈なアロマ．ハッカの香りに近い．濃厚で果実香が凝縮されている．

味：濃厚でプラムや香辛料やクロスグリを思わせる果実風味．タンニンが完全に溶け，ワインのバランスが良い．

1947　ラトゥール ①

外観：濃厚な深みのある美しいガーネット色．まだ完全に熟成はしていない．

香り：野生の菫，ヒマラヤ杉を思わせるアロマ．強烈なスパイシーの香り．全く混り気のない極めて古典的なワイン．まだ青臭さを感ずる．

味：芳香は驚くほどに強烈．タンニンは豊かでまるみを帯びる．渋みは酸に溶け込み，樽の香りも十分にワインに溶け込み，うっとりとするワインに仕上っている．

備考：素晴しい醸造年に良好な原料，仕込の力が作用して，このように良いワインを造り出したところに意義がある．極めて秀逸．

1947　ラトゥール ②

外観：濃くて深みのある美しいルビー色．完全に熟成はしていない．

香り：極めて強く感ずる香辛料の香気を感ずる．野生の菫，ヒマラヤ杉を思わせるアロマ．混り気のない古典的なワイン．まだ青臭さを感ずる．

味：濃縮された果実やヒマラヤ杉を思わせる．芳香は十分．タ

ンニンが豊かでまるみを帯びる．渋みは落ち着いている．樽の香りも十分にワインに溶け込んで素晴しい．秀逸．

1947　ラトゥール ③

外観：深く濃厚なルビー色に変化．縁は褐色に変っていた．タンニンがまだ強烈で，酸とのバランスも思ったほど良くない．酸は薄く，ワインの酸化が進んでいた．

香り：ヒマラヤ杉の香気が失われ酸化の香り．ラトゥール独特の力強いとろけるような木の香りもない．極めて平凡なワインに落ちぶれてしまった．

味：酸のバランスがあまり良くない．どうしてこのように平凡なワインに変身してしまったのかと惜しまれる．

備考：瓶を開栓後，2時間も経たないうちにラトゥールの香りを失い，タンニンと酸のバランスが悪く，あってはいけない酸化臭が強い．ワインとしては落第である．

1947　ラトゥール ④

外観：極めて濃厚．ディープガーネット．瓶の端と底部は黄褐色．

香り：極めて濃厚．果実風味が強烈．極めて古典的．

味：酸・タンニンが完全にワインに溶け込み素晴しい．揮発酸と木香が落ち着いて極めて美味．

1948　ラトゥール

外観：非常に美しい色調．澄んでいて円熟したディープガーネット．瓶の底はすでに黄褐色．

香り：ビロードの肌ざわりを思わせる素晴しいブケ．なめらかで優雅．

味：バランスが見事．サンジュリアンより果実風味は豊か．風味の持続時間がやや短い．すでに飲み頃．

1949　ラトゥール

外観：濃厚で素晴しい色合い．暗くて強烈な赤．まだ青味を帯びている．ディープダークルビー．

香り：ヒマラヤ杉や熟した漿果の香りを思わせる濃縮されたアロマ．

味：堂々とした造りと酒質．様々な要素が完全に調和しているので，重さは感じない．タンニンの渋みはまだ残っているが粗さはない．果実風味は素晴しい．

1950　ラトゥール ①

外観：極めて濃厚な色調．

1947　ラトゥール

1949　ラトゥール

味：果実風味を感じさせる．旨味あるも酸化を感ず．口中に香味が残る．酸味も感じ，またタンニンの渋味もやや強し．

備考：1950 年は普通の年なのだろう．この年はメドックとポムロールでグラン・クリュのできが違うのではないか．

1950　ラトゥール ②

外観：非常に深みのある暗紫色．堂々とした色調はあり，力強い姿．

香り：濃厚で力強い漿果の香りを思わせるブケ．果実香に富んでおり，極めて上品．

味：凝縮された強烈な果実風味が非常にうまく溶け込んでいる．かすかに薬草のような風味があって口に含んでいる間は素晴しい味わい．アルコール，酸，渋が一体となり，美味で口中のひろがりも長い．

1952　ラトゥール

外観：かなり濃くて深くてやわらかみのある濃紺．ディープガーネット．瓶底と瓶の端はすでに黄褐色を帯びる．

香り：クロスグリや香辛料を思わせる．また野生の菫やヒマラヤ杉を思わせるアロマ．混り気がなくて古典的で洗練されている．

1955　ラトゥール

1953　ラトゥール

1958　ラトゥール

1959　ラトゥール

1962　ラトゥール

1961　ラトゥール

味：果実やヒマラヤ杉を思わせ芳しい．タンニンが十分にワインに溶け込み，バランスも素晴しい．

第2級

Château Rauzan-Ségla［Margaux］

1847　ローザンセグラ ①

外観：色調まだ濃し．コクが多いように見える．色調十分に熟成しており，グラスの縁は黄褐色を帯びる．

香り：非常に美しく極立っている．甘さを感ずる果物の香り．そのとっつきで鳥の羽が焦げたような香り．

味：タンニンはほど良く，辛酸甘苦渋は平均的．円熟した風味は口中に長く残る．

備考：長く貯蔵して，このような風格を持ち続けるのは立派．旨味が口中に長く残る．素晴しい味覚は秀逸．

1847　ローザンセグラ ②

外観：深みのある色調．十分に熟成しており，エッジが黄褐色

を帯びている．

香り：芳しく濃縮されたような香りでひろがりもある．堂々としている．

味：堂々とした造りと酒質．重さは感じない．タンニンの渋味はまだ残っているが粗さはない．果実風味が素晴しい．マルゴーの2級とは思われない．圧巻．

1865　ローザンセグラ

外観：十分に熟成し，濃厚なディープガーネット．グラスの縁の方は黄褐色を帯びている．

香り：芳しい果実風味．やわらかみがある円熟した果実香．十分に引き出されている．柑橘類の香りを含む．酸を感ず．濃厚な果実香を含み，柑橘類の香りも有する．極めて健康的で芳香を放つ．

備考：膨大な原料の収量を記録．品質も良くタンニンも豊富に造られた．

1868　ローザンセグラ ①

外観：ガーネットを思わせる非常に魅力的な赤．バランスが見事．

香り：芳醇で濃密．良く熟した果実から得られる漿果のような混り気のない果実香．強くて複雑．

味：素晴しく豊富な果実風味．タンニンの渋味が全体を引き締めている．最後に果実風味が残る．見事な深み．

1868　ローザンセグラ ②

ニコラから購入．

外観：コルク完全．濃厚なディープガーネット．グラスの縁は黄褐色．力強く円熟した色合い．

香り：果実風味は強烈．菫，苺，調和は十分にとれ極めて甘美．メルロー種独特の果実を思わせる濃縮された香気．極めて上品．

味：コクがあり風味豊か．タンニンは十分に酸に溶け，繊細に変化．

備考：マルゴー村のフィネスを十分に感じさせる．濃密で美味．

1878　ローザンセグラ

外観：深みがある強烈な赤．ディープガーネット．堂々とした深みのあるワイン．エッジは黄褐色．

香り：かなり濃厚で円熟した果実風味．かなり深みがあり，プラムを思わせ，極めて優雅．

味：極めて円熟．優雅．口中に長く留り味良し．

1900　ローザンセグラ ①

外観：極めて濃厚な色調．黒に近い濃紺．

香り：芳しい花の香りに続き果実香，そして最後は香辛料に変る．

味：力強い味と香り．タンニンは酸と一体となり完全に溶け込む．口中に長く馥郁とした香味が長く続く．

備考：グレイト・ヴィンテージと言われている年のワインは長く持つ事を証明する．

1900　ローザンセグラ ②

外観：非常に美しくて深みのある色調．十分に熟成し，瓶の縁の方はすでに完全に黄褐色を呈している．

香り：花の香りを思わせ優雅な香り．すでに円熟．

味：コクがあり，絹のようになめらかな口当り．完全に円熟した風味は口の中にひろがり，濃厚で見事なバランスと繊細な風味は，マルゴー村の品質を十二分に知らせてくれる．

1900　ローザンセグラ ③

外観：濃厚で極めて堂々とした深みのある色調．瓶の底は褐色に変色．

香り：濃厚で円熟した果実風味．かなり深みがあって，プラムを思わせ優雅．

味：極めてコクがあり，ビロードのようになめらかで，舌ざわりが素晴しい．一貫して強烈な風味が感じられる．

1900　ローザンセグラ ④

外観：深みのある色調．美しくてコクがありそうな色調．深遠なルビー色．

香り：複雑で芳しく，ヒマラヤ杉や香辛料の香りを思わせる．

味：円熟した風味が口の中にひろがる．濃厚ではないが，見事なバランスと繊細な風味．

1911　ローザンセグラ

外観：非常に深みのあるディープルビー．

香り：熟成した香りは完熟している．香辛料を思わせる濃密な果実香．果実を押しつぶしたような甘美なブケ．かなり濃縮されている．心地良い．

味：濃厚な風味．ねばり気のある果実風味．ヴァニラのような風味を感ず．さっぱりとして口当りが確かな果実風味を，オークの香りが引き締めてくれる．

1920　ローザンセグラ

外観：濃いルビーレッド．一部のメドックほど強烈ではない．

香り：素晴しく芳しいブケ．果実やバラを思わせるやわらかみのある香り．印象的でうっとりするよう．

味：爽やかで，かなり辛口の風味．最初は控え目だが，やがて素晴しく優雅な味わいが出てきて，余韻は長く持続する．飲むとやや辛口．

1924　ローザンセグラ

外観：非常に美しいルビー色．驚くほど若々しい．ディープルビー．

香り：まずかなりの果実香．前面に押し出されていて，アピールする．

味：魅力的でしなやか．やわらかみのある果実風味．この年の物は良くできているが，早く飲んだ方が良いだろう．オーバーライプ．

1934　ローザンセグラ ①

外観：濃くて深みのあるプラムの色を思わせ，若々しくて強烈．

香り：薬草の香りを思わせ，クロスグリの葉の香りに似たブケ．混り気のない新樽の香りも感じられる．

味：純粋で澄んだメドック独特の味わい．果実風味とアルコールとオークの風味の調和が見事．最高級の完璧なワイン．

1934　ローザンセグラ ②

外観：濃厚で深みのあるルビー色．かなり完成された色合い．

香り：プラムやイバラの香りを思わせる，まろやかで濃厚な香り．引き締まっている．

味：素晴しくなめらかな果実風味．わずかにタンニンの渋みも．産地の特徴をはっきりと備え，バランスが見事．

1938　ローザンセグラ

外観：濃厚でコクのありそうなルビー色．見事な色合い．

香り：甘美なブケ．クロスグリや薬草をいぶした時の香りを思わせる．

味：甘美な余韻．まろやかでやわらかい果実風味があって，優雅な味わい．極めて魅力的で洗練されている．

1962　ローザンセグラ

ホテルオークラで試飲．

外観：深い濃いガーネットカラー．エッジわずかに褐色．

香り：芳醇で果実香．クロスグリ，アンズ等．いぶした煙草のような香り．

味：素晴しい甘美な口当り．豊富なエキスに支えられた濃密な果実風味．タンニンと酸のバランスも良い．長く口中に旨味が残る．

備考：ホテルオークラは良い品質のワインを使用している証し．２級でも品物優雅．

1964　ローザンセグラ

外観：濃厚な紺紫色が緋色を帯びた色に退色．

香り：香気豊かな1962年物のような素晴しい酒質はない．ただ酸化臭を感ずる．

味：力強さを失う．タンニンと酸のバランス不良．口中に旨味が残らない．

備考：降雨に見舞われた収穫期の影響で，ワインの品質が悪く，輸入条件もドライコンテナかオンデッキで運んだ関係で品質が劣化していたのが一因．酒質劣化．（デパート購入）

1961　ローザンセグラ

Château Rauzan-Gassies ［Margaux］

1920　ローザンガシー

外観：素晴しい色合い，ほとんど黒に近く見事な深みがあって若々しい．

香り：濃厚かつ豊かで，強烈ながら，かすかに薬草や煙草，シナモンを思わせる香りがある．興味深く，持続性もある．

味：極めて濃厚でタンニンの渋味が全体を引き締めている．風味にはかなり深みがあり，はっきりしていて新鮮と言っても良い．非常に期待が持てる．

1921　ローザンガシー

外観：コクのありそうな深いルビー色．

香り：芳しいクロスグリを思わせるアロマにかすかにオークの香りが混ざる．

味：良くバランスがとれたワイン．口当りは果実を思わせ，爽やかで，優雅で果実風味があり，飲むとオークの風味も漂う．

備考：マルゴーのような酒質が備わった秀逸なワイン．栽培地の気候が比較的冷涼なために，カベルネ種のぶどうが，風味が濃密で強くなり過ぎないうちに熟する．

1929　ローザンガシー

外観：濃くも淡くもないルビー色．コクはありそうだ．縁の方が深い．澱もありそうだ．

香り：ロシア革の匂いを思わせる芳醇で端麗な香り，かなり動物的．他の香りには，菫の花やクロスグリの葉をつぶしたような香り．すがすがしく新鮮なアロマ，メドック2級の香り．

味：濃縮され深みのある果実風味が長く尾を引く．バランスは申し分なく甘美な飲み口は長く続く．このワインは不思議と言う事だ．

Château Léoville-Las Cases ［Saint-Julien］

1868　レオヴィル・ラスカーズ

外観：非常に深い濃厚な色調．暗くて強烈．かなり濃い．

香り：芳しくて強烈．濃縮されたような香りでひろがりもある．

味：堂々として自己主張強く，100年経ったワインとして硬さも残っている．クロスグリのような果実風味が豊富に残り複雑な風味も強く感ずる．タンニンの渋さも十分．ワインに残された旨味を感ずる．

備考：見事に濃縮され，味わいは優雅で，古典的．タンニンも十分溶け込み，酒質は優秀．

1868　レオヴィル・ラスカーズ

1871　レオヴィル・ラスカーズ

外観：濃厚で深みのある濃赤色．長い貯蔵による素晴しい熟成香．エッジは褐変している．

香り：果実風味は芳醇で気品があり，とろけそうなアロマに樽の木の香りがたっぷりと溶け込んでいる．

味：素晴しく甘美な口当り．豊富なエキスに支えられた濃密な果実風味．腰が強いがタンニンの渋味はかき消されているし，酸も美しく熟成し，極めて上品．後味は口中に長く残る．

備考：サンジュリアンのワインとして良く貯蔵されたものと感心する．1950年代から1960年代に日本に輸入されたワインの品質と比較すれば良く分る．

1900　レオヴィル・ラスカーズ ①

外観：濃くて深みのある暗紫色．縁の色はすでに褐色に変じている．

香り：芳しく力強く濃縮された果実の香り．この後にいぶした

ような葉巻の香り．もちろん香辛料の香りも．

味：素晴しく甘美な口当り．豊富なエキスに支えられた濃密な果実風味．腰は極めて強固．タンニンはワインの酸に十分に溶け，落ち着いて極めて上品．澱は多いが難点にならず．

備考：極めて素晴しいワイン．サンジュリアン．良い年のワインの品質と底力を示してくれた．

1900　レオヴィル・ラスカーズ ②

外観：濃くて深みがある．プラムの色を思わせ，後に焦げたマホガニーを思わせる色合いに変ずる．極めて上品．

香り：芳醇で濃密．良く熟した果実から得られる漿果のような混り気のない果実香．強くて複雑．この香りの後に杉の香気に変じる．包み込む香気のやさしさはやわらかで極めて上品．

味：純粋で澄んだメドック独特の味わい．素晴しく豊かな果実風味．タンニンの渋味が全体を引き締め，最後に果実風味が杉香を宿し，この香りは果実風味とアルコールと樽のオークの風味と見事に調和する．掛け値なしに最高級の完璧なワイン．

備考：このワインが最初1級に入らなかったのが不思議．メドック産のカベルネ・ソーヴィニョンとメルロー，カベルネ・フランによってワインが完全に調和し，極めて立派な酒質を造り上げている．

1908　レオヴィル・ラスカーズ ①

外観：驚くほど濃厚な紺青色．コクがあり深みと暖かみのある赤．

香り：果実を思わせる素晴しいブケ．その後に上品とは言えない香りが続く．これは動物の香りである．ただし面白い．

味：このワインの口中に残る味は長くなく，残ると楽しい．

1908　レオヴィル・ラスカーズ ②

外観：濃縮されたサンジュリアン．色は濃縮された濃い色調．

香り：濃縮された果実香．良く実ったぶどうの香気は素晴しい．ぶどうのできた場所は同じでも，出来不出来によりワインが違うのが良く分る．

1924　レオヴィル・ラスカーズ ①

外観：濃くて深みのある焦げたマホガニーを思わせる色合い．極めて上品．

香り：芳醇で濃密．良く熟した果実から得られる漿果のような混り気のない果実香．強くて複雑．

味：素晴しく豊かな果実風味．タンニンの渋味が全体を引き締めている．最後に果実風味が残る．掛け値なしに見事な深み．

1928　レオヴィル・ラスカーズ

備考：メドック産カベルネ・ソーヴィニョンの良さを余すところなく発揮している．

1924　レオヴィル・ラスカーズ ②

外観：濃くて深みがある．プラムの色を思わせ若々しくて強烈．

香り：薬草の香りを思わせ，円熟した果実と若いクロスグリの葉の香りに似たブケ．混り気のない新鮮な香りも感じられる．

味：純粋で澄んだメドック独特の味わい．果実風味とアルコールとオークの風味の調和が見事．最高級の完璧なワイン．

備考：カベルネ・ソーヴィニョンの渋味が，メルローとカベルネ・フランによってやわらげられる一方，プティ・ヴェルドが色合いを強めている．

1929　レオヴィル・ラスカーズ

外観：深くむらのない濃赤色．瓶の底に澱あるも難にならず．

味：力あるボディ．甘くタンニン強し，これがかなり後まで残るだろう．口当りが素晴しく，ほのかな甘味があるも，やや硬さが残るが，その爽やかな舌ざわりとのバランスが良い．メドックの2級の力が十二分に我々に伝わる．

メドック地区　111

味：香辛料を思わせる素晴しい果実風味．絹のような心地良い喉ごし．タンニンの味と香り．残る味質が素晴しい．

1900　ブレーヌ・カントナック

外観：濃厚で深みのあるルビー色．
香り：プラムやイバラの香りを思わせるまろやかで濃厚な香りが引き締まっている．
味：良くバランスのとれたワイン．口当りは果実を思わせ，爽やかで優雅な果実風味があり，飲むとオークの風味もまだ残っている．

1904　ブレーヌ・カントナック

外観：濃厚で豊かな色合い．やわらかさがあって，濃厚なルビー．メルロー独特の色合い．
香り：鼻孔にやさしい豊かな果実香．香辛料やクロスグリを思わせる．胸をわくわくさせる．
味：香辛料を思わせる素晴しい果実風味．絹のような心地良い喉ごし．かなりコクがあり余韻は長い．
備考：見事なできばえ．クリュの良さが分る．

1905　ブレーヌ・カントナック

外観：極めて濃厚なガーネットカラー．見た感じでも腰が強いように見える．
香り：洗練された美しさはない．しかし懐しい芳香を放つ．田舎的な風味のワイン．それでも大変懐しい香り．昔山梨で造られていたワインの持っていたツハリ香．すなわち学術的に言うダイアセチルの香りが強い．
味：色は濃厚でダイアセチルの香気強し．日本の一般的ワインはボディがないのでダイアセチルの香りが強いと飲みにくいが，このボルドーはこの香りが苦にならないのが不思議だ．
備考：久し振りにダイアセチルのワインを見た．これは良いワインと異なった酒質を備えている．

1906　ブレーヌ・カントナック

外観：非常に深くて強烈なルビー色．かなり暗くてルビー色の見事な輝きを帯びている．
香り：豊かで濃密．濃縮されたような香り，ひろがりもある．花の香り，素晴しく甘美な口当り．
味：果実風味．豊富なエキスに支えられた濃密な果実風味．腰も強く，タンニンの渋味はかき消されている．極めて上品．
備考：多くのシャトーで，タンニン含有量の少ないワインが生産されていた頃に造られた．昔ながらのカントナックの古典的なワイン．寿命は長いだろう．

1945　レオヴィル・ラスカーズ

1963　レオヴィル・ラスカーズ

第一ホテルで飲む．
外観：褐変しかかっている赤．緋赤を薄めたような赤色．
香り：香り薄し．麝香のような，猫の尿のような，酸化臭と発酵臭．
味：真に不幸な事に良い風味を失い酢酸の味を感じた．酸のバランス極めて悪し．
備考：輸入業者がワインが光と熱に弱いと言う事を知らないのではないか．

Château Brane-Cantenac ［Cantenac］

1899　ブレーヌ・カントナック

外観：非常に深みがある真紅色．すなわち濃度は濃く極めて深い味に見える．
香り：香辛料を思わせる濃密な果実香．クロスグリを思わせる甘美なブケ．

1926　ブレーヌ・カントナック

外観：非常に濃厚で深みのある暗赤色．濃くて深くて暖かみのある赤．腰が強くて濃厚そうに見える．

香り：果実を思わせる素晴しく豊かなブケに，香辛料やユーカリのような香りが混ざる．極めて刺激的．

味：爽やかでかなり辛口の風味．最初は控え目だがやがて素晴しく優雅な味わいが出てきて余韻は長く持続する．

1928　ブレーヌ・カントナック ①

外観：濃くて鮮やかなルビー色．極めてコクがありそう．非常に見事な色合い．

香り：現代にまさにぴったりのワイン．果実のような香りも豊か．オークの香りもわずかに鼻にくる．

味：コクがあって風味が豊か．タンニンの渋味があるが，十分にまるみがついている．風味は長持ちし個性的．

1928　ブレーヌ・カントナック ②

外観：極めて濃厚なディープガーネット，深みがある．

香り：甘美でねばっこく，メルロー種独特の果実を思わせる濃縮された香り．極めて上品．

1928　ブレーヌ・カントナック

味：コクがあり風味も豊か．タンニンの渋味があるが，十分にまるみがついている．ただし時間が経つにつれ，揮発酸を感ずる．

Château Léoville Poyferré [Saint-Julien]

1874　レオヴィル・ポワフェレ

外観：色調，残念にも褐変．赤の色はすでに退色．

香り：退色したワインの香りは酢の香りが強く，飲用に向かない．

味：酢酸臭が強くワインの体を失い残念．

備考：酵母の失敗か．残念である．

1899　レオヴィル・ポワフェレ

外観：濃厚で深みのあるルビー色．濃厚な濃赤色．

香り：純然たるカベルネ種のブケ．果樹の葉やイバラの香りを思わせる濃厚な香り．

味：素晴しくなめらかな果実風味．わずかにタンニンの渋味が残る．サンジュリアンの特徴をはっきり備えバランスも見事．

1908　レオヴィル・ポワフェレ

外観：オレンジがかった淡い赤．褐変して色は煉瓦色．ロゼに近い．

香り：非常に親しみやすい香り．果実の香りに似ていて，印象的でやさしい．

味：やわらかい．クロスグリのような果実風味．バランスが良く優雅でタンニンの渋味はない．

1911　レオヴィル・ポワフェレ

外観：上品で豊かな色合い．やわらかみがある．深いルビー色．

香り：鼻孔にやさしく豊かなメルローの果実香．香辛料やクロスグリを思わせる．胸をわくわくさせる力強い香り．

味：香辛料を思わせる素晴しい果実風味．絹のような心地良い喉ごし．酒質は中庸．

備考：見事な出来ばえ．サンジュリアンの立派なワイン．

1916　レオヴィル・ポワフェレ

外観：かなり濃いルビーのような色．極めて濃厚そうに見える．

香り：香辛料を思わせる濃密な果実香．甘美なブケ．

味：力強くリッチ．心地良くねばり気がある果実風味．ヴァニ

1918　レオヴィル・ポワフェレ ①

外観：濃くも淡くもなく力強い赤．円熟した色合い．澱多し．
香り：苺を思わせるブケ．菫にも似て調和がとれている．香りは非常に良い．
味：やさしく円熟した風味があり，引き締まっている．女性的レオヴィル・ポワフェレ．

1918　レオヴィル・ポワフェレ ②

外観：非常に深みのある濃い赤，すなわちディープガーネット．瓶の底はすでに褐変している．
香り：湿った木の枝や，ヒマラヤ杉，いぶした木材，それにヴァニラのような香りがかすかに混ざる．それに芳醇な果実香．
味：濃密で焼け焦げたような風味．口に含んでいる時の果実風味は素晴しく，飲むとタンニンの渋味が感じられる．良さを余すところなく発揮している．

1921　レオヴィル・ポワフェレ

外観：濃密でコクのありそうなディープルビー．
香り：甘美なブケ．クロスグリや薬草をいぶした時の香りを思わせる．
味：甘美な余韻．まろやかでやわらかい果実風味があって優雅な味わい．極めて魅力的で洗練されている．酒質はサンジュリアン．

1926　レオヴィル・ポワフェレ

外観：極めて深みのある強烈なガーネットカラー．瓶底はすでに褐変している．
香り：凝縮された上品なブケ．果実風味を感じさせる．プラムを思わせ，優雅．
味：極めてコクがあり，ビロードのようになめらかで，舌ざわりが素晴しい．一貫して強烈な風味が感じられる．タンニンと酸のバランスが見事．

1929　レオヴィル・ポワフェレ　マグナム

外観：濃くて深みがあり豊かな色調．縁の方が黄褐色に色づきかけている．
香り：甘美でねばっこく，メルロー種独特の果実を思わせる濃縮された香り．極めて上品．
味：コクがあって風味も豊か．タンニンの渋味があるが，十分まるみがついている．風味は長持ちし，個性的．

Château Léoville Barton ［Saint-Julien］

1864　レオヴィル・バルトン

外観：魅力的．コクがありそう．濃厚な暗赤色．グラスのまわりは褐色．ティアーが高く立つ．良くこれまで残ったと驚く．
香り：品質良く果実香を残す．
味：円熟した風味が口中にひろがる．濃厚でないが見事なバランス．飲むとかすかに渋味を感ずる．もっと早く飲むべきだった．
備考：非常に良い年の出来で，良く持ったワインでしっかりとして，立派に保存がきいた典型．大変に良い品質を保持できた．

1871　レオヴィル・バルトン

このシャトーもレオヴィル・ラスカーズと同じシャトー街道に面している．
外観：濃厚で暗赤色，エッジは褐色，見事な色調．
香り：芳醇な果実香の後に乾燥したヒマラヤ杉の香り．
味：濃厚で芳醇な味わい．これらの旨味が口中に長く留る．酸，渋が良く熟成して忘れ難い．ラスカーズと酒質は全く異なるが素晴しい．
備考：同じサンジュリアンでもこのような違いは良い勉強になった．

1874　レオヴィル・バルトン

外観：濃厚で極めて深みのある堂々としたワイン．濃厚な深みのある赤．エッジは褐色に変化している．
香り：濃厚で円熟した果実香．かなり深みがあって，プラムを思わせ優雅．
味：極めてコクがありビロードのようになめらかで舌ざわりが素晴しい．一貫して強烈な風味を感ずる．飲み頃．旨味は口中に長く感ずる．

1899　レオヴィル・バルトン

外観：素晴しく豊かで深みのある色合い．ほとんど光を通さず，クロスグリのような濃厚なガーネット．
香り：薬草の香りを思わせ，円熟した果実香．若いクロスグリに似たブケ．混り気のない新樽の香りも感ずる．
味：素晴しく豊かな果実風味．タンニンの渋味が全体を引き締めている．最後に果実風味が残る．

1899　レオヴィル・バルトン

1917　レオヴィル・バルトン

外観：深みのある強烈な赤．100 年ほど経ってもコルクがしっかりとしている．

香り：凝縮された上品で典雅なブケ．濃厚で円熟した果実香．かなり深みがありプラムを思わせる．

味：極めてコクがあり，ビロードのようになめらかな舌ざわりが素晴らしい．一貫して強烈な風味が感じられる．

1948　レオヴィル・バルトン

外観：濃くて深みがある．焦げたマホガニーを思わせる色合い．極めて上品．瓶の端は黄褐色．

香り：薬草香があり，ブケはイバラの香りを思わせる．円熟していてわずかにオークの香りも．

味：純粋で澄んだメドック独特の味わい．果実風味とアルコールとオークの調和が見事．酸渋の混和も完全．極めて良質．

Château Durfort-Vivens ［Margaux］

1900　デュルフォール・ヴィヴァン

1998 年，ボルドー・ワインアカデミーに客員会員として迎えていただくに当たり，当時イケムのアレクサンドル・ド・リュル・サリュース伯のところでアカデミーのみなさんといっしょに飲んだ．その場に来られたアカデミーのみなさんも誰も飲んだことがなかったワイン．「力強く，造りがしっかりしていて，バランスがよく，持ちが長い」との評価をいただいた．昔のグレイト・ワインの特徴だが，このワインも古くても驚くほど若々しかった．花の香りも，果実の香りも，豊かで生きがよく，何よりいっしょに飲んだみなさんと十分に楽しめた．アレクサンドル伯のところでのワイン会の後，いっときボルドーで話題になったワインでもある．

1917　デュルフォール・ヴィヴァン

外観：十分に熟成した赤褐色．煉瓦色．澱多し．開栓後早く仕上る．

香り：花，次に果実の香り．長続きはしない．マルゴーの産で，良くできているが早く飲める気がする．

味：濃厚でプラムや香辛料，クロスグリを思わせる果実風味が強く表れている．マルゴーの土地の産と良く分る．

Château Gruaud Larose ［Saint-Julien］

1865　グリュオー・ラローズ

外観：十分に熟成したコクのある濃厚なワイン．色調濃紺青色．縁の方は黄褐色を呈しているが難点とならず，落ち着いている．

香り：スパイシーで甘い香りが多大．ヨードのような香りを発する．

味：良くできていて，またバランス良好．タンニン，酸に溶け合い，円熟し風味良好．濃厚かつスパイシーで甘い果実風味を宿す．タンニンが最後まで残り感ずる．

備考：サンジュリアンのワイン．フィネスがあるが力強くできた良いワインである．

1870　グリュオー・ラローズ ①

外観：濃厚で極めて堂々とした深みのあるディープガーネットカラー．長年月貯蔵の関係でエッジは褐変，ティアーは力強し．

香り：凝縮され上品で典雅なブケ．

味：濃厚で円熟した果実風味．かなり深みがあって，プラムを思わせる極めて優雅なワインに仕上っている．

1870　グリュオー・ラローズ ②

外観：非常に深みがあり濃厚なガーネット．瓶の端が褐色．

香り：素晴しく芳しいブケ．果実やバラを思わせるやわらかみのある香り．印象的でうっとりする．

味：強烈な香辛料の香りが後まで続く．

1874　グリュオー・ラローズ

外観：力強く濃厚な紅赤色．エッジは褐色を呈している．

香り：熟した果実を思わせるはっきりしたブケにヒマラヤ杉のような香りが混ざる．後の方になってやや甘美な香りに欠けるが．

味：凝縮された強烈な果実風味が，非常にうまく溶け込んでいる．かすかに薬草のような風味があって，口に含んでいる間は素晴しい味わい．飲むと力強い．この味は長く口中に留る．

備考：印象的なワイン．昔ながらの酒質で，メルロー独特のやわらかみのある果実風味が，カベルネから抽出されたタンニンや醸造法の影響で目立たなくなっている．

1878　グリュオー・ラローズ

外観：やや淡く，深く澄んだ赤．熟成が進み澱が多い．

香り：複雑なブケ．チョコレートやヴァニラを思わせる．

味：濃厚であるが，旨味はない．残念．

1881　グリュオー・ラローズ

外観：素晴しい色合い．非常に深みのある濃赤色．瓶の底は褐色の色が深い．澱が多いも難点でない．

香り：濃厚で力強い漿果の香りを思わせるブケ．果実香に富んで極めて上品．

味：濃厚で，ロウのような舌ざわり．果実風味に富んだ昔のメドック風．風味が良く引き出されており，酸味が良く溶けている．

備考：非常に良くできたワイン．ジロンド川の比較的近くに位置する格付けされたこのシャトー独特の酒質はうかがえない．

1900　グリュオー・ラローズ ①

外観：非常に深みのある濃厚な赤．

香り：辛口に仕上った濃厚なワインは堂々とし，かつ，高尚なスタイルは，サンジュリアン古来のワイン．素晴しい．

味：極めて秀逸なワイン．完全に成功している．酒質は非常にはっきりしている．飲み頃に何年もかけて到達しており，サンジュリアンのワインと分る．この姿は圧巻．

1900　グリュオー・ラローズ ②

外観：深みのある強烈な赤．わずかな違いでパルメほど濃厚には見えないが，引き締まっていて澄んでいる．

香り：凝縮された上品で典雅なブケ．木香が漂い熟成も十分．

味：凝縮され濃厚で強烈な果実風味．口に含むとタンニンの渋味が感じられる．かなり深みがあって複雑．風味は完全に引き出されている．

1905　グリュオー・ラローズ

外観：濃厚で深みのあるディープガーネットカラー．エッジはすでに褐色を呈す．

香り：このワインも，ダイアセチルの香りが強い．この香りは近代ワインにはない古い時代のもの．湿った苔のような，湿った下草のような，麝香のような香りが強い．

味：香りの点を考慮しても現代的ワインではないと現在のコノサー（鑑定家）達が言っても，このワインは力がある．ダイアセチルの香りを除いて，このような品質のものを十二分に味わってみるのも一つの勉強だと知るべきだ．

1911　グリュオー・ラローズ

外観：酢酸敗．

香り：酢酸臭強し．以前は果実香が強かったようだが，香味が衰え，見るのも悲しい．

1915　グリュオー・ラローズ

多雨とうどん粉病のため，ぶどうの品質と収穫が悪く評価不能．

1917　グリュオー・ラローズ

外観：円熟した色調．やわらかみのある煉瓦色．縁の方は褐色．澱なし．

香り：しっかりしてまだ果実香がいくらか残っている．

味：思ったより早く味が切り上る．終了早し．

1919　グリュオー・ラローズ ①

外観：深みのある強烈なガーネット（ディープガーネット）．澱が多い．極めて深みのある色調．エッジは完全な褐色．コクはありそう．

香り：花の香りの後，果実香．濃厚で円熟．

味：凝縮された強烈な果実風味が非常にうまく溶け込んでいる．かすかに薬草のような風味があって口に含んでいる間は素晴しい味わい．

1919　グリュオー・ラローズ ②

外観：極めて深みのある色．濃くて深くて暖かみのある深紅．腰が強くて濃厚そう．

香り：濃厚で円熟した果実香．かなり深みがあってバラの香りとプラムの香りを彷彿させる．

味：濃厚でバラの香りの後にプラムや香辛料の他にクロスグリを思わせる果実風味．

1921　グリュオー・ラローズ

外観：濃厚で極めて堂々とした深みのある色調．褐色の色合いはほとんど見られず，極めて印象的．

香り：濃厚で円熟した果実香．プラムを思わせ優雅．

味：極めてコクがあり，ビロードのようにやわらか．舌ざわりが素晴しい．一貫して強烈な風味．

1924　グリュオー・ラローズ

外観：濃くて深みがあり，豊かな色調．縁の方が黄褐色に色づきかけている．

香り：甘美でねばっこく，メルロー種独特の果実を思わせる濃縮された香り．極めて上品．

味：コクがあって風味も豊か．タンニンの渋味があるが，十分にまるみがついている．風味は長持ちし個性的．

1934　グリュオー・ラローズ

外観：濃くて深みのあるプラムの色を思わせ，強烈．

香り：薬草の香りを思わせ円熟した果実香．若いクロスグリの葉の香りに似たブケ．混り気のない新樽の香りも感じられる．

味：純粋で澄んだメドック独特の味わい．果実風味とアルコールとオークの風味の調和が見事．

1953　グリュオー・ラローズ

1964　グリュオー・ラローズ

Château Pichon Longueville Comtesse de Lalande ［Pauillac］

1865　ピション・ロングヴィル・コンテス・ド・ラランド　マグナム

外観：ダークルビー．十分に熟成をうかがわせる．グラスの縁は褐色を呈している．

香り：花の香りが少し残っている．後に果実香．変じて濃厚なシェリー香に変った．複雑な香気に驚かされる．

味：極めてコクがあり複雑な風味．濃厚で良いバランスを保つ．風味は長く口中に残り，最後に香辛料の風味が残る．

備考：一般に2級以下はあまり強く印象に残らないが，このワインを知りテストできたのは僥倖だ．

1874　ピション・ロングヴィル・コンテス・ド・ラランド

外観：濃厚で力強いディープルビー．瓶の縁は褐色．

香り：強烈な果実風味の後から，極めて強烈な香辛料の香り．またヴァニラを思わせるような香りも極めて濃厚で，円熟した果実香あり．

味：コクがあって絹のようになめらかな風味．口当り，円熟した風味が，口中に見事なバランスでひろがり，繊細な風味が血統の良さを物語っている．美味が長く口中に残る．

1875　ピション・ロングヴィル・コンテス・ド・ラランド ①

外観：深みのある濃厚なルビー色．ただ瓶の端はすでに黄褐色を呈している．

香り：芳しいクロスグリを思わせるアロマがまだ残り，果実香も残存する．ポーヤック産独特の力強い香辛料の香りがはっきりしている．

味：素晴しく豊かな果実風味．メドック独特の味わい．タンニンが全体を引き締めている．美味だ．

備考：メドックのポーヤック産のカベルネ・ソーヴィニョンとメルローが一体となって良く混和している．極めて良好酒．

1875　ピション・ロングヴィル・コンテス・ド・ラランド ②

外観：濃くて美しい深みのあるルビー色．完全に熟成している．

香り：苺を思わせるブケ．菫にも似て極めて良く調和がとれている．

味：やさしく，円熟した風味があり，引き締まっている．タンニンもアルコールも酸も円熟している．口中に長く留る．

備考：良い年のワインと言われているものの典型．2級でも立派．澱も苦にならなかった．

1875　ピション・ロングヴィル・コンテス・ド・ラランド ③

外観：力強くコクがあり，色調ダークルビー色．エッジは完全に黄褐色を帯びている．

香り：優雅な花の香り．果実香．すなわちクロスグリ，プラムのような香り．この後にトーストのような香りが立つ．

味：魅力的で風味とバランスが素晴しい．酸味とアルコールが一体となりワインに溶け合っている．さすが良くでき上ったワイン．

備考：ポーヤックのワインとして素晴しい．良く造られたワイン．

1900　ピション・ロングヴィル・コンテス・ド・ラランド ①

外観：コルク元詰め．非常に深みのある上品なディープガーネット．濃厚さは品質の力強さを表す．コクがありそう．最初見た時，マルゴーと間違えた．

香り：花の香りは菫を思わせ，その後に，柑橘類の香り．この香りが素晴しい．ロシア革や藁の香りも．

味：濃厚で甘美な果実風味．高尚な味わい．甘味をたたえ，タンニンと酸の香りが一体になっている．非常に堂々としたワイン．

備考：極めて秀逸．完全に成功しており，酒質は非常に明解．初めて見るワインとしてこの酒質に驚く．

1900　ピション・ロングヴィル・コンテス・ド・ラランド ②

外観：コクがありそうな深いルビー色．むしろガーネットカラーに近い．瓶底はすでに褐色．

香り：芳しいクロスグリを思わせるアロマとかすかにオークの香りが残る．

味：まろやかで果実風味があり，飲み口がしっかりしている．良くできていて，メドック風の酒質を備えた古典的なカベルネ．

1920　ピション・ロングヴィル・コンテス・ド・ラランド ①

外観：上品で濃厚なルビー色．十分にコクがありそう．

香り：嗅覚にやさしい果実香．わずかにブルゴーニュのピノ・ノワールを思わせるところがあって，またオークの香りが残っている．

味：前面に押し出された魅力的な果実風味も，新樽から残された香りがブルゴーニュ的なワインのようなはかない印象を与える．飲み心地が良くしなやかで十分長持ちし，複雑な味わいが出てくる．

1920　ピション・ロングヴィル・コンテス・ド・ラランド ②

外観：深みのある赤．むしろ暗紅色．

香り：熟した果実を思わせるはっきりしたブケにヒマラヤ杉のような香りが混ざる．

味：凝縮された強烈な果実風味が非常にうまく溶け込んでいる．またかすかに薬草のような風味があって口に含んでいる間は，素晴しい味わい．

1921　ピション・ロングヴィル・コンテス・ド・ラランド

外観：濃くて深みがある．プラムの色を思わせ美しくて強烈．

香り：薬草の香りを思わせ，円熟した果実香．若いクロスグリの葉の香りに似たブケ．混り気のない新樽の香りも感じられる．

味：純粋で澄んだメドック仕様の味わい．果実風味とアルコールとオークの調和が見事．最高級の完璧なワイン．

1924　ピション・ロングヴィル・コンテス・ド・ラランド

外観：非常に強烈な色調．同じポーヤックの物と比較するといくらかコクがありそうだが，かなり年をとったように見える．

香り：熟した果実を思わせるはっきりとしたブケに，ヒマラヤ杉のような香りが混ざる．後の方になってやや甘美な香りに欠けてくる．

味：凝縮された強烈な果実風味が非常にうまく溶け込んでいる．かすかに薬草のような風味があって，口に含んでいる間は素晴しい味わい．

1931　ピション・ロングヴィル・コンテス・ド・ラランド

外観：濃くて深みがあり焦げたマホガニーを思わせる色合い．極めて上品．コクがありそう．サンジュリアンに近いポーヤックの産．

香り：薬草香があり，ブケはイバラの香りを思わせる．円熟していてわずかにオークの香りも．

味：素晴しく豊かな果実風味．タンニンの渋味が全体を引き締めていて，最後に果実風味が残る．

1990　ピション・ロングヴィル・コンテス・ド・ラランド

外観：濃くて美しい深みのあるルビー色．縁の方は黄褐色に変化．

香り：甘美でねばっこく，メルロー種独特の果実を思わせる香り．濃縮された上品な香気．

味：コクがあり濃密な口当り．きめが細かいメルロー種のやわらかさがポーヤックのカベルネ種独特の濃密さと一体となっている．

Château Ducru-Beaucaillou ［Saint-Julien］

1924　デュクリュ・ボーカイユ

外観：深みのある強烈な赤．わずかな違いでパルメほど濃厚には見えないが引き締まっていて澄んでいる．

香り：凝縮された上品で典雅なブケ．木香が漂い熟成が始まっている．かなり期待できる．

味：凝縮され濃厚で強烈な果実風味．口に含むとタンニンの渋味が感じられる．

1926　デュクリュ・ボーカイユ

外観：深みのある強烈な赤．すなわち濃厚なガーネットカラー．瓶底は黄褐色．

香り：凝縮された上品で典雅なブケ．

味：かなり深みがあって複雑．風味が非常に上品に引き出されている．タンニン，酸が熟成し味はまとまっている．

1937　デュクリュ・ボーカイユ

外観：濃くも深くもなく力強い赤．円熟した色合い．

香り：苺を思わせるブケ．菫にも似て，調和がとれている．

味：やさしく円熟した風味があり，引き締まっている．女性的なデュクリュと言える．

1967　デュクリュ・ボーカイユ

外観：コクのありそうな深いルビー色．

香り：芳醇で濃密．良く熟した果実から得られる漿果のような

混り気のない果実香．強くて複雑．

味：純粋で澄んだメドック独特の味わい．果実風味とアルコールとオークの調和が見事．

Château Cos d'Estournel [Saint-Estéphe]

1870　コス・デストゥールネル

外観：非常に強烈な色調．濃厚なダークルビー．かなり年をとったようにも見える．

香り：熟した果実を思わせるはっきりとしたブケに，ヒマラヤ杉の香りが混ざる．後の方になってやや甘美な香りが欠けてくる．

味：凝縮された強烈な果実風味が非常にうまく溶け込んでいる．かすかに薬草のような風味があって口に含んでいる間は素晴しい味わい．

1878　コス・デストゥールネル

外観：焼けた煉瓦色．澱多く色褪せている．エッジは黄褐色．

香り：酸が強い．すでに老熟．旨味なし．

味：酸，タンニン，アルコール，別々に混ったようで，エレガンスがない．残念．

1905　コス・デストゥールネル

外観：赤い色．薄くなり，良い色とは言えない．エッジ，黄褐色．

香り：酸化臭があり極めて残念．

味：酸化臭があり，お世辞にも良いワインと言えない．真に残念．

1911　コス・デストゥールネル

外観：非常に強烈な色調．堂々として深みがある褐色の色調．エッジは褐色．

香り：熟した果実を思わせるはっきりとしたブケにヒマラヤ杉のような香りが混ざる．後に甘美な香りが混ざる．

味：凝縮された強烈な果実風味が非常に深く溶け込んでいる．かすかに薬草のような風味があって，口に含んでいる間は素晴しい味わい．口中に長く留めたい．

1928　コス・デストゥールネル ①

このワインはパリの有名なワイン問屋のニコラがかなり購入した．コスのレッテルと，自社のレッテルを同時に瓶の前面にはいっていた．

品質が素晴しいのを思い切って大量に買った問屋の力は大したものだと思う．

外観：深みのある強烈な赤．堂々としている．マグナムの保存の良さが理解できる．澱は問題にならず．

香り：この蔵で当時使われていたセパージュの良さがよく分る．主要品種，カベルネ2種とメルロー，これにマルベック，これらが皆本当に良くミックスされていて，濃厚で円熟した果実香．かなり深みがあって，プラムを思い起こさせる．

味：優雅な味．香りに優っている味．極めてコクがあり，ビロードのようななめらかさ，舌ざわりが素晴しい．土地の良さも分る．口に含むとタンニンの渋味は十二分にあり甘い．樽の香りも十二分に感ずる．このワインは，辛酸甘苦渋のバランスが素晴しい．口中に長く残り，本当に素晴しい．

1928　コス・デストゥールネル ②

外観：濃厚で極めて堂々とした深みのあるディープロゼ．このワインをパリのニコラがまとめて買ったわけが分る．

香り：濃厚で円熟した果実香．極めて深みがあり，プラムの香りを思い起こす．

味：凝縮され深層で強烈な果実風味．口に含むとタンニンの渋味が感じられる．かなり深みがあって複雑．風味が引き出されて長く口内に残る．

1934　コス・デストゥールネル

外観：非常に強烈な色調．年代よりもいくらかコクがありそうだが，かなり年をとったように見える．

香り：熟した果実を思わせるはっきりとしたブケにヒマラヤ杉のような香りが混ざる．後の方になってやや甘美な香りに欠けてくる．

味：凝縮された強烈な果実風味が非常にうまく溶け込んでいる．かすかに薬草のような風味があって，口に含んでいる間は素晴しい味わい．飲むとやや硬質．

1970　コス・デストゥールネル

外観：黄褐色を含んだ明るい赤．コクがあり熟成しているよう．瓶底は黄褐色を帯びている．香気はびっくりするほど強烈．

香り：極めて強烈な香りは信じることができないくらい甘美で重厚．極めて良く造られている．

味：極めてコクがあり，凝縮されて果実風味が非常にうまく酸渋に溶け込んでいる．またビロードのような舌ざわりが素晴しい．これらに薬草のような風味が混ざる味わいは口に含ん

1947　コス・デストゥールネル

でいる間は真に素晴しい．

備考：隣のラフィットとここまで酒質が異なるのは驚きだ．酒質も素晴しい．

Château Montrose ［Saint-Estéphe］

1867　モンローズ

外観：円熟味あふれる力強い色調．やわらかみのある煉瓦色．縁は褐色でも難点とならず．

香り：魅力的な果実香．この後複雑なヒマラヤ杉や香辛料の香り．良くこのような香気が残った．

味：コクがあり円熟した風味が口中に残る．濃厚で見事なバランス．酸，渋，共に熟成．優雅な味わいがつき，これらは完全に熟成．風味は長持ちし素晴しい．

1869　モンローズ

外観：非常に強烈な色調．深みのあるガーネット．見た感じでも力があふれている．

香り：熟した果実を思わせるはっきりとしたブケに，ヒマラヤ杉のような香りが混ざる．

味：濃縮され濃厚で強烈な果実風味．タンニンがすでに飽和している．口に含むとタンニンも酸との融和を感じさせるが落ち着いていて極めて典雅．良くできている．

1870　モンローズ ①

外観：凝縮された，極めて堂々とした深みのある色調．エッジは褐色を帯びている．コクがあって熟成していそう．

香り：素晴しい，凝縮された上品な香気．果実を思わせ，典雅で落ち着いた木香もある．

味：極めてコクがあり，ビロードのようになめらかで舌ざわりが素晴しい．一貫して強烈な風味を感じる．

備考：印象的なワイン．昔ながらの酒質．メルロー独特のやわらかみのある果実風味がカベルネから抽出されたタンニン分や醸造法の影響で目立たなくなっている．

1870　モンローズ ②

外観：非常に濃いルビーレッド．一部のメドックほど強烈な色ではない．

香り：あふれんばかりの極めて力強い香り．堂々としている．

味：濃密で焼け焦げたような風味．口に含んでいた時の果実風味は素晴しい．飲むと口中で樽の香りが長く続く．

1921　モンローズ

外観：極めて濃く深みのある暗赤色．ディープガーネット．不透明に近く，若々しくて，まだ熟成が進んでいないように見える．

香り：しっかりしていて，かすかに菫のような香りが混ざる．まだかなりの香りが閉じ込められていそうだ．

味：非常に腰が強くて肉厚で噛めそうなワイン．エキス分には富んでいるが，それほど魅力はない．時間が必要か．

1928　モンローズ

外観：極めて深みのある色調．濃くて深くて暖かみのある赤．腰が強くて濃厚そうに見える．

香り：果実を思わせる素晴しく豊かなブケに香辛料やユーカリのような香りが混ざる．刺激的．

味：濃厚で甘美な果実風味．高尚な味わい．ロシア革や菫の香りを思わせる．かなり若い非常に堂々としたワイン．やわらかみが特徴．

メドック地区　*121*

香り：いぶしたような葉巻の香りに近いブケ．樟脳に近い香りも含む．またクロスグリや草の匂いを思わせる華麗な香りも．非常に複雑で熟成．第3級のワインでこのように素晴しいのに驚く．

1865　キルヴァン ②

友人アンリ・シラーさん，および息子ヤンさんの新しいシャトーで見せてもらったワイン．

外観：デカンターにとったワイン．円熟した色調．やわらかみのある十分に熟成した赤褐色．非常にコクのありそうな色調．グラスのエッジは褐色を帯びている．ティアーも良く立つ．

香り：薬草や漿果の香りを思わせるブケ．甘い果実のような香りも豊か．

味：風味が凝縮され，並はずれて濃厚でなめらかさがあり，独特の深みが素晴しい．タンニンが良く酸と溶け合い，ビロードのようになめらかで舌ざわりが素晴しい．

備考：古典的で古風と言って良い酒質のワイン．出色の年で膨大な収量を記録したのに品質も高い．ワインも素晴しく良いものができた．

Château Langoa Barton ［Saint-Julien］

1945　ランゴア・バルトン

外観：濃くて深みがあるプラムの色を思わせ，若々しくて強烈．ディープガーネット．

香り：芳しいクロスグリを思わせるアロマに，かすかにオークの香りが混ざる．

味：まろやかな果実風味があり，飲み口がしっかりしている．メドック風の酒質もそなえた古典的なカベルネ．ワインとして最良．

Château Malescot Saint Exupéry ［Margaux］

1904　マレスコ・サンテクジュペリー

外観：濃厚なプラムのような色．ディープガーネット．この濃厚な色調は不思議だ．

香り：チーズの香りのなかから香辛料の香りが放たれ，やわら

1934　モンローズ

第3級

Château Giscours ［Margaux］

1865　ジスクール

外観：非常に美しくコクのありそうな色調．縁の方は黄褐色．
香り：しっかりしていて果実香が残っている．力強い．
味：良くできていて，バランスがとれている．円熟した風味が口中にひろがる．濃厚な見事なバランスを示す．タンニンも良く酸に溶け込んでいる．
備考：原料豊富でワインの品質も極めて良く作られた．

Château Kirwan ［Margaux］

1865　キルヴァン ①

外観：円熟した深い赤．美しいガーネット色．縁の方が黄褐色．

かくワインすべてを包み込む．
- 味：豊かで濃厚．クロスグリや香辛料を思わせる素晴しい甘美な果実風味．タンニンの渋味もきいているがきついと言うほどではない．非常に良くできている．
- 備考：最上級のクリュではなくマルゴーの3級．ワインがテロワールで決まるのを知りあらためて驚く．

Château Cantenac Brown ［Margaux］

1881　カントナック・ブラウン

- 外観：マルゴー村のカントナックの産．極めて堂々とした深みのある色調．瓶の底の褐色は難とならない．澱は多い．
- 香り：濃厚で力強い漿果の香りを思わせるブケ．果実香に富んでおり極めて上品．
- 味：しっかりとした口当り．最初は控え目で粗削りだが，次第にひろがってくる飾り気のない甘味が素晴しい．良いワインだ．口中に残る素晴しさも長く味わいたい．

Château Palmer ［Margaux］

1868　パルメ ①

- 外観：濃厚で極めて堂々とした深みのある色調．濃厚なガーネット．褐色の色合いはほとんど見られず，非常に印象的．
- 香り：濃厚で円熟した果実香に力があって，プラムを思わせ優雅．
- 味：これが3級のワインとは驚くべきで，極めてコクがあり，ビロードのようになめらかで舌ざわりが素晴しい．一貫して強烈な風味が感じられる．

1868　パルメ ②

- 外観：濃厚で極めて堂々とした深みのある色調．強烈なガーネット．褐色の色合いがほとんど見られないくらい濃厚．
- 香り：凝縮された上品で典雅なブケ．樽香も長い間に熟成してワインと一体になっている．
- 味：濃厚でロウのような舌ざわり．果実風味に富んだ昔のメドック風．風味が良く引き出されており，タンニンも熟し，また酸味が良くきいており深みがあり複雑．品質すこぶる良し．

1868　パルメ ③

- 外観：強烈で極めて深みのある濃赤色．非常に美しくコクのありそうな色調．縁の方は完全に黄褐色を帯びている．
- 香り：複雑で極めて香しく，ヒマラヤ杉や香辛料を思わせる素晴しい芳香を放つ．
- 味：コクがあり絹のようになめらかな風味と口当り．濃厚で見事なバランス．繊細な風味は優雅な味わい．口中に長く残す．ワインの姿は極めて立派．
- 備考：出色の年．膨大な収量を記録したのに品質も高い．良くできたワインで，グラスに2度目につぎ足した時，完全に脱色したように見え，高円宮殿下が驚かれた．その晩に余ったワインをバカラのシャンパングラスに入れてサランラップをかけ一晩置いておくと，驚く事に完全に濃赤色に色がもどり，風味が素晴しくなっていた．不思議な現象だ．ワインの不思議と言うことだ．

1869　パルメ

フィロキセラ禍前のワイン．パルメは1870年にフィロキセラに見舞われた．
- 外観：深みのある強烈なガーネット．濃厚で極めて堂々とした

1869　パルメ

深みのある色調．褐色の色合いは瓶の端に．

香り：濃厚で円熟した果実香．かなり深みがあってプラムを思わせ極めて優雅．

味：凝縮された強烈な果実風味が非常にうまく溶け込んでいる．かすかに薬草のような風味があり，口に含んでいる間は素晴しい味わい．マルゴーの地質を感じる．

1920　パルメ

外観：濃厚で深みのあるルビー色．ワインの色合いは完熟．

香り：プラムやイバラを思わせるまろやかで濃厚な香り．全体が引き締まっている．

味：素晴しくなめらかな果実風味．わずかにタンニンの渋味が残っているが，難点にならない．産地マルゴーの特徴をはっきり備え，バランスが見事である．

1921　パルメ

外観：円熟した色調．やわらかみのある煉瓦色．縁の方が褐色を帯びている．澱なし．

香り：しっかりとしていて，まだ果実香がいくらか残っている．

味：魅力的で，しなやか．やわらかみのある果実風味．この年のものとしては良くできている．ただオーバーライプ．

1924　パルメ

外観：濃厚で深く燃えるような赤．わずかに瓶の縁が黄褐色を帯びている．

香り：芳醇で気品があり，とろけそうな木の香りがたっぷりと溶け込んでいる．

味：堂々とした造りと酒質．様々な要素が完全に調和しているので重さは感じない．タンニンの渋味はすでにワインと融合し，素晴しいバランスを表している．

1941　パルメ

外観：極めて深みのある色調．ディープガーネットカラー．濃くて深くて暖かみのある色調．腰が強くて濃厚そうに見える．

香り：果実を思わせるような素晴しく豊かなブケに，香辛料やユーカリのような香りが混ざる．

味：極めてコクがあり，ビロードのようになめらかで舌ざわりが素晴しい．一貫して強烈な風味が感じられる．ただ感心するのみ．

1948　パルメ

外観：濃厚で極めて堂々とした深みのある色調．褐色の色はまだ認められず非常に印象的．極めて濃厚なディープガーネット．

香り：濃厚で円熟した果実香．かなり深みがあって，プラムを思わせ，極めて優雅．

味：極めてコクがあり，ビロードのようになめらかで舌ざわりが素晴しい．一貫して強烈な風味を感じる．アルコール，タンニンは強烈でもバランスは極めて良好．

1969　パルメ

外観：極めて円熟した深みのある色調．濃厚なガーネット．エッジは黄褐色を帯びている．ティアーは力強い．3級とは驚く．

香り：マルゴー村独特の華麗な果実香を含み，真に優雅なワインの本質を持ち続ける．

味：風味とバランスが素晴しい．酸味は十分に熟成，タンニンもしっかりしており，絹のようになめらかな風味と口当り．これらが長く口中に残り，ワインの旨さを長く残す．これが3級と知った時の驚きと至福の喜び．

備考：出色の年．膨大な収量を記録したとも伝えられるが，このように品質の高いワインができた．優良のワインが大量に醸造された．

Château La Lagune ［Haut-Médoc］

1916　ラ・ラギューヌ

外観：淡く澄んだ明るい色．美しいが少しやせた感じ．縁の方は褐色．澱も多し．

香り：果実の香りを思わせる軽くて優雅な香り．上品だが軽い．

味：優雅でかなり控え目な果実風味．コクに欠けている．オー・メドック地区のリュドン村の産だから，内容はこの位か．

1921　ラ・ラギューヌ

外観：非常に深みのある濃い赤．わずかに褐色を帯びている．むらがなく濃厚そうに思える．

香り：湿った木の枝や，ヒマラヤ杉，いぶした木材，それにヴァニラのような香りがかすかに残る．芳醇な果実香．

味：濃厚で焼け焦げたような風味．口に含んでいる時の果実風味は素晴しく，飲むとタンニンの渋味が感じられる．まだ大味．

Château Desmirail ［Margaux］

1875　デスミライユ ①

外観：非常に美しく濃いルビー色．コクがありそうな色調．エッジは完全な黄褐色．

香り：やわらかみのある円熟した果実香が長く美しく極めて切れ良く持続する．上品で，この年のマルゴー村のワインの特徴か，その微妙な香りがこの世のものと思えない．この種の本物のワインを飲みたいと思う気持をそそられる．

味：旨味は長く口中に残る．

備考：マルゴー村の中堅と思われていたが，ここの畑はやはりグラン・クリュだったのを再認識した．

1875　デスミライユ ②

外観：深くて美しいルビー色．澱を除き，デカンターにワインをとる．3級にしては秀逸．

香り：かすかに木をいぶしたような芳香がある．同時にクロスグリに似た芳香も．

味：果実風味が際立ち，きめが細かい．メルロー種の爽やかさとマルゴーの酒質．それにカベルネ種独特の濃密な風味が一体となっている．口中に長く留る．

備考：メドックの3級．びっくりするほど酒質が良い．

1924　デスミライユ

外観：非常に美しくてコクがありそうな色調．かすかに褐色を帯びている．瓶の底に澱がない．

香り：しっかりとしていて，まだ果実香がいくらか残っている．

味：コクがあって絹のようにやわらかな風味と口当り．かなり期待が持てる．すでに優雅な味わいがついているが，まだ完全に熟成はしていない．風味は非常に長持ちする．

Château Calon-Ségur ［Saint-Estéphe］

1918　カロン・セギュール ①

外観：十分に熟成した赤褐色．エッジが黄褐色．しっかりしている．

香り：まだ果実香がいくらか残っている．

味：良くできている．バランスもとれており，この年のものは

1855　カロン・セギュール

風味が長持ちする．飲むとかすかに渋味を感ずる．開栓後1時間で衰えた．

1918　カロン・セギュール ②

外観：極めて深みのある色調．しかし色は少し褪せて薄い．

香り：野バラ，クロスグリ，野生のサクランボ，それにオークを思わせるみなぎるようなアロマ．複雑で良く熟成している．

味：味もブケと同じような印象．濃密で繊細な味わいには欠けるが，バランスはとれていて風味がある．

1925　カロン・セギュール

外観：上品で濃厚なルビー色．十分にコクがありそう．

香り：鼻孔にやさしく豊かな果実香．香辛料やクロスグリを思わせる濃密な果実香．

味：心地良くねばり気のある果実風味．ヴァニラのような風味あり．まだ若く果実のようなすっぱさも残る．

1928　カロン・セギュール ①

外観：濃厚で深みのあるルビー色．かなり完成された色合い．

香り：芳しいクロスグリを思わせるアロマに，かすかにオークの香りが混ざる．

味：まろやかな果実風味があり，飲み口がしっかりしている．メドック風の酒質を備える古典的カベルネをここに見る．

1928　カロン・セギュール ②

外観：濃くて深みがあり豊かな色調．縁の方が黄褐色に色づきかけている．

香り：かすかに木をいぶしたような芳香があって，同時にクロスグリのような香りも出る．

味：果実風味が際立ち，きめが細かい．メルロー種のやわらかさとカベルネ種独特の濃密な風味が一体となっている．

1928　カロン・セギュール ③

外観：濃厚でダークルビー．瓶底はすでに黄褐色．力はありあまるほどにある．

香り：樽の力を感ずるも難にならず．この樽の香りの後，モカの香りを感ずる．

味：古いメドックの感じは，このワイン独特．品質は思ったより良く安心できる．

1929　カロン・セギュール　マグナム

外観：コクがありそう．非常に深みのある濃い赤．わずかに褐色を帯びている．むらはなく濃厚そうに見える．

香り：木の枝やヒマラヤ杉，いぶした木材，それにヴァニラのような香りがかすかに混ざる．芳醇な果実香．

味：濃密で焼け焦げたような風味．口に含んでいる時の果実風味は素晴らしく，飲むとタンニンの渋味が感じられる．大味．

1937　カロン・セギュール

外観：濃い色合い．やわらかみがあって深いルビー色．

香り：鼻孔にやさしく，豊かな果実香．香辛料やクロスグリを思わせる．

味：かなりコクがあり，まだタンニンの風味が強いが，果実風味は混り気がなくて豊か．苦味は少しも感じられない．

1945　カロン・セギュール

外観：やや濃い目の煉瓦色．縁の方がわずかに淡い．濃くてベルベットの感触と焦げたマホガニーを思わせる色合い．

味：濃厚なコーヒーとヒマラヤ杉の香気を持つ芳熟な果実風味．タンニンの渋味もきいている．

1949　カロン・セギュール

外観：濃厚でコクがありそうな凝縮された赤．むしろディープガーネットに近い．瓶底と端は黄褐色に変化．

香り：濃厚で力強い漿果の香りを思わせるブケ．果実香に富んでおり極めて上品．

味：しっかりとした口当り．最初は控え目で粗削りだが，次第にひろがってきて飾り気のない甘味が素晴らしい．秀逸．

第 4 級

Château Branaire Ducru ［Saint-Julien］

1877　ブラネール・デュクリュ ①

外観：ブルゴーニュ的．カベルネ的．色調ロゼ的．

香り：甘美．芳香．花の香り．ラベンダー．

味：甘美にして，ラベンダーの香り．長く口中に留る．極めて甘美．ブルゴーニュ的ワイン．

1877　ブラネール・デュクリュ ②

外観：濃厚なルビーカラー．極めてコクのある，暖かみのある濃厚なルビー色．腰が強そうに見える．縁は褐色を帯びる．

香り：甘美で強烈なスパイシー．芳香は菫の香りを発する．

味：芳醇．菫．甘美．徐々に酸を感ずる．長く口中に留めたい．濃厚な果実風味．高尚な味わい．

1900　ブラネール・デュクリュ ①

外観：濃いルビーレッド．一般のメドックとは明らかに異なる．強烈ではなく色調も淡い黄褐色．

香り：香りは持たず，もっと早く見るべきであって，味のバランスも良くない．木香が立ち酸臭を感ずる．

味：この1本だけで批評するのは可哀相だ．同じサンジュリアンのレオヴィル・ラスカーズと全く異なる．若々しさを失い，老女のよう．老醜をさらす姿はただ悲しい．

1900　ブラネール・デュクリュ ②

外観：濃くも淡くもなく力強い赤．むしろダークガーネットに近い円熟した色合い．

香り：苺を思わせるブケ．また菫にも似て調和がとれている．

味：やさしく円熟した風味があり，引き締まっている．女性的なワイン．

1924　ブラネール・デュクリュ

外観：煉瓦色．上品で濃厚なルビー色．十分にコクがありそう．

香り：鼻孔にやさしく豊かな果実香．香辛料やクロスグリを思

わせる．果実を押しつぶしたような甘美なブケ．かなり濃縮されている．
味：香辛料を思わせる素晴しい果実風味．絹のような心地良い喉ごし．ヴァニラのような心地良い風味あり．

モンを思わせる香りがある．興味深く持続性もある．
味：極めて濃厚でタンニンの渋味が全体を引き締めている．風味にはかなり深みがあり，はっきりしていて新鮮といって良い．非常に期待が持て，まだ20年は持つだろう．

Château Talbot [Saint-Julien]

1934　タルボ
外観：濃くて深みがある．プラムの色を思わせ，若々しくて強烈．
香り：薬草香があり円熟した果実香．若いクロスグリの葉に似たブケ．混り気のない新樽の香りも感じられる．
味：純粋で澄んだメドック独特の味わい．果実風味とアルコールとオークの風味の調和が見事．最高級の完璧なワイン．

1948　タルボ
外観：深くて豊かな深紅色．かなりコクがありそうに見える．ダークガーネット．
香り：薬草の香りを思わせ，円熟した果実香．若いクロスグリの葉の香りに似たブケ．混り気のない新樽の香りも感じられる．
味：純粋で澄んだメドック独特の味わい．果実風味とアルコールとオークの調和が見事．最高級の完璧なワイン．

Château Duhart-Milon [Pauillac]

1924　デュアール・ミロン
外観：円熟した色調．やわらかみのある煉瓦色で縁の方は褐色を帯びている．
香り：花の香りを思わせる優雅な香り．すでに円熟している．
味：魅力的で芳しい味わい．まだ新鮮で生き生きしているが，深みには欠ける．この年のものとしては良くできている．ピリッとした後味が魅力．

1934　デュアール・ミロン
外観：素晴しい色合い．ほとんど黒に近く見事な深みがある．
香り：濃厚かつ豊かで強烈なブケ．かすかに薬草や煙草，シナ

Château Beychevelle [Saint-Julien]

1922　ベイシュヴェル
外観：濃くも淡くもないルビー色．わずかに縁の方が淡い．澱も多い．色調中ぐらい．
香り：非常に親しみやすい香り．果実の香りに似ていて印象的でやさしい．
味：桑にクロスグリのような果実風味．バランスが良く優雅でタンニンの渋味はない．割合早く味がぼける．

1929　ベイシュヴェル
外観：深みのある強烈な赤．パルメほど濃厚には見えないが，引き締まって澄んでいる．
香り：凝縮された上品で典雅なブケ．熟した果実を思わせるはっきりとしたブケにヒマラヤ杉のような香りが混ざる．後の方になって，やや甘美な香りに欠けてくる．
味：凝縮され濃厚で強烈な果実風味．口に含むとタンニンの渋味が感じられる．かなり深みがあって複雑．風味が引き出されていて非常に上品．

1934　ベイシュヴェル ①
外観：濃厚で深みのあるルビー色．かなり完成された色合い．
香り：プラムやイバラの香りを思わせるまろやかで濃厚な香り．引き締まっている．
味：素晴しくなめらかな果実風味．わずかにタンニンの渋味も．産地の特徴をはっきりと備え，バランスが見事．

1934　ベイシュヴェル ②
外観：濃くて鮮やかなルビー色．非常に見事な色合い．
香り：現代にまさにぴったりのワイン．果実のような香りが豊かで，オークの香りもわずかに匂わせる．
味：腰が強くて独特の風味がたっぷり味わえるが，造った当初のイメージがやや薄れかけている．

1945　ベイシュヴェル

1937　ベイシュヴェル

外観：深くて豊かで深紅色．かなりコクがありそうに思える．
香り：やや控え目な漿果を思わせるアロマ．優雅で十分深みがある．
味：まろやかな果実風味があり，飲み口がしっかりしている．メドック風の酒質を備えた古典的カベルネ．要熟成．

1943　ベイシュヴェル

外観：極めて深みのある色調．ダークガーネット．
香り：濃厚で円熟した果実香．かなり深みがあってプラムを思わせ優雅．
味：しっかりとした口当り．最初は控え目で，粗削りの所も目立つが，次第にひろがり，飾り気がなく甘味が素晴しく秀逸．

Château Marquis de Terme [Margaux]

1906　マルキ・ド・テルム

外観：深みのある色調．十分に熟成しており，縁の方が黄褐色を帯びている．
香り：複雑で芳しくヒマラヤ杉や香辛料の香りを思わせる．素晴しい．
味：円熟した風味が口の中にひろがるが，濃密ではない．見事なバランスと繊細な風味は良好な特選銘柄，マルゴーの産．
備考：口当りの良さ，後味，どれをとっても満足．口中に長く味覚を残すのも素晴しい．

1921　マルキ・ド・テルム

外観：深みのある色調．十分に熟成しており，縁の方が黄褐色を帯びている．澱多し．
香り：しっかりとしていて，また果実香がいくらか残っている．
味：魅力的でしなやかさのある果実風味．この年のものとしては良くできている．やや軽めのワイン．

1929　マルキ・ド・テルム　マグナム

外観：濃くて深みがあり豊かな色調．縁の方が黄褐色に色づきかけている．
香り：果実を思わせる，はっきりとした香り．かすかに動物の皮のような香りも．
味：複雑でクロスグリに似た風味があり，飲むとタンニンの渋味を感じるが果実風味はまずまず．若いワイン特有の，口に含んだときにさっとひろがる果実風味はないが，もっと奥が深い．

第5級

Château Pontet-Canet [Pauillac]

1878　ポンテ・カネ

外観：色調薄い．やや淡く澄んだ赤．ディープロゼ．澱多し．かなり熟成が進んだように見える．
香り：優雅な果実香．十分に熟成し円熟した果実香．
味：心地良い風味があり，タンニンの渋味もきいており，ポーヤックの典型的ワイン．口中にはっきりとした果実風味が伝

わる．酒質はかなり硬質．

1929　ポンテ・カネ　マグナム

外観：濃くて美しい深みのあるルビー色．まだ完全には熟成していない．

香り：野生の菫やヒマラヤ杉を思わせるアロマ．混り気がなくて古典的．例年ほど強くない．

味：果実やヒマラヤ杉を思わせ芳しい．タンニンが十分に溶け込んでおり，数年寝かせておくと良い．このワインのバランスは素晴しい．

1944　ポンテ・カネ

外観：焼けた煉瓦のような色．ダークルビー．コクがあり熟成もしている．瓶の縁は黄褐色を帯びている．

香り：木香を含み，ヴァニラを思わせるような香り．極めて濃厚で円熟した香り．

Château Batailley〔Pauillac〕

1924　バタイエ

外観：上品で濃厚なルビー色．十分にコクがありそう．

香り：鼻孔にやさしく豊かな果実香．香辛料やクロスグリを思わせる．また果実を押しつぶしたような甘美なブケ．かなり濃縮されている．

味：香辛料を思わせる素晴しい果実風味．絹のような心地良い喉ごし．ねばり気のある果実風味．ヴァニラのような風味もある．

1945　バタイエ

外観：深くて強烈なダークルビー．かなり暗く濃厚なルビー色の輝きを帯びている．

香り：豊かで濃密で芳しく，強く濃縮されたような香りでひろがりもある．

味：堂々とした酒質と造り，様々な要素が完全に調和しているので重さは感じない．タンニンの渋味はまだ残っていて粗さはない．果実風味が素晴しい．

1947　バタイエ

外観：暗く澄んでいて素晴しい．暗紅紫色．濃厚なガーネットカラー．円熟しているように見えるが，まだ熟成が進行中．色は美しく見事だ．

香り：クロスグリや草の匂いを思わせる華麗なブケ．スパイシーな香りも若いうちは強烈だったが，今は良く混和されている．

味：極めて上品に仕上っている．優雅で力強い．口の中に後まで残る．酸渋のバランスが極めて美しい．

備考：ポーヤックの5級でこのようなワインができるのに驚嘆．価格から言えばラフィットの1/5強とか．満足のいくワイン．

Château Haut-Batailley〔Pauillac〕

1868　オー・バタイエ

外観：素晴しく豊かでコクのありそうなガーネットカラー．

香り：果実を思わせる香りがかなり大量にしかもうまく閉じ込められている．ヴァニラやオークの香りがかすかに感じとれ強烈で良質．

味：純粋で澄んでいてグラーヴのレオニャンのような味わい．果実風味とアルコールとオークの風味の調和が見事．タンニンも熟成し味も見事．

Château Dauzac〔Margaux〕

1883　ドーザック

外観：濃くて深みがあり，豊かな色調．瓶の縁の方が黄褐色に変じている．

香り：花の香りが素晴しい．菫の花やクロスグリの葉をつぶしたような香り．すがすがしく新鮮で，アロマも素晴しい．

味：コクがあり風味も豊か．タンニンの渋味があるが十分にまるみがついている．風味は長持ちする．味は最後まで楽しみたい．

1924　ドーザック

外観：濃密でコクがありそうなルビー色．見事な色合い．瓶の底の澱多し．

香り：芳醇で濃密．良く熟れた果実から得られる漿果のような混り気のない果実香．強くて複雑．

味：素晴しく豊かな果実風味．タンニンの渋味が全体を引き締めている．最後に果実風味が残る．

Château d'Armailhac ［Pauillac］

1900　ダルマイヤック ①
外観：オレンジ，ローズカラー．
香り：メルカプタン臭．古いタイヤ臭．残念な事に参ってしまっている．
味：旨味がない．

1900　ダルマイヤック ②
外観：非常に強烈な色調．深みのあるルビー色．瓶の底は黄褐色に変色．
香り：カベルネの香りがはっきりとしている．加えてメルローとの混和が美しい．
味：凝縮され濃厚で強烈な果実風味．口に含むとタンニンの渋味が感じられる．かなり渋味があって複雑．ポーヤックの酒として心強い．

1929　ダルマイヤック
外観：焼けた煉瓦のような色．コクがあって熟成していそう．縁の方がかすかに黄褐色を帯びている．
香り：果実を思わせる素晴しい果実風味．木香があり．ヴァニラを思わせるような香りも．極めて濃厚で円熟した果実香．
味：腰の強い果実と木の風味があるが，少し枯れかかっており，早く飲んだ方が良い．

1937　ダルマイヤック　マグナム
外観：コクがありそうな深いルビー色．熟成しかけたところ．瓶の底の澱も普通くらいにある．
香り：甘く感ずる花の香りの後に，強烈でスパイシーな香り．この後強烈なカベルネの香りが果実香と共に残る．
味：ブケの余韻といい，香辛料やプラムを思わせる香りといい，さらに素晴しい果実風味．深み，複雑さに至るまで手本通りに仕上っている．まだ若すぎるが見事に醸造されている．

Château Cantemerle ［Haut-Médoc］

1904　カントメルル
外観：濃くて深みがあり，豊かな色調．縁の方が黄褐色に色づいている．
香り：かすかに木をいぶしたような芳香があって，同時にクロスグリのような香りもある．
味：果実風味が極立ち，きめが細かい．メルロー種のやわらかさとマルゴー村の酒質，それにカベルネ種独特の濃密な風味が一体となっている．
備考：非常に魅力的な酒質に熟成しているワイン．良く今日まで取っておいた．良いワイン．

1916　カントメルル
外観：深く美しいディープルビー．縁はすでに黄褐色．
香り：甘美でねばっこく，メルロー種独特の果実を思わせる濃縮された香り．極めて上品．
味：コクがあって風味も豊か．タンニンの渋味があるが十分にまるみがついている．風味は長持ちし，すこぶる個性的．澱は多いが，関係なし．

1920　カントメルル
外観：深くて強烈なルビー色．かなり暗くてルビー色の見事な輝きを帯びている．
香り：甘美で円熟し，クロスグリや桑の実を思わせる濃密なブケ．
味：堂々としていて果実風味がかなり隠れている．少々硬さが残っている．

1921　カントメルル
外観：極めて濃い赤色．ディープガーネットカラー．濃厚で堂々とした深みのある色．
香り：果実香強し．酸は衰えてきつつある．
味：カラメルの風味．トリュフの香気．菫の香気強し．辛口．香辛料の香り強し．

1926　カントメルル
外観：非常に深みのあるルビー色．しかし退色し始めている．
香り：魅力的で甘美さを感ずる．
味：極めてコクがあり，ビロードのような舌ざわりが素晴しい．一貫して強烈な風味が感じられる．

1928　カントメルル

外観：コクがありそう．濃くて鮮やかで濃厚なルビー色．非常に見事な色合い．

香り：甘美でねばっこくメルロー種独特の果実を思わせる濃縮された香り．かすかに木をいぶしたような芳香があって，同時にクロスグリのような香りも．極めて上品．

味：コクがあって濃密な口当り．エキス分の口当りと繊細さはない．まだ飲めず．

1934　カントメルル ①

外観：深くて強烈なルビー色．かなり暗くてルビー色の見事な輝きを帯びている．

香り：豊かで濃密だが，まだ未開発．

味：堂々としていて，果実風味がかなり隠れており，まだかたくなである．

備考：多くのシャトーでタンニン含有量の少ないワインが生産されていた頃に造られた，昔ながらの古典的な酒で，寿命が長い．

1934　カントメルル ②

外観：深くて強烈なルビー色．かなり暗くてルビー色の見事な輝きを帯びている．

香り：芳しくて強く濃縮されたような香りでひろがりもある．

味：堂々とした造りと酒質．様々な要素が完全に調和しているので重さは感じない．タンニンの渋味は残っているが，粗さはない．果実風味は素晴しい．

1949　カントメルル

外観：濃厚でコクがありそうな凝縮された赤．かすかにカラメル色を帯びている．

香り：あふれんばかりの極めて力強い香り．甘美でロシア革の匂いを思わせる．円熟した香り．

味：濃厚でロウのような舌ざわり．果実風味に富んだ昔のメドック風．風味が良く引き出されており，酸味がきいている．堅固で肉厚．

ブルジョワ級

Château Siran [Margaux]

1916　シラン

外観：淡く褪せた煉瓦色．ロゼに近い．

香り：酸が強く，ダイアセチルの香りが立つ．この後酸臭が漂う．

味：酢酸臭多し．

1919　シラン

外観：深みがある極めて堂々としたディープガーネット．

香り：凝縮され円熟した果実香．かなり深みがあってプラムを思わせ優雅．

味：極めてコクがあり，ビロードのようになめらかで，舌ざわりが素晴しい．一貫して強烈な風味が感じられる．

1921　シラン

外観：深くて強烈なルビー色．

香り：豊かで濃密．多くの香りを含んでいる．すなわち果実香や花の香りなどのブケ．

味：堂々としていて，果実風味がかなり隠れており，これがひらくのを待つと，きっと素晴しいだろう．

備考：非常に良くできたワイン．ジロンド川の比較的近くに位置するこのシャトー独特の酒質はうかがえない．

1922　シラン

外観：濃くて深みのある豊かな色調．縁の方が黄褐色に変色．澱多し．

香り：かすかに木をいぶしたような芳香があって，同時にクロスグリのような香りも．

味：コクがあって濃密な口当り．エキスに富んでいるが繊細さはない．

1923　シラン

外観：深くて美しいルビー色．濃くて深みがあり豊かな色調．縁の方が黄褐色に色づきかけている．口中に長く留めるべき．

香り：香辛料や樹木の香りを思わせる柔軟なアロマ．ロシア革の匂いを思わせる芳醇で複雑なブケ．かなり動物的な香りも．

味：コクがあって，風味も豊か．タンニンの渋味があるが，十分にまるみがついている．風味は長持ちし個性的．

1934　シラン

外観：濃厚で深みのあるルビー色．かなり完成された色合い．

香り：プラムやイバラの香りを思わせる．まろやかで濃厚な香り．引き締まっている．

味：素晴しくなめらかな果実風味．わずかにタンニンの渋味も．産地の特徴をはっきりと備え，バランスが見事．まだ保存できる．

Sauternes

ソーテルヌ地区

特別1級

Château d'Yquem［Sauternes］

1854　イケム

私が持っていたワインを，ボルドーのアレクサンドル伯のところで，ボルドー・ワインアカデミーの方々と共にテストした．

外観：明るい琥珀色．信じられない色調．

香り：芳醇で強烈なブケ．乾燥させ，果汁が濃縮された果実を思わせ，豊かで強くソーテルヌ独特のブケがほぼ完全についている．

味：濃厚でがっしりしていて甘く，まわりくどくない．酸味はほとんどなく，かなり濃縮されたワイン．このワインの概評は極めて良好と出席者の全員が言っていた．

1861　イケム

外観：濃くも淡くもなく黄金色．若々しくフレッシュに見える．かなりトロッとして古典的．

香り：花やアンズ，桃を思わせるブケ．かなり豊熟だが，レモンのようなアロマに，やや押されている．

味：比較的濃厚．蜂蜜のような風味と爽やかな締まった酸味とのバランスが良い．非常に良くできており，極めて美味．

1864　イケム

外観：明るい琥珀色．信じられないような色調．シャトー・クーテより深く着色が進んでいる．

香り：芳醇で強烈なブケ．乾燥させ，果汁が濃縮された果実を思わせ，豊かで強いビスケットの香りに似たところもある．

味：相当に濃厚．優れたソーテルヌに特有な脂っこさや強い果実風味を備えている．酸味がほど良くきいている．いくらでも飲めそう．グリセリンが豊富．

1865　イケム

外観：美しく濃い麦藁色．力強い黄金色を帯びている．かなり

1871　イケム

脂っこい感じ．

香り：芳熟で強烈．ソーテルヌ独特のブケが完全についている．

味：濃厚でがっしりしていて，甘くまわりくどくない．酸味はほとんどなく，かなり濃縮された感じのワイン．

備考：爛熟してボトリティス菌のついたぶどうが極めて少ない．このワインの場合には酸味よりアルコールが寿命を支えている．

1896　イケム

外観：瓶は琥珀色で素晴しく，年を取った感じ．

香り：芳醇で強く，アプリコットと蜂蜜の香り．またカラメルのフレーバー．

味：酸はしっかりして良い味を保っている．

1899　イケム

外観：すでに琥珀色を呈し，かなりトロッとした感じ．

香り：芳醇で強烈なブケ．香りは素晴しい．花の香り，果物の香りが極立つ．

味：酸味はしっかりしてほど良し．甘味もしっかりしている．

1900　イケム

外観：明るい琥珀色．

香り：花やアンズや桃を思わせるブケ．レモンのようなアロマを感ずる．

味：ナツメグと熟成した蜂蜜．甘味も素晴しい．ボトリティス菌が良く付着し，これがまた本当に落ち着いて素晴しく，良い味を残している．

1901　イケム

外観：濃くも淡くもない黄金色．昭和天皇が生まれた年の産．フレッシュに見える．かなりトロッとしている．

香り：すべて花の香りに包まれて，アンズ，桃を思わせるブケ．豊富な香りに驚く．またレモンのようなアロマは強烈．

味：引き締まった酸と蜂蜜のような風味は，極めて美味．これらは口中に長く留る．あくまでこの旨さが長く留るのに驚く．最高の品質に驚く．

1906　イケム

外観：アモロソ的色調．

香り：力強い香り．香気あくまでも強く残る．

味：酸，渋の香りが適当に残り，口中にはっきり香味として長く留る．

1908　イケム

この年の白ワインのできは，古書にも最高と記されている．イケムは最低50年は貯蔵が必要と言われている．

外観：美しい濃い麦藁色．すでに美しい黄金色．かなり脂っこい感じ．

香り：芳醇で強烈．ソーテルヌ独特のブケが完全についている．

味：濃厚で堂々とし，がっしりとして甘く，かつまわりくどくない．酸味はほとんどなく，かなり濃縮された感じ．これが白ワインの特別1級の味．なおこのワインは100年以上保存がきくのを知った．

1921　イケム

外観：美しく深い麦藁色，すでに美しい黄金色に変じている．

香り：濃厚で強く，甘美さも感じとれる．

味：芳醇で堂々としており，また，しっかりとしていて甘い．まわりくどさはない．酸味もしっかりと濃縮されている．真のソーテルヌはこれだとの思いを深くする．白ワインで100年以上持つことに驚く．

1928　イケム

外観：すでに琥珀色．かなりトロッとした感じ．

香り：芳醇で強烈なブケ．香りは素晴しい．花の香りと果物の香りが際立つ．

味：酸味はしっかりしていて程良し．甘味もしっかりしている．

1929　イケム

外観：はっきりとした琥珀色．

香り：鼻を近づけると，さまざまな花の香りに包まれる．アンズ，桃を思わせるアロマが強烈．

味：引き締まった酸と蜂蜜のような風味が組み合わさり，極めて美味．その味わいが長く口中に残る．

1901　イケム

134　ボルドー・ワイン・テイスティングノート　Cahier de dégustation

1921　イケム

1936　イケム

1922　イケム

1945　イケム

1949 イケム

1958 イケム

1955 イケム

1959 イケム

1962　イケム

1937　イケム

外観：すでに明るい琥珀色．
香り：花やアンズや桃を思わせるブケ．また，レモンのようなアロマも感ずる．
味：ナツメグと熟成した蜂蜜を思わせる風味があり，甘味が極めて素晴しい．ボトリティス菌の付着が良かったのか，本当に落ち着いた，素晴しく良い味を出している．

第1級

Château La Tour Blanche [Sauternes]

1899　ラ・トゥール・ブランシュ

味，香り，酸味と甘味，完全．

Château Sigalas Rabaud [Sauternes]

1896　シガラ・ラボー

外観：美しい外観．
味：蜂蜜の味で豊かな味覚．最後の味はピリッとしている．

Château Suduiraut [Sauternes]

1893　スデュイロー

味：甘味極めて強く，また素晴しい．

1899　スデュイロー

味：カラメルクリームのようでオレンジの花の香気を宿す．酸，糖，しっかりしている．

Château Coutet [Barsac]

1899　クーテ

外観：明るい琥珀色をしたワイン．
味：甘味はほど良く甘く，極めて上品．

Château Climens [Barsac]

1901　クリマン

外観：アンバー．
香り：力強いワインの香気．
味：立派な品質．口中に長く留る．

Château Clos Haut-Peyraguey ［Sauternes］

1893　クロ・オーペイラゲイ

極めて良好．

第 2 級

Château Myrat ［Sauternes］

1896　ミラ

甘味を感じないくらいの辛口に仕上がる．すでに衰えかかっていた．

Château Filhot ［Sauternes］

1899　フィロー

甘味は力強く幅を感ずる．

Château d'Arches ［Sauternes］

1900　ダルシュ

外観：驚くほどに美しい琥珀色．
香り：オレンジの花の香りを宿す．
味：甘味は濃厚で，酸もほど良く完全である．イケムにも全く劣らない．

Graves
グラーヴ地区

Château Haut-Brion ［Pessac-Léognan］

1875　オーブリオン ①

外観：非常に深みのある濃厚なガーネット．瓶の底はすでにチョコレート色に．

香り：香辛料を思わせる強烈なアロマ．ハッカの香りに近い．濃厚な果実風味が凝縮されている感じ．

味：このオーブリオンは，長い間瓶熟で本来の力を失ってしまったのではないのか．開栓してはじめて良否の分るワインだった．

1875　オーブリオン ②

外観：非常に濃厚で深みのあるクロスグリのような色調．色調強烈で極めて印象的．

香り：香辛料を思わせる強烈なアロマ．ハッカの香りにも近い．濃厚で果実香が凝縮されている．この香りの後に，チョコレートを彷彿させる香りが立つ．

味：濃厚でプラムや香辛料やクロスグリを思わせる果実風味．実に力強い．グラーヴのワインが実に良く酒質を保っているのに驚く．力強く長持ちするが，口中でも同じ．メドックに優るとも劣らない．

備考：メドックと酒質が全く異なるが，その酒質が素晴らしい．色，コク，口当り，どれをとっても素晴しく，口中に驚くほど長く残る．

1875　オーブリオン ③

外観：濃いコクのありそうなルビーレッド．色調全体からバランスを感ずる．縁は完全に黄褐色を帯びる．

香り：果実を思わせる素晴しく豊かで華やかなブケ．これが過ぎると樹脂を思わせるようなヴァニラの香り．これからチョコレートのような香りに変ずる．

味：グラーヴのワインとしてメドックに優るとも劣らない酒質．濃厚でプラムや香辛料やクロスグリを思わせる果実風味．この後に，ヴァニラやチョコレートの香り．酸，糖，アルコールが一体となって溶け込み，バランスが素晴しい．口中に長く風味を宿す．

1906　オーブリオン

外観：色調やや薄い．ローズカラー．むしろ濃い目の鮮紅色．非常に深みのあるルビー色．

香り：しっかりとしていて，かすかに菫のような香りが混ざる．果実香に続き，むれた草いきれ．

味：濃密で焼け焦げたような葉巻の風味．口に含んだときの果実風味は素晴しい．飲むとタンニンの渋味が感じられる．

備考：古典的なグラーヴ．信じられない優雅な味わいがある．このようなワインが生れたのは，グラーヴの土壌に恵まれたからばかりでなくぶどう園主の考え方がしっかりしていたからでもあろう．

1907　オーブリオン

外観：非常に深みのある濃厚なクロスグリのような色調．強烈で印象的．

香り：香辛料の香りを思わせる強烈なアロマ．ハッカの香りに近い．濃厚で果実香が凝縮されている．最初はしっかりしているが，後で味が変る．

味：果実香の後にハッカの葉の香り．ただドライでちょっと軽く，辛口に仕上る．

1908　オーブリオン

外観：濃厚な非常に深い色調．暗くて強烈．かなり濃厚．

香り：非常に香りが立つ力強さは風変りな風味を覚える．愉快に思える香り．

味：濃縮された香りは，果実風味を伝える．かすかに野菜の香気を思わせる華麗なブケ．この年のグラーヴは，ポーヤックよりも立派．

1909　オーブリオン

外観：濃厚な美しい深みのある紫色．縁の方は黄褐色．

香り：芳しくて強く，濃縮されたような香り．ひろがりがある．そのような訳で，この年のワインとしては品質が最高と言わ

れていた．かすかに野菜の香りを思わせる華麗なブケ．1909年物にしては素晴しい．

味：魅力的で明るく心地良いブケは，辛口でおだやかで，新鮮さを保つ．

備考：ボルドーワインとして最高の品質と思われる．

1910　オーブリオン

最高の年と評される．

外観：濃くて美しい深みのあるルビー色．縁の方はすでに黄褐色．深みのあるグラーヴに驚く．

香り：甘美でねばっこく，メルロー独特の果実を思わせる濃縮された香り．極めて上品．

味：コクがあって風味も豊か．タンニンの渋味があるが，十分にまるみもついている．樽の香りも良し．三位一体になっている．口中に長く留る．

1911　オーブリオン

外観：深くて濃い深紅色．澱多し．芳醇で濃密．

香り：薬草香あり．ブケはイバラの香りあり．香辛料の香りもある．円熟していて，わずかにオークの香りも感ずる．

味：純粋で澄んだグラーヴ独特の味わい．ワインの風味とアルコールとオークの風味の調和が見事．

備考：グラーヴの良さが十分に発揮されている．

1919　オーブリオン①

外観：濃くて美しい深みのあるルビー色．完全に熟成している．縁は完全に黄褐色．

香り：花の香り，果実香に満ち，香辛料を思わせる濃厚な果実香．

味：素晴しくなめらかな果実風味．わずかにタンニンの渋味も．グラーヴのテロワールの特徴をはっきりと備え，バランスも見事．

1919　オーブリオン②

外観：極めて濃厚で深みのある深紅色．暖かみのある色調．マグナムの瓶は褐色を呈している．

香り：濃厚で円熟した果実香．深みがありプラムを思わせる．

味：凝縮された強烈な果実風味が，非常に上手にワインに溶け込んでいる．かすかに薬草のような風味があって口に含んでいる間は素晴しい味わい．

1920　オーブリオン

外観：濃厚で深みのあるルビー色．完成された色合い．

香り：芳しく，クロスグリ，またプラムやイバラの香りを思わせる．オークの香りも良く熟成している．

味：素晴しくなめらかな果実風味．わずかにタンニンの渋味があり，ワインと一体になって熟成．

備考：良くバランスのとれたワイン．飲み口がしっかりしている．良くできており，グラーヴの風味を兼ね備えた古典的なワイン．

1921　オーブリオン①

外観：ダークルビー．

香り：果実香．微妙．甘美．上品．

味：風味，バランスが素晴しい．酸味がある程度きいている．まだ果実味の方が支配的．

1921　オーブリオン②

外観：非常に濃厚で，深みのあるクロスグリのような色調で印象的．強烈で印象的．

香り：香辛料の香りを思わせる強烈なアロマ．ハッカの香りに近い．濃厚で果実香が凝縮されている．煙草テイストの香りも強い．

味：濃厚で，プラムやクロスグリを思わせる果実風味．3年寝

1919　オーブリオン

かせておく必要がある．オーブリオンの酒質が良く表れていて，力強くて風味が長持ちする．

1921　オーブリオン ③

外観：濃厚で深みのあるガーネットカラー．

香り：果実を思わせる素晴しく豊かなブケに，香辛料やユーカリのような香りが混ざる．極めて刺激的．

味：濃厚で甘美な果実風味．高尚な味わい．ロシア革や菫の香りを思わせる．力強い堂々とした酒質．外観からして本当のグラーヴと分る．

1922　オーブリオン ①

神戸の野沢組から12本を直接輸入した．1965年依頼輸入．理化学研究所で品質分析をした．

外観：決してグレイト・ヴィンテージではない．しかし実に濃厚で，コクが十分にありそうだ．色調，まだしっかりしている．褐変については想像以上で，まだしていない．瓶にワインが必要量まで完全に充満しており，エッジのまわりはかすかにカラメル色を呈していた．色調はかなり落ち着いている．瓶の底に澱がかなり沈んでいる．ワインは落ち着いて美しい．

香り：甘美で円熟した香気．開栓すると果実香がおだやかに立ち昇る．力強い香気は日本のワインにはないもの．木香（樽からの香気）も十分に感じ，ヴァニラを思わせるような香気も，トーストの香気もある．

味：腰は強く，果実と木の風味を感ずる．酸，渋が完熟している．アルコール分も十分．普通の年以下と言われても，このように良いとただ感心．飛行機で輸入されたので，当時，日本に船で輸入されていた物とは大いに異なる．

備考：極めて古典的なグラーヴで，信じられないほど優雅な香気や味わいがある．この土地は，グラーヴで大変に良いからこのようなものができ上ったと思われる．メルロー独特のやわらかみのある果実風味があり，カベルネから抽出されたタンニン分は醸造時の影響か目立たない．12本のうち，2〜3本は残念な事に揮発酸を感じた．

1922　オーブリオン ②

外観：ディープダークガーネット．濃厚で深みあり．焦げたマホガニーを思わせる色合い．極めて上品．澱の量は心配したが，コルクは完全．

香り：花の香りに続き，薬草香を思わせ円熟した果実香．若いクロスグリの葉の香りに似たブケ．湿り気のない新樽の香りも感じられる．

味：堂々として自己主張が強く，まだかなり硬さが残っているが，クロスグリのような果実風味が豊富に眠っている気配がある．口中に長く留めるべき．澱も多し．

1922　オーブリオン ③

外観：濃厚で極めて深いディープガーネット．瓶の底はほとんど褐色．

香り：芳しく強く凝縮されたような香りで，開栓してしばらくすると落ち着いた甘美な香りが．

味：濃厚で，プラムや香辛料やクロスグリを思わせる果実風味を感じる．この年のワインはあまり良くないと評価されていたが，輸入した12本のうち不良品と言えるものはなく，ただ3本ほど揮発酸が多いのがあった．

1922　オーブリオン ④

外観：非常に深みのあるディープガーネット．瓶の底と端は黄褐色．

香り：カベルネとメルローの香りがしっかりと混ざっている．

味：爽やかでかなり辛口の風味．最初は控え目だが，やがて素晴しく豊かで優雅な味わいが出てきて余韻は長い．アルコールとタンニンはすっかり落ち着いている．

1922　オーブリオン

1923　オーブリオン　マグナム ①

外観：濃くて鮮やかなルビー色．非常に見事な色合い．澱多し．

香り：芳しくて強く濃縮されたような香りでひろがりもある．芳熟で気品がありそうなアロマに樽の香りがたっぷり溶け込んでいる．

味：複雑で風味はかなり長持ちする．10年経てば素晴しい味わいが出て，それが30年以上持つだろう．現在でも口中に長く留めれば，残った味が長く素晴しいが，タンニンは残ったアルコールに美しく溶け合い，酸，甘，アルコールが非常に良く溶け合っている．秀逸．

1923　オーブリオン ②

外観：非常に深い色調．ディープガーネット．暗くて強烈．かなり濃い．

香り：芳醇でとろけそうなアロマ．甘美な酒に仕上り果実香も美しい．

味：堂々とした造りと酒造年．様々な要素が完全に調和しているので重さは感じない．タンニンの渋味はまだ少し残っているが，ワインの粗さは感じない．果実風味が素晴しい．

1926　オーブリオン ①

外観：濃厚で深みのあるクロスグリのような色調．強烈で印象的．ディープガーネット．瓶底の澱は難にならず．

香り：素晴しく芳しいブケ．果実やバラを思わせるやわらかみのある香り．その後香辛料の香りを思わせる強烈なアロマ．ハッカの香りに近く，濃厚で果実香が凝縮されている．

味：濃厚で甘美な果実風味．高尚な味わい．ロシア革や菫の香りを思わせる．まだかなり若い．

1926　オーブリオン ②

外観：非常に濃厚で深みのあるクロスグリのような色調．強烈で印象的．

香り：香辛料を思わせる強烈なアロマ．ハッカの香りに近い．濃厚で果実香が凝縮されている．

味：濃厚で，プラムや香辛料やクロスグリを思わせる果実風味．力強く堂々としたワイン．高尚な味わい．ロシア革や菫の香りを思わせる．素晴しい風味．

1928　オーブリオン ①

外観：濃厚で深みのあるディープガーネット．かなりコクがありそう．

香り：薬草の香りを思わせ，円熟した果実香．若いクロスグリの葉の香りに似たブケ．混り気のない新樽の香りも感じられる．

味：豊かで濃厚．クロスグリや香辛料を思わせる素晴しい甘美な果実風味．タンニンの渋味もきいているが，きついと言うほどではない．非常に良くできている．

1928　オーブリオン ②

外観：濃くて鮮やかなダークルビー．

香り：外見と中身が一つになっていないのではないか．品質はトップではない．

味：ワインの揮発酸が多いように思える．味はあまり良くない．

1929　オーブリオン ①

外観：コクのありそうな強烈な色調．非常に深みのある濃厚な紺青色．瓶の縁は黄褐色．非常に濃厚で深みのあるクロスグリのような色調．強烈で印象的．

香り：果実を思わせる素晴しい豊かなブケに，香辛料やユーカリのような香りが混ざる．極めて刺激的．

味：濃厚で，プラムや香辛料やクロスグリを思わせる果実風味．高尚な味わい．ロシア革や菫の香りを思わせる．若いが非常に堂々としたワイン．

1929　オーブリオン　マグナム ②

外観：残念な事に番茶の如くに褐変．1929年は特別な年で良いと思われていたので驚いた．

香り：香気に良いものを感じない．酸化が進み揮発酸臭も強烈．

味：酸化により味覚がすこぶる劣る．揮発酸臭強し．タンニンも多く味覚悪し．残念だけれども落第．

備考：どうしてこのようなワインになったか．貯蔵方法が悪かったとしか思われない．

1929　オーブリオン　マグナム ③

外観：極めて濃厚．極めて落ち着いた色調．瓶の端は黄褐色を帯びている．古酒を十分に感じる．

香り：古酒を感じさせる独特な香気．いぶしたような葉巻に近い香気を有し，動物臭と，茸のような香気と，香辛料の香りも強烈．

味：濃厚で複雑．どっしりとした口当りは極めて上品．風味は香辛料，いぶした葉巻，それに茸や動物の臭いが強い．ワインのきめは細かく，風味は信じられないほど長持ちした．信じられないほど豊潤．タンニンも美味でワインに十分に溶け込んでいる．

備考：グラーヴのワイン．非常に良く造られている．低温で丁

寧に貯蔵されていた極めて品質の良いワイン．

1931　オーブリオン ①

外観：コクがありそう．濃くて深みがあり豊かな色調．縁の方が黄褐色に色づきかけている．

香り：薬草の香りを思わせ円熟した果実香．若いクロスグリの花の香りに似たブケ．混り気のない新樽の香りも感じられる．

味：堂々としていて自己主張が強く，まだ硬さが残っているが，クロスグリのような果実風味が豊富に眠っている気配がある．複雑で風味はかなり長持ちするだろう．

1931　オーブリオン ②

外観：かなり深い落ち着いた濃い色調．焼けた煉瓦のような色で，コクがあってすでに完全に熟成している．

香り：木香があり，加えてヴァニラを思わせるような香りが立つが長くは続かない．

味：腰はあまり強くない．良い年のオーブリオンほどない．全体的に揮発酸が強い．

1934　オーブリオン

外観：素晴しく豊かで深みのある色合い．ほとんど光を通さずクロスグリの実のような赤．

香り：香辛料，ハッカの香りを思わせる豊かなブケ．果実のような香りもかなり豊かで，全体をユーカリのような香りが包んでいる．

味：豊かで濃厚なクロスグリや香辛料を思わせる素晴しく甘美な果実風味．タンニンの渋味もきいているが，きついと言うほどではない．非常に良くできている．

1937　オーブリオン ①

外観：コクのありそうな深いルビー色．生き生きとしている．濃くて深みがあり，焦げたマホガニーを思わせる色合い．

香り：煙草の香りが豊かであった．トーストの香り．これらが非常に豊かであった．

味：豊潤で濃密で，良く熟した果実から得られる漿果のような混り気のない果実香が強く，複雑な味わい．

1937　オーブリオン ②

外観：濃くて深みがあり，豊かな色調．縁の方は黄褐色に色づいている．濃厚なガーネット．

香り：甘美でねばっこく，メルロー種独特の果実を思わせる濃縮された香り．極めて上品．

味：コクがあって風味も豊か．タンニンの渋味があるが，十分にまるみがついている．風味は長持ちし，極めて個性的．すべてが素晴しい．

1943　オーブリオン

外観：非常に濃厚で深みのあるクロスグリのような印象．極めて強烈で印象的．ダークガーネットカラー．

香り：しっかりしていて，野生の菫の香りが混ざる．

味：濃厚で，プラムや香辛料やクロスグリを思わせる果実風味．ワインに重みがある．このワインの本当の酒質がはっきりと分る．力強い．

1944　オーブリオン

外観：極めて深みのある強烈な色調．深みのある暗赤色．腰が強くて濃厚そうに見える．

香り：ヴァニラを思わせるような香り．極めて濃厚で円熟した果実香．

味：木香があり，糖蜜や香辛料の風味が感じられる．堂々としている．

1945　オーブリオン

外観：極めて深みのある色調．濃くて深くて暖かみのあるディープガーネット．

香り：素晴しく豊かな果実を思わせるブケに，香辛料やユーカリのような香りが混ざり，極めて刺激的．

味：濃厚で，プラムや香辛料やクロスグリを思わせる果実風味が豊か．比較的近年のワインに珍しいくらい品質が素晴しい．辛酸甘苦渋．これらがひとつに混ざって力強い．

1947　オーブリオン ①

外観：深く強烈なルビー色．かなり暗くて，ルビー色の見事な輝きを帯びている．

香り：豊かで極めて濃密．香辛料の香り豊か．果実香も豊富．樽の木の香りも豊か．

味：堂々として，まだ全部の果実風味は表現されていないが，濃厚さには舌をまく．酒質極めて力強し．タンニンも力強く酸と一体．グラーヴはメドックより力がないと言われているが，そのような姿を感じない．

備考：グラーヴでもこのように力強いワインが造られていたのに驚く．後味も長く口中に残る．

1947　オーブリオン ②

外観：非常に濃厚で深みのあるクロスグリのような色合い．強烈で印象的．

香り：濃厚で円熟した果実香．かなり深みがあって，プラムを思わせ優雅．

味：濃厚で甘美な果実風味．高尚な味わい．ロシア革や菫の香りを思わせる．非常に堂々としている．極めて力強い．

1948　オーブリオン

外観：極めて濃厚．円熟した濃厚な紫紺色．ディープガーネット．瓶底は褐色に．

香り：複雑なブケ．チョコレートやヴァニラの香りを思わせ，面白い果実香である．

味：素晴しい風味．口当りは優雅だが，飲むとややタンニンの渋味が残る．ワインの品質は立派でひろがりが長い．

1949　オーブリオン

外観：深みのある強烈な濃紺．ダークガーネット．瓶底は黄褐色に変色．

香り：香辛料の香りを思わせる強烈なアロマ．ハッカの香りに近い．濃厚で果実香が凝縮されている．またコーヒーおよび煙草の葉の香りも強烈．

味：濃厚で甘美な果実風味．高尚な味わい．ロシア革や菫の香りを思わせる．若さを感じる．樽香とアルコールの混和のバランス良し．

1950　オーブリオン ①

外観：濃厚な紺紫色．エッジが黄褐色．

香り：スパイシー．濃く，甘味を感じさせる香り．動物的なロシア革を思わせる濃厚なブケ．

味：口当りは素晴しい．ほのかな甘みに，まだ硬さは残るが，酸渋の舌ざわりはバランスが良い．深みを感ずる果実風味も素晴しい．若さも感ずる．

備考：特別な優良年のワインではないが，割合に長持ちをするのではないか．

1950　オーブリオン ②

外観：非常に濃厚で深みのあるクロスグリのような色調．強烈で印象的．

香り：香辛料の香りを思わせる強烈なアロマ．ハッカの香りに近い．濃厚な果実香が凝縮されている．

味：濃厚でプラムや香辛料やクロスグリを思わせる果実風味．このワインの酒質が良く表れている．力強く風味が長持ちする．極めて良いワイン．

1952　オーブリオン

外観：濃くて深みがあり豊かな濃紺．むしろ漆黒に近い．グラーヴはいつもこうなのか．

香り：最初の香りはチョコレート．その後柑橘類の香りが素晴しい香りに変じた．瓶の底と端はすでに黄褐色に変じている．

味：口当りは素晴しく，ほのかな甘味と硬さは残るが，爽やかな舌ざわりとのバランスが良い．深みのある果実風味も素晴しい．この年の素晴しさは後年振り返ってみるべきだろう．

1959　オーブリオン

外観：非常に濃厚で深みのある濃紺，むしろ漆黒に近いように感ずる．

香り：極めてスパイシー．動物的なロシア革を思わせる濃厚なブケ．

味：口当たりは極めて素晴しい．濃厚で甘味な果実風味．高尚な味わい．ロシア革や茸の香りを思わせる．樽香とアルコールの混和のバランス良し．また，タンニンも力強い．

1960　オーブリオン

外観：極めて深みのある強烈な濃紺，色調はあくまでも濃厚．

1959　オーブリオン

1961　オーブリオン

1961　オーブリオン

香り：極めて複雑なブケ．香辛料，ハッカの香りが濃厚で果実香が凝縮されている．これにコーヒーおよび煙草の香りも含まれている．実に堂々としている．

味：初めに口に入れた時，これがグラーヴかと思われるくらい強烈に香りがあり，タンニンの渋みも驚くほどに強かった．1世紀に何度かしかできない酒だ．

備考：風味抜群．2004年に抜栓した時，この酒の力強さに驚嘆させられた．全てに完全なワイン．未だ開栓するのが惜しい位であった．辛酸辛苦渋，完全に統一されている．

Château Pape Clément ［Pessac-Léognan］

1900　パプ・クレマン ①

外観：実に濃厚．円熟した極めて濃厚なガーネットカラー．黒に近く澱も多い．

香り：果実のような香り．また動物のような匂いが強く，革のような香りもかぎとれる．香りが長く持続する．

味：濃厚で複雑．香辛料のような風味がある．

1900　パプ・クレマン ②

外観：濃厚なルビーレッド．一部のメドックほど強烈ではない．

香り：素晴しく芳しいブケ．果実やバラの香りを思わせるやわらかみのある香り．印象的でうっとりとする．

味：爽やかでかなり辛口の風味．最初は控え目だが，やがて素晴しく優雅な味わいが出てきて，余韻は長く持続する．

1924　パプ・クレマン

外観：深く美しいルビー色．ディープルビー．それほど年を経ていないが色合いは完璧．

香り：かすかに木をいぶしたような芳香があって，同時にクロスグリのような香りも．

味：果実風味が極立ち，きめが細かい．メルロー種のやわらかさと辛口風味の同居する酒質．それにカベルネ種独特の濃密な風味が一体となっている．

Château La Mission Haut-Brion [Pessac-Léognan]

1878　ラ・ミッション・オーブリオン

外観：非常に濃厚で深みのある暗赤色．クロスグリに近い色調．強烈で印象的．澱多し．

香り：香辛料を思わせる強烈なアロマ．ハッカに近い．濃厚で果実香が凝縮されている．

味：濃厚で，プラムや香辛料やクロスグリを思わせる．果実を思わせる風味を宿す．ワインの本質．すこぶる品質が良い．長く口中に留る．

1900　ラ・ミッション・オーブリオン

外観：残念な事に満量ではなく液面はショルダーより下がっていた．黄褐色（全体に）．

香り：完全に香りは刺激臭．ワインの良さは半減．

味：酢酸敗しており極めて残念．

備考：たまにはこのような事も起きる．

1904　ラ・ミッション・オーブリオン

外観：非常に濃厚で深みのあるクロスグリのような色調．強烈で印象的．

香り：香辛料の香りを思わせる強烈なアロマ．ハッカの香りに近い．濃厚で果実香が凝縮されている．

味：濃厚で，プラムや香辛料やクロスグリを思わせる果実風味．力強く控え目だが，やがて素晴しく優雅な味わいが出てきて，余韻は長く持続する．ラ・ミッションの酒質が良く表れている．力強くて風味が長持ちする．澱はないが，デカントして澄んだ濃厚な色は忘れられない．タンニンはほど良く甘く，ワインに溶け込んで素晴しい．

備考：ドメーヌ・ド・シュヴァリエと同じようにきゃしゃな飲み口のグラーヴだが，酒質は全く異なる．色とコクを取ったら，こっちが上位に出ると言っても過言ではない．このワインの良さは長く口中に留めたい．

1911　ラ・ミッション・オーブリオン

外観：非常に深みがある．濃いルビー色．肉厚を感じさせる．

香り：果実を押しつぶしたような甘美なブケ．

味：さっぱりとして，口当りがやわらかく，果実風味も．オークの香りが引き締めている．メルローの味が素晴しい．

1914　ラ・ミッション・オーブリオン

外観：濃くて深みのあるプラムの色を思わせ，ほとんど光を通さず，クロスグリの実のような色．

香り：芳醇で濃密．良く熟した果実から得られる漿果のような混り気のない果実香．深くて複雑．

味：素晴しく豊かな果実風味．タンニンの渋味が全体を引き締めている．最後に果実風味が残る．後味が口中に長く残るのが素晴しい．

1916　ラ・ミッション・オーブリオン

外観：非常に強い色調．暗くて強烈な色調．

香り：芳しくて強い．濃縮されたような香りで，ひろがりもある．ヒマラヤ杉や漿果の香りを思わせる．濃縮されたアロマは素晴しい．

味：堂々として自己主張強し．硬質なワイン．クロスグリのような果実風味も豊富に残っている．複雑な風味が多い．

備考：グラーヴとしてメドックに十分に対抗できる．信じる事ができないくらい豊かな果実風味が隠されており，驚異的な熟成の成果が期待できる．

1918　ラ・ミッション・オーブリオン ①

外観：濃くてなつかしい深みのあるディープガーネット．澱多し．縁は黄褐色．

香り：樽の香りが残っていて動物的ブケあり．

味：口当りは素晴しく，ほのかな甘味とやや硬さは残るが，爽やかな舌ざわりとのバランスが良い．深みのある果実風味も素晴しい．グラーヴの良さが出ている．

1918　ラ・ミッション・オーブリオン ②

外観：色極めて濃厚．暗紅色．

香り：極めて複雑．ヒマラヤ杉や香辛料を思わせる香り．その後に花の香りが長く感じられ，一度この香りを知ったら忘れられない．

味：コクがあり絹のようになめらかな風味と口当たり．すでに優雅な味わいがついている．風味は非常に長持ちし，グラーヴのワイン独特のピリッとした後味が残る．

1919　ラ・ミッション・オーブリオン

外観：深みのある強烈な赤．堂々としている．瓶底は褐色．

香り：酸化がほど良く進み十分に円熟．香辛料の香りを思わせる強烈なアロマ．ハッカの香りに近い．濃厚で，果実香が凝縮されている．

味：濃厚で，プラムや香辛料やクロスグリを思わせる果実風味．力強いラ・ミッションの酒質が表れている．

1921　ラ・ミッション・オーブリオン

外観：非常に濃厚で深みのあるクロスグリのような色調．強烈で印象的．

香り：香辛料の香りを思わせる強烈なアロマ．ハッカの香りに近い．濃厚で果実香が凝縮されている．

味：濃厚で，プラムや香辛料やクロスグリを思わせる果実風味．まだ重ったるく，2～3年寝かせておく必要がある．ラ・ミッションの酒質が良く表れている．力強くて風味が長持ちする．

1928　ラ・ミッション・オーブリオン

外観：非常に深い色調．暗くて強烈．ディープガーネット．かなり濃い．

香り：芳しくて強く濃縮されたような香りとひろがりが素晴しい．

味：堂々としていて自己主張が強く，まだ硬さが残っているが，クロスグリのような果実風味が豊富に眠っている気配がある．複雑で風味はかなり長持ちし，味は極めて素晴しい．

1929　ラ・ミッション・オーブリオン

1965年に神戸の野沢組を通して12本直輸入したものだ．

外観：色調非常に深く，暗く強烈．かなり濃厚．

香り：芳しく強く濃縮されたような香りで，強烈なひろがりを感ずる．

味：堂々とした風格は自己主張がすこぶる強い．29年のワインは最高の出来と言われているが，十分に認識をさせ得る．クロスグリ，プラム，アンズ等の多くの果実を思わせる風味（濃縮されている）を保存しており，タンニンが常に一体となって溶け込んでいる．腰はすこぶる強い．

備考：見事に濃縮された味わいは極めて優雅．1929年は20世紀でも特別に最良の部類に入っている．天候も恵まれ非常に良く造られたワイン．とても信じられないほどの豊かな果実風味を蔵している．驚異的な熟成をなした力強いワイン．

1931　ラ・ミッション・オーブリオン

外観：濃くて深みのあるプラムの色を思わせ，若々しくて強烈．

香り：薬草の香りを思わせ，円熟した果実香．若いクロスグリの葉の香りに似たブケ．また漿果のような混り気のない果実香．強くて複雑．

味：素晴しく豊かな果実風味．タンニンの渋味が全体を引き締めている．最後に果実風味が残る．掛け値なしに見事なワイン．

1933　ラ・ミッション・オーブリオン

外観：この年のワインは1箱輸入した．極めて濃厚で堂々とした深みのある色調のワイン．ダークガーネット．

香り：濃縮された果実香を感ずる．開栓後しばらく経つと揮発酸の香りが立つ．これが不満．

味：前述の揮発酸の香りが気になり飲みづらい．後までこれがたたった．

1937　ラ・ミッション・オーブリオン ①

外観：コクがありそうなプラムの色を思わせる豊かな色合い．

香り：菫の香りを思わせ，円熟した果実香．若いクロスグリの葉の香りに似たブケ．混り気のない新樽の香りも感じられる．

味：豊かで濃厚．クロスグリや香辛料を思わせる．素晴しく甘美な果実風味．タンニンの渋味もきいているが，きついと言うほどではない．非常に良くできている．

1937　ラ・ミッション・オーブリオン ②

外観：非常に深い色調．暗くて強烈．かなり濃い．ダークガーネット．

香り：芳しくて強く濃縮されたような香り．ひろがりもある．

味：素晴しいワイン．むらがなく濃厚だが，生き生きとして複雑な円熟した果実風味がある．なめらかで，飲むとまだタンニンの渋味を感ずる．ビロードの手袋をはめた鉄の手．

1938　ラ・ミッション・オーブリオン

外観：濃厚で深みのあるルビー色．かなり完成された色合い．

香り：プラムやイバラの香りを思わせるまろやかで濃厚な香り．引き締まっている．

味：素晴しくなめらかな果実風味．わずかにタンニンの渋味も．産地の特徴をはっきりと備え，バランスが見事．

1940　ラ・ミッション・オーブリオン

外観：非常に濃厚で深みのあるクロスグリのような色調．ディープ＆ダークガーネット．

香り：素晴しく芳しい果実香．煙草やシナモンを思わせる．バラの香りも．

味：非常に腰が強く濃厚で，プラムや香辛料やクロスグリを思わせる果実風味．堂々とした酒質は，このワインの良さを表している．タンニンの溶和が見事．

1941　ラ・ミッション・オーブリオン

外観：濃厚で極めて堂々としている．深みのある色調．ディープガーネットカラー．深い褐色を帯びている．

香り：香辛料の香りを思わせる．強烈なアロマ．

味：コーヒーの香りが極めて豊か．味は極めて明快．揮発酸も中庸．

1947　ラ・ミッション・オーブリオン

外観：非常に深く暗く強烈な色調．かなり強烈で濃厚．

香り：芳香強烈．果汁が濃縮された香気．開栓すると驚くほどの強烈なひろがり．若く感ずる．

味：堂々とした酒質．自己主張を感ずる．果実味強烈．内容極めて複雑．後20年くらい持つのではないか．

備考：天候が良かったかどうかは不明であるが，酒質は誠に素晴しかった．色調，風味，味覚，辛酸甘苦渋等に欠点なし．酸とタンニンのバランス極めて良好．

1948　ラ・ミッション・オーブリオン

外観：非常に濃厚で深みのあるクロスグリのような色調．強烈で印象的．暗紅色のワイン．

香り：香辛料の香りを思わせる強烈なアロマ．ハッカの香りに近い．濃厚で果実香が凝縮されている．

味：濃厚で，プラムや香辛料やクロスグリを思わせる果実風味．ラ・ミッションの酒質が良く表れている．力強く風味が長持ちする．酸，甘，タンニンのバランス良好．

1950　ラ・ミッション・オーブリオン ①

外観：極めて濃厚にして深みのあるルビー色．

香り：ヴァニラを思わせる甘い香気．落ち着いたスパイシーな香り．濃縮された果実風味．あくまでも素晴しい香気を持続する．

味：極めて落ち着いた力あるタンニンは，重厚な酸と甘味が長く持続する．旨味は長く口中に残り，いつまでも舌に残る．

1950　ラ・ミッション・オーブリオン ②

外観：非常に深みのあるディープガーネット．むしろ暗紫黒色に近い．瓶の底と端は黄褐色に変じている．

香り：濃厚で力強い漿果の香りを思わせるブケ．果実香に富んでおり，極めて上品．

味：しっかりとした口当り．最初は控え目で粗削りだが，次第にひろがってくる飾り気のない甘味が素晴しい．秀逸．長く持つと思われる．

1953　ラ・ミッション・オーブリオン

Château Haut-Bailly ［Pessac-Léognan］

1869　オーバイイ

外観：円熟し極めて深みのあるディープガーネットカラー．コクのありそうな色調．瓶の端は褐色を帯びているが，難点にはなり得ず．

味：風味とバランスが素晴しい．酸味とタンニンが互いに十分に溶け合っている．極めて良くできていて，円熟した風味は口中に長くひろがり，グラーヴのワインとして，濃厚な，見事な驚く姿を残す．ボルドー・ワインアカデミーのワイン会で，このワインの価値に皆感激．酸，渋からくる力強さは決してワインのバランスを壊さない．

1877　オーバイイ　マグナム

外観：非常に濃厚で深みのあるダークルビーカラー．マグナム瓶の底の澱と分離，エッジ全体は完全に褐色を帯びている．

香り：花の香り．濃厚で複雑な香り．続いて香辛料を思わせる強烈なアロマ．ハッカの香りに近い．濃厚で果実香が凝縮されている．

味：サンザシ，バラの後カンゾウ，プラムや香辛料やクロスグリを思わせる果実風味．このワインが賞をとったのがうなずける．美しい後味は長く長く口中に残る．当時のオーバイイは本当に力があったことを示す良い証拠だ．

備考：グラーヴでもメドック以上に酒質の良いワインを造っていた証拠を示してくれた．

1900　オーバイイ ①

外観：濃くて鮮やかで深みのある赤紫色．むらがない濃厚なルビー色も合わせ持つ．

香り：強くて申し分のないグラーヴ．このような強烈な香りを持ち続けるのは異例か．カベルネやメルロー以外の香り，プティ・ヴェルドが豊富．ぶどうの木が古いからか．

味：一般にグラーヴはメドックより風味が弱いと言われるが，このワインはあてはまらない．最後まで実に強烈であった．

備考　このワインには，フィロキセラ禍のあと，栽培者がラブルスカの根に接ぎ木するのを拒否し，栽培を通したボルドーのヴィニフェラからとれたぶどうが使われている．よく聞くと，皆樹齢が150年以上と言われていた．このワインの価格は，1931年当時シャトー・マルゴーと同額であった．現在もまた高くなりつつある．ぶどう畑のカベルネやメルローは淘汰されていない．いまでも古いぶどうの木からとれた完熟したぶどうが使われている．

1900　オーバイイ ②

外観：濃くて鮮やかなルビー色．非常に見事な色合い．

香り：かすかに木をいぶしたような香りがあって，同時にクロスグリのような香りもある．

味：果実風味が際立ち，きわめて細かい．メルロー種のやわらかさとグラーヴの酒質．それにカベルネ種独特の濃密な風味が一体となり本当に素晴しい．タンニンも甘くなり真に良好．

1900　オーバイイ ③

外観：濃くて深みがあり，豊かな色調．縁の方が淡くなっている．円熟した色調．非常に見事な色合い．

香り：甘美でねばっこく，メルロー種独特の芳香．果実が濃縮されたような香り．プラムやイバラの香りを思わせ，まろやかで濃厚な香り．引き締まっている．

味：まろやかな果実風味があり，飲み口がしっかりしている．よくできており，メドック風の酒質を備えた古典的カベルネ．

1929　オーバイイ

外観：濃くて鮮やかなルビー色．非常に見事な色合い．

1900　オーバイイ

香り：現代にまさにぴったりのワイン．果実のような香りが豊かで，オークの香りもわずかに匂わせる．

味：腰が強くて独特の風味がたっぷり味わえるが，当初のイメージがやや薄れかけている．

Château Carbonnieux [Pessac-Léognan]

1963　カルボーニュ

外観：色は落ちて，全体に緋色に変る．

香り：香りが立たない．少々香り薄し．

味：薄く，酸が強く感じられる．タンニンの強さのためによけいに強く感じバランス悪し．

備考：輸入商社が悪い環境条件で輸入した関係と思う．

Château Olivier [Pessac-Léognan]

1920　オリヴィエ
外観：濃厚なルビー色．一部のメドックほど強烈ではない．
香り：素晴しく芳しいブケ．果実やバラを思わせる．やわらかみのある香り．印象的でうっとりとする．
味：爽やかでかなり辛口の風味．最初は控え目だが，やがて素晴しく優雅な味わいが出てきて，余韻は長く持続する．素晴しいワイン．

Domaine de Chevalier [Pessac-Léognan]

1928　ドメーヌ・ド・シュヴァリエ ①
1930年代前半はマルゴー等と同列であった．
外観：濃厚なルビーレッド．一部のメドックほど強烈ではない．極めて若々しい．
香り：素晴しく芳しいブケ．果実やバラを思わせるやわらかみのある香り．これにかすかに野生の菫のような香りも混ざる．
味：爽やかで，かなり辛口の風味．最初は控え目だが，やがて素晴しく優雅な味わいが出てくる．余韻は長く持続する．
備考：古典的なグラーヴ．信じられないほど優雅な味わいがあり，また若い．このようなワインが生まれたのは，グラーヴの土壌に恵まれたばかりでなく，ぶどう園主の考え方がしっかりとしていたからでもある．

1928　ドメーヌ・ド・シュヴァリエ ②
外観：色はグラーヴのレオニャンのワインにしては濃厚で，力強いディープガーネットカラー．瓶底は黄褐色を呈しているも，デカントすれば関係なし．
香り：素晴しく芳しいブケ．果実やバラを思わせるやわらかみのある香り．素晴しい．
味：爽やかで，かなり辛口の風味．最初は控え目だが，やがて素晴しく優雅な味わいが出てきて余韻が長く持続する．

1934　ドメーヌ・ド・シュヴァリエ
外観：濃くて鮮やかなルビー色．非常に見事な色合い．
香り：現代に真にぴったりのワイン．果実のような香りが豊かで，オークの香りもわずかに強く匂わせる．
味：腰が強くて独特の風味がたっぷりと味わえる．造った当時のイメージ通り，素晴しい．

1937　ドメーヌ・ド・シュヴァリエ ①
外観：コクがありそうで，深くて濃いガーネットカラー．
香り：芳醇で濃密．良く熟した果実から得られる漿果のような混り気のない果実香．強くて複雑．
味：純粋で澄んだグラーヴ独特の味わい．果実風味とアルコールとオークの風味の調和が見事．最高級の完璧なワイン．

1937　ドメーヌ・ド・シュヴァリエ ②
外観：濃厚で極めて堂々とした深みのある色調．ディープガーネット．瓶底は黄褐色．
香り：濃厚で円熟した果実風味．かなり深みがあって，プラムを思わせ優雅．
味：極めてコクがあり，ビロードのようになめらかで，舌ざわりが素晴しい．一貫して強烈な風味が感じられる．堂々としている．

1963　ドメーヌ・ド・シュヴァリエ
外観：色，すでに赤（緋）を薄めた色に変色．褐赤色．
香り：酸化臭，酢酸臭．ワインの良い香気を失う．タンニンと酸のバランスは極めて悪く，ワインの終末の感じを持つ香り．
味：品質悪く酸渋を極端に感ずる．酒は極めて薄く旨い味覚なし．良くなくなってしまったワインの典型．このようなワインの品質をオーナーが知ったら何と言うか．

Saint-Émilion
サンテミリオン地区

第 1 特別級 A

Château Ausone ［Saint-Émilion］

1874　オーゾンヌ

外観：このワインは大変不思議なワインで，製造後最低 50 年以上経たないと本当の力が出ないと言われている．濃厚な赤色，むしろガーネットカラー．これは古典的な色彩．極めて深みのある色調は濃くて暖かみのある赤．腰が強くて濃厚そうに見える．

香り：果実を思わせる素晴しく豊かなブケ．香辛料やユーカリのような香りが混ざる．極めて刺激的．木香があり，ヴァニラを思わせるような香りも極めて濃厚で，円熟した果実香も．

味：濃厚で甘美な果実風味．高尚な味わい．腰の強い果実と樽の風味があるが，少し枯れかかっており，早く飲んだ方が良いだろう．

備考：オーゾンヌは，岩の上に薄く表土が堆積した丘で栽培されたぶどうから造られており，砂利の多い土壌を背景にしたフィジャックとは異なった酒質を備えている．メルロー 50 ％，カベルネ・フラン 50 ％．

1877　オーゾンヌ ①

外観：濃厚で深く燃えるようなルビー色．わずかに瓶の縁の方が黄褐色を帯びている．

香り：芳熟で気品があり，とろけそうなアロマに樽の香りがたっぷりと溶け込んでいる．

味：素晴しく甘美な口当り．豊熟なエキス分に支えられた豊富な果実風味．腰は極めて強い．酸とタンニンの渋味はワインの熟成でかき消されている．極めて上品なワイン．

1877　オーゾンヌ ②

外観：力強く濃厚で深みのあるルビー色．完成された色合い．濃くて深みのあるマホガニーを思わせる色合いは極めて上品．

香り：芳醇で濃密．メルローのやわらかな香り．あたかも果実を押しつぶしたような甘美なブケ．香辛料を思わせる．木香もあり，ヴァニラを思わせる香りも．

味：極めて濃厚で円熟している．腰は極めて強く果実と木の風味があるが，少々枯れかかっているのではないか．

備考：このワインは不思議だ．70 年以上たって真価が分る．ただチーズとの相性が分らない．このワインの後味は，不思議に甘い．

1879　オーゾンヌ

外観：色調淡く，薄く明るい赤．エッジは黄褐色．澱も多い．ワインの色は淡し．全体的に琥珀色．

香り：最初干し草の香り．後より革の香りが出る．最後に麝香のような香りに変る．糖は多くエキスが力強い．

味：香りが徐々に変化し，エキスが力強く，酒質の良さを教えてくれる．旨味は口中に長く留めるべきだ．

1899　オーゾンヌ

外観：焼けた煉瓦のような色．コクがあって熟成している．エッジが黄褐色を帯びている．レーズンのような色とマデイラのような色調．濃厚な色．

香り：木香があり，ヴァニラを思わせるような香りも．極めて濃厚で円熟した果実香．

味：なれた旨味．

1900　オーゾンヌ ①

外観：極めて深く黒みのある煉瓦色．コクがあり十分な熟成を知らせる色調．縁は濃い褐色．

香り：最低 50 年の熟成を必要とすると言われ続けていたワインだ．ヴァニラを感じさせ，樽からきた香りをワイン中に感ずる．極めて濃厚で熟成し切った果実香もある．

味：極めて強い腰はこのワインの特徴か．果実と樽からくる木の風味を持ち，酒質は極めてしっかりしている．タンニンと酸は極めて充実，口中にはっきり残る．このワインの素質の素晴しさを感ずる．酒は口中に長く心地良く残る．

備考：サンテミリオンを代表する銘酒．酒質は極めて偉大．長

1900 オーゾンヌ

年月の熟成が必要なワインで，メドックと酒質が全く異なっている．

1900　オーゾンヌ ②

外観：極めて濃厚．深みのある暗赤色．これに煉瓦のような色も混ざり，十分にコクがあり熟成を感じさせる．グラスの縁はすでに黄褐色．

香り：香辛料を思わせる強烈なアロマ．樽香はワインに完全に溶け込み，ヴァニラを思わせるような香りも．極めて濃厚で円熟した果実香．これが刺激的な芳香をも放つ．

味：腰の強さを感ずる．濃厚で甘美な果実風味．高尚な味わい．ロシア革や菫の香り．樽からくる木の香りは果実風味を誘発．濃厚な肉厚さを感じさせ，エキス分をも感じる．

備考：このワインは最低でも50年以上経たないと本来の良さを表さないと言われている．大変難しいワインと言われている．パリのニコラより1箱，12本まとめ買いした．ボルドーのシャトー・オーナー達もこのワインの品質に驚いていた．

1900　オーゾンヌ ③

②のワインと一緒に購入したものをボルドーとニューヨークで開栓した．驚くほど品質は良好．ニコラのマネージャが自慢していた訳が分った．

外観：円熟し，かつ驚くべき色調．濃厚なダークルビー．澱は多い．

香り：花の香りを思わせる極めて優雅な香り．極めて円熟している．花の香りの後に，複雑で芳しく，ヒマラヤ杉や香辛料を思わせる素晴しい香りが立ち，長く口中に続く．

味：風味とバランスが素晴しい．濃厚な味覚は繊細で，タンニンとアルコールが一体となってワインに溶け込んでいる．樽の香りも瓶貯蔵中に一体になり互いに溶け合っている．このワインは最低30年以上経たないと本当の良さが分らないのではないかと，皆話していた．

備考：サンテミリオンの丘陵地の酒の良さ．

1900　オーゾンヌ ④

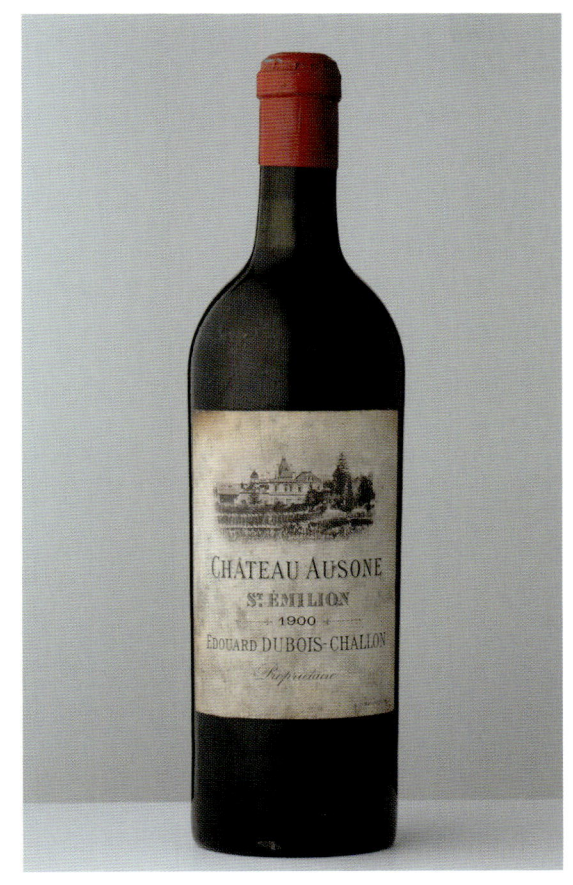

外観：濃くて深くて力強いルビー色．非常に見事な色合い．

香り：甘美でねばっこく，メルロー種独特の果実を思わせる濃縮された香り．極めて上品．

味：コクがあって風味も豊か．酸と渋，すなわちタンニンとアルコール分が完全に熟成．素晴しいバランス．ボルドーのアカデミーの会員も品質の良さを激賞していた．

1901　オーゾンヌ

外観：残念な事にワインは満量ではなく，液面はショルダー付近まで下がっていた．濃厚さはあるが色調は褐色．

香り：決して良い香りではない．香辛料の香りはかなりきつい．木香があり，ヴァニラを思わせるような香りもある．極めて濃厚で円熟した果実香．

味：腰の強い果実と木の風味があるが，ワインとしてはすでに枯れかかっている．1900年が驚くべき素晴しい品質であっただけに，1年でこれほど内容が劣るとは思いたくない．

1902　オーゾンヌ

外観：濃くて深みがあり，焦げたマホガニーを思わせる色合い．極めて上品である．

香り：芳醇で濃密．良く熟した果実から得られる漿果のような混り気のない果実香．この香りの後に樽の香りが続く．ブケはむしろ刺激的で極めて辛口．

味：このサンテミリオンのワインは，若いうちは判定し難い．50年以上経って初めて真価が分る．果実風味の次に，強烈な獣の香りをじっくりと感じさせられる．タンニンもアルコールと一体に溶け，極めて辛口．素晴しさを再認識させられる．

備考：メルローとカベルネ・フランの香りが良く練れて素晴しい．メドックのラフィットと全く異なる．サンテミリオンの

違いを再認識させられる．

1906　オーゾンヌ

外観：極めて深みのある暗赤色．ダークガーネットカラー．濃くて深くて暖かみのある赤．腰が強くて濃厚そうに見える．

香り：果実を思わせるような素晴しく豊かなブケに，香辛料やユーカリのような香りが混ざる．極めて刺激的．また木香もあり，ヴァニラを思わせるような香りも．極めて濃厚で円熟した果実香．

味：腰の強い果実風味は高尚な味わい．ロシア革や菫の香りを思わせる．

1911　オーゾンヌ

外観：濃くも淡くもなく，力強い赤．円熟した色合い．端の方がかすかに黄褐色を帯びている．

香り：木香があり，ヴァニラを思わせるような香りもあり，極めて濃厚で円熟した果実香も．

味：腰の強い果実と木の風味があるが，少し枯れかかっており早く飲んだ方が良い．

備考：甘味が強く，優雅で，またスパイシーな香りが強烈．

1912　オーゾンヌ

外観：焼けた煉瓦色．アンバー色．コクがありそう．熟成していそう．縁は十分に黄褐色を帯びている．

香り：木香があり，ヴァニラを思わせるような香りもある．極めて濃厚で円熟した果実香．

味：腰の強い果実と木の風味がある．かなり枯れかかっている．

1913　オーゾンヌ

外観：アンバー．澱多し．淡い黄金色．

香り：ロシア革の匂いを思わせる芳醇で複雑なブケ．かなり動物的．

味：濃縮され，深みのある果実風味が長く尾を引く．バランスは申し分なく，甘美な飲み口．

1914　オーゾンヌ

外観：かなり濃いルビーのような赤．極めて濃厚そうに見える．

香り：鼻孔にやさしく，豊かな果実香．香辛料やクロスグリを思わせる．

味：かなりコクがあり，まだタンニンの味が強いが，果実風味は混り気がなくて豊か．苦味は少しも感じられない．

備考：良い年の産で色やエキスの抽出は十分．

1916　オーゾンヌ

外観：濃くて深みがあり，焦げたマホガニーを思わせる色合い．極めて上品．

香り：芳醇で濃密．良く熟した果実から得られる，漿果のような混り気のない果実香．

味：素晴しく豊かな果実風味．タンニンの渋味が全体を引き締めていて，最後に果実風味が残る．香辛料を思わせる素晴しい果実風味．絹のような素晴しい心地良い喉ごし．メルローの良さを十分に残す．

1918　オーゾンヌ ①

外観：焼けた煉瓦のような色．コクがあって熟成していそう．縁の方がすでに黄褐色を帯びている．

香り：木香がありヴァニラを思わせるような香りも．極めて濃厚で円熟した果実香．

味：非常に腰が強くて肉厚で噛めそうなワイン．エキス分に富み，力強い．50年経って力が分ると言われるワイン．

1918　オーゾンヌ ②

外観：焼けた煉瓦のような色で，コクがあって熟成していそう．濃厚なルビー色．瓶の縁の方が黄褐色を帯びている．

香り：木香があり，ヴァニラを思わせるような香りがして，極めて濃厚で円熟した果実香．

味：腰の強い果実と木の風味があり，ワインは少し枯れかかっており，早く飲んだ方が良策．

1921　オーゾンヌ ①

外観：濃赤色．ディープレッド．澱多し．深みあり．十分に熟成しており，コクを感ずる．エッジは褐変．

香り：果実を思わせる素晴しく豊かなブケ．香辛料にユーカリのような香りが混ざる．

味：非常に腰が強く肉厚で，噛めそうなワイン．エキス分多し．

1921　オーゾンヌ ②

外観：焼けた煉瓦のような色で，コクがあり，熟成している．瓶の底はすでに黄褐色を帯びている．

香り：木香があり，樽からくるヴァニラの香りがまだ残る．極めて濃厚で円熟した果実香．

味：腰が強く果実と木の風味があるが，ワインの味は不思議なことにもう枯れかかってしまっている．

1925　オーゾンヌ

外観：ルビーのような色．かなりトロッとした感じで，口当りがやわらかそう．力強い．

香り：心地良いソフトな果実香．それは嗅覚にやさしい果実香を示し，わずかにピノ・ノワールを思わせるところがある．新樽の香りも残る．

味：前面に押し出された魅力的な果実風味と新樽の香りからくる風味は，サンテミリオンのワインの常として若いブルゴーニュのようなはかない印象を与える．飲み心地が良くしなやかで，十分長持ちし，まだ複雑な味わいが出てくるだろう．品質良い．

1926　オーゾンヌ ①

外観：非常に深みのある濃厚なルビー色．ディープルビー．若々しく褐色に変るような様子はまだ見られず，むらもない．

香り：濃厚で力強い漿果の香りを思わせるブケ．果実香に富んでおり，極めて上品．

味：凝縮された強烈な果実風味が，非常にうまく溶け込んでいる．かすかに薬草のような風味があって，口に含んでいる間は素晴しい味わい．飲むとやや硬質．

1926　オーゾンヌ ②

外観：焼けた煉瓦のような色で，コクがあって熟成しているのを感じさせる．瓶の底は黄褐色を帯びている．

香り：木香が残り，これからくるヴァニラのような香りが出ていて，極めて濃厚で円熟した果実香も．

味：腰の強い果実と木の風味を感ずる．このワインは，サンテミリオンの崖にそった由緒ある場所で造られている．

1928　オーゾンヌ　マグナム ①

外観：コクがありそう．濃厚なディープレッド．マグナム瓶の底に澱あり．瓶の底が黄褐色．腰が強く濃厚そう．

香り：しっかりしていて，かすかに野生の菫のような香りが混ざる．まだかなり香りが閉じ込められていそうだ．

味：非常に腰が強くて肉厚で，噛めそうなワイン．エキス分に富んでいる．典型的なサンテミリオン．豊かで甘く，濃密な果実風味．円熟した味わいがあるが，生き生きとした躍動感も．繊細な風味に優れ，たくましいワイン．

1928　オーゾンヌ ②

外観：濃くて深くて豊かな色調．縁の方が黄褐色に色づいている．濃厚なルビー色．

香り：甘美でねばっこく，メルロー種独特の，果実を思わせ，苺を思わせるブケ．菫にも似て調和がとれている．

味：コクがあり風味も豊か．タンニンの渋味があるが，十分にまるみがついている．風味は長持ちし，極めて個性的．

1934　オーゾンヌ

外観：焼けた煉瓦のような色．コクがあって熟成していそう．縁の方がかすかに黄褐色を帯びている．

香り：木香があり，ヴァニラを思わせるような香り．極めて濃厚で，円熟した果実香．

味：腰が強い果実と木の風味があるが，少し枯れかかっている．

1936　オーゾンヌ

外観：濃くて深みがあり豊かな色調．縁の方が黄褐色に色づきかけている．

香り：甘美でねばっこく，メルロー種独特の果実を思わせる濃縮された香り．極めて上品．

味：コクがあって濃密な口当り．エキス分に富み繊細さはない．

1942　オーゾンヌ

外観：焼けた煉瓦のような色で，コクがあって熟成していそう．縁の方が黄褐色を帯びている．

香り：木香があり，ヴァニラを思わせるような香りも．極めて濃厚で円熟した果実香．

味：非常に腰が強くて肉厚で噛めそうなワイン．エキス分に富んでいる．もう飲み頃．

1943　オーゾンヌ

外観：焼けた煉瓦のような色．コクがあり熟成しており，瓶の端，末端が黄褐色．ディープロゼが濃い．

香り：木香がありヴァニラを思わせるような香り．極めて濃厚で円熟した果実香．

味：腰の強い果実と木の風味があるが，すでに枯れかかっている．飲むのは，早い方が良いだろう．

1945　オーゾンヌ ①

外観：極めて濃いディープカラー．濃厚なディープガーネット．瓶の底は黄褐色を帯びている．

香り：木香があり，ヴァニラを思わせるような香りも．極めて濃厚で円熟した果実香．

味：濃厚で甘美な果実風味．極めて高尚な味わい．ロシア革や菫の香りを思わせる．堂々として力強いワイン．少し揮発酸を感ずる．

1945　オーゾンヌ ②

外観：焼けた煉瓦のような色で，コクがあり熟成している．色は濃厚なディープローズ．

香り：焦げたオークを思わせる豊かなブケ．果実のような香りに富み，コクも大いにある．

味：かなりコクがあり，ふくよか．酸味がきいており，オークの風味が全体を包む．

1947　オーゾンヌ

外観：極めて深みのある色調．濃くて深くて暖かみのある赤．ディープガーネット．腰が強くて濃厚そうに見える．

香り：木香があり，ヴァニラを思わせるような香り．極めて濃厚で円熟した果実香．

味：非常に腰が強くて肉厚で，噛めそうなワイン．エキス分に富んでいる．タンニンと酸のバランスが良い．

1949　オーゾンヌ ①

外観：深みのある強烈で濃厚な赤．ディープガーネット．瓶の端は黄褐色に変化．

香り：豊富な力強い香りで，強烈な香辛料の香り．

味：甘味強く，酸，渋がそろい，アルコールと木香が良く調和している．実に美味．

1949　オーゾンヌ ②

外観：焼けた煉瓦のような色で，コクがあって熟成していそう．縁の方がかすかに黄褐色を帯びている．

香り：香辛料の香りを感じ，また強烈なアロマ．ハッカの香りにも近い．濃厚で，果実香が凝縮されている．

味：濃厚で，プラムや香辛料やクロスグリを思わせる果実風味．オーゾンヌの酒質を良く表し，良質良好を感じさせる．良好酒．

1950　オーゾンヌ ①

外観：濃厚な色調．深みのある赤紫色（ガーネット）．

香り：美しく落ち着いた香り．花と香辛料，濃縮された果実香．

味：上記の濃縮された香気が長く口に残り，やや渋味がかったタンニンは酸と拮抗するが落ち着いて力強し．

備考：オーゾンヌは50年の歳月を要する．

1950　オーゾンヌ ②

外観：焼けた煉瓦のような色で，コクがありそう．熟成していそう．瓶の縁の方が黄褐色を帯びている．

1958　オーゾンヌ

香り：木香があり，ヴァニラを思わせるような香りと，極めて濃厚で円熟した果実香．

味：腰の強い果実と木の風味があるが，少し枯れかかっている．早く飲んだ方が良いだろう．

1952　オーゾンヌ

外観：かなり濃くて，深くやわらかみのある濃紺．ディープガーネット．瓶の底と端は黄褐色．

香り：ロシア革の匂いを思わせる芳醇で複雑なブケ．かなり動物的．

Château Cheval Blanc ［Saint-Émilion］

1904　シュヴァル・ブラン

外観：上品で濃厚なルビー色．十分にコクがありそう．

香り：鼻孔にやさしく，豊かな果実香．香辛料やクロスグリを思わせる．果実を押しつぶしたような甘美なブケ．かなり凝縮されている．

味：かなりコクがあり，まだタンニンの風味を感ずる．果実風味は混り気がなくて豊か．苦味は少しも感じられない．口中に長く留る．

備考：ポムロールに隣接する畑の産．この土地は地籍と地質が異なることを知るべき．非常に良いワイン．

1908　シュヴァル・ブラン ①

外観：円熟した深い赤．縁の方の色が少し枯れかけている．

香り：フレッシュな香りは去り，いぶしたようなブケ．この香りが去ると，酢酸臭だけが残る．

味：酢酸臭しか残らない．残念だ．

1908　シュヴァル・ブラン ②

外観：濃厚なローズカラー．

香り：干し草のような，茸のような，甘美な香りと素晴しい香り．非常に美しい．

味：豊かで甘く濃密な果実風味．円熟した味わいがあるが，生き生きとした躍動感も．繊細な風味に優れた，たくましいワイン．

1911　シュヴァル・ブラン

外観：焼けた煉瓦色．コクがあり熟成していそう．縁は黄褐色を帯びている．

香り：甘味強．新鮮．極めて男性的で，肉質が多く感じられる．木香もあり，ヴァニラを思わせるような香りも．極めて濃厚で円熟した果実香．

味：極めて腰の強い果実と木の風味があるが，少し枯れかかっている．しかし美しい酒だ．口中に長く留り，忘れられない味．

1918　シュヴァル・ブラン　マグナム

外観：濃くて美しい深みのあるルビー色．完全に熟成している．瓶の底はすでに褐色に変色している（清澄部分は完璧）．

香り：酒質は明らかにポムロール．独特の芳香も美しく甘美でねばっこく，メルロー種独特の果実を思わせる濃縮された香りと，カベルネ・フラン種からくる力強い香りが豊か．

味：タンニンは熟成しマグナム瓶の酒質にこれを見た．ボルドーのアカデミーの人達も品質の良さに驚く．

1920　シュヴァル・ブラン

外観：極めて濃く深みのある暗赤色（ディープガーネット）．

香り：しっかりとしていて，かすかに野生の菫のような香りが混ざる．

1918　シュヴァル・ブラン

味：濃厚で甘美な果実風味．高尚な味わい．ロシア革や菫の香りを思わせる．ワインの持つ5大要素がなれ合い，ワインの旨味が完璧．

1921　シュヴァル・ブラン ①

外観：濃厚．色を通さない．瓶の底は澱が多い．円熟した暗い色の赤はディープガーネット．

香り：オールドオーク．草のような香気．

1921　シュヴァル・ブラン ②

外観：極めて深みのある色調．濃くて深くて暖かみのある赤．腰が強くて濃厚に見える．

香り：しっかりしていて，かすかに野生の菫のような香りが混ざる．

味：凝縮された強烈な果実風味が非常にうまく溶け込んでいる．かすかに薬草のような風味があって，口に含んでいる間は素晴しい味わい．

1921　シュヴァル・ブラン ③

外観：非常に美しく深みがあり，コクがありそうな濃厚なルビー色．

香り：花の香りを含み複雑で芳しく，ヒマラヤ杉や香辛料の香りを思わせる素晴しい芳香．

味：円熟した風味が口の中にひろがる濃厚な美味しい口当り．見事なバランスと繊細な風味はポムロールの銘柄を思わせる．

1923　シュヴァル・ブラン　マグナム ①

外観：濃厚で深く焼けたような姿．わずかに縁の方が黄褐色を帯びている．

香り：いぶしたような（葉巻の香りに近い）ブケ．樟脳のような香りも．

味：甘く濃密な味わい．果実風味が豊かだが，すでにやや峠を越えた感があり，香りがなくなりかけている．腰が強いがタンニンの渋味はかき消されている．

1923　シュヴァル・ブラン ②

外観：極めて濃く深みのある暗赤色．すなわちガーネットカラー．瓶底は黄褐色．

香り：しっかりしていて，かすかに野生の菫のような香りが混ざる．また香辛料とハッカの香りに近い．濃厚で果実香が凝縮されている．

味：濃厚で甘美な果実風味．高尚な味わい．ロシア革や菫の香りを思わせる．力強く，これがサンテミリオンかと，メドックと勘違いしそうになる．ワインの5大要素が完全．

1924　シュヴァル・ブラン

外観：濃くて深みのあるルビー色．ダークルビー．

香り：香辛料，ハッカの香りを思わせる素晴しい豊かなブケ．果実のような豊かな香りで，全体をユーカリの香りが包んでいる．

味：豊かで濃厚．クロスグリや香辛料を思わせる素晴しい甘美な果実風味．タンニンの渋味もきいているが，きついと言うほどではない．非常に良くできている．

1926　シュヴァル・ブラン ①

外観：深くて美しいルビー色．ダークルビー．

香り：かすかに木をいぶしたような芳香があって，同時にクロスグリのような香りも．

味：果実風味が極立ち，きめが細かい．メルロー種のやわらかさとポムロールに近いサンテミリオンの酒質，それにカベルネ種独特の濃密な風味が一体となっている．

備考：バランスが良くできている．1926年物の中ではそれほど目立たない．まだでき上っていないが，飲み頃はそれほど先ではない．

1926　シュヴァル・ブラン ②

外観：極めて濃く深みのある暗赤色．ダークガーネット．またコクがありそうに見える．

香り：しっかりしていて，かすかに野生の菫のような香りが混ざる．

味：濃厚で甘美な果実風味．高尚な味わい．ロシア革や菫の香りを思わせる．タンニンは完全にワインに溶け込み熟成している．実質的にはポムロールの地質とポムロールの味覚を実感する．

1928　シュヴァル・ブラン ①

外観：濃くも淡くもないルビー色．かすかに縁の方が淡い．

香り：かすかに木をいぶしたような芳香があって，同時にクロスグリのような香りも．甘美でねばっこく，メルロー種独特の果実を思わせる濃縮された香り．

味：コクがあって風味も豊か．タンニンの渋味があるが，十分まるみがついている．風味は長持ちし，個性的．

1928　シュヴァル・ブラン ②

外観：濃くて深みがあり，焦げたマホガニーを思わせる色合い．極めて上品．

香り：芳醇で濃密．良く熟した果実から得られる漿果のような混り気のない果実香．強くて複雑．

味：素晴しく豊かな果実風味．タンニンの渋味が全体を引き締めている．最後に果実風味が残る．掛け値なしに見事な深み．

1929　シュヴァル・ブラン ①

外観：極めて濃く深みのある暗赤色．不透明に近く，若々しくて熟成が少しも進んでいないように見える．瓶の端は澱があってもかまわない．

香り：濃厚で力強い漿果の香りを思わせるブケ．果実香に富んでおり，極めて上品．

味：しっかりとした口当り．最初は控え目で粗削りだが，次第にひろがってくる飾り気のない甘味が素晴しい．秀逸．

1929　シュヴァル・ブラン　マグナム ②

コーニー・アンド・バロー社より輸入．

外観：偉大な1929年のワイン．まるでポムロール産ワインのような色合い．すなわち上品で濃厚なルビー色．見た目でも十分にコクがありそう．日本の緋色に近い．

香り：鼻孔に優しく豊かな果実香．香辛料やクロスグリを思わ

1929　シュヴァル・ブラン

せる．これに押しつぶしたような甘美なブケ．かなり濃縮されている．

味：絹のような心地良い喉ごし．

1933　シュヴァル・ブラン

外観：濃くて深みがあり豊かな色調．縁の方が黄褐色に色づきかけている．

香り：甘美でねばっこくメルロー独特の果実を思わせる濃縮された香り．極めて上品．

味：コクがあって風味も豊か．タンニンの渋味があるが十分まるみがついている．風味は長持ちし，個性的．

1934　シュヴァル・ブラン ①

外観：濃厚で深く燃えるような赤．瓶の端の方が黄褐色を帯びている．

香り：美しい花の香りの後に果物の香気．その後トリュフの香り．芳醇で気品があり，とろけそうなアロマに木の香りがたっぷり溶け込んでいる．

味：豊かで甘く濃密な果実風味．完熟した味わいがあるが，生き生きとした躍動感も．繊細な風味に優れ甘味の力が残っている．力強さも素晴らしい．

1934　シュヴァル・ブラン ②

外観：極めて深みのある色調．濃くて深くて暖かみのあるダークガーネットカラー．腰が極めて強く濃厚そうに見える．

香り：果実を思わせる素晴しく豊かなブケに，香辛料やユーカリのような香りが混ざる．極めて刺激的．

味：濃厚で甘美な果実風味．高尚な味わい．ロシア革や菫の香りを思わせる．非常に堂々とし，辛酸甘苦渋が統一されている．

1937　シュヴァル・ブラン　マグナム ①

外観：極めて濃く深みのある暗赤色．不透明に近い．若々しくて熟成が少しも進んでいないように見える．マグナムの瓶の底に澱が多い．

香り：花の香りが長く続き，この香りの後，トリュフの香りが続く．

味：堂々としたワイン．地籍が実質的にポムロールという事がはっきりと分る．

1937　シュヴァル・ブラン ②

外観：かなり濃いルビーのような赤．極めて濃厚そうに見える．

香り：果実を押しつぶしたような甘美なブケ．かなり濃縮されている．

味：心地良くねばり気のある果実風味．ヴァニラのような風味もあり，まだ若く，果実のようなすっぱさも．

1940　シュヴァル・ブラン

外観：極めて濃く深みのある暗赤色．深くて濃いダークガーネット．

香り：果実を思わせる素晴しく豊かなブケに，香辛料やユーカリのような香り．極めて濃厚で円熟した果実香．

味：濃厚で甘美な果実風味．高尚な味わい．ロシア革や菫の香りを思わせる．極めて堂々とし，長く口中に持続する．タンニン，酸，甘のバランス，極めて良好．

1943　シュヴァル・ブラン

外観：極めて深みのある色調．濃くて深くて暖かみのある赤．腰が強くて濃厚そうに見える．

香り：果実を思わせる豊かなブケに香辛料やユーカリのような香りが混ざる．極めて刺激的．

味：非常に腰が強くて肉厚で嚙めそうなワイン．エキスにも富み，かつ魅力的なワイン．

ボルドー・ワイン・テイスティングノート　Cahier de dégustation

1945　シュヴァル・ブラン

1947　シュヴァル・ブラン ②

外観：深みのある強烈な濃いロゼ．ディープロゼ．瓶の縁は黄褐色．

香り：果実を思わせる豊かなブケに香辛料やユーカリのような香りが混ざる．極めて刺激的．

味：爽やかで，かなり辛口の風味．最初は控え目だが，やがて素晴しく優雅な味わいが出てきて余韻は長い．酸，渋のバランスも極めて素晴しい．

1948　シュヴァル・ブラン

外観：濃くて堂々とした濃厚なルビー色．力強い色．

香り：甘く，干しぶどうを思わせ，開栓してしばらくたつとオールドポートの香りに変る．

味：力強く，タンニンがやや甘く，酸のバランスも素晴しい．

1949　シュヴァル・ブラン

外観：深みのある強烈な色調．暖かみのあるディープガーネットカラー．瓶底と縁は黄褐色に変じている．

香り：凝縮された上品で典雅なブケ．木香が美しく漂い，素晴しい酸，渋のバランスを示す．またヴァニラを思わせる香り

1945　シュヴァル・ブラン

外観：極めて濃く深みのある暗赤色．不透明に近く熟成中と見える．

香り：しっかりしていて，野生の菫のような香りが混ざる．

味：濃厚で，プラムや香辛料やクロスグリを思わせる果実風味．非常に腰が強くて肉厚で噛めそうな，エキス分に富むワイン．

1947　シュヴァル・ブラン ①

サンテミリオンの地籍だが，地質はポムロールだ．

外観：深くむらのない濃厚な緋赤．見事な色調．記憶に残る．

香り：完全な最高の香気．スパイシー．麝香のような匂い，動物臭あり．これに花と果汁の濃密な香気．長く持続する．

味：見事で甘美な口当り．豊富なエキスに支えられた濃密な果実風味．極めて腰が強いが，タンニンの渋味は消え去り，酸にバランス良く調和している．驚くほど上品．

備考：極めて円熟し香気横溢．酸，渋のバランス，すこぶる良好．風味，腰も強く力強いワイン．1947年物の中でも最高ランクか．

1953　シュヴァル・ブラン

サンテミリオン地区　159

も．

味：腰が強く果実と木の風味が漂い，徐々に美味なワインに変化しつつある．

1950　シュヴァル・ブラン

外観：濃くも淡くもないルビー色．ポムロールの地質からくる色調か．

香り：クロスグリ，ヴァニラ，シナモンを思わせるアロマが心をそそる．

味：複雑なクロスグリに似た風味がある．飲むとタンニンの渋味を感ずるが，果実風味はまずまず．口中にひろがる深みは素晴しい．

備考：最初にタンニンを感じたが，ワインの質は大変優雅で，力強い．口中に長く旨味を感ずる．

第1特別級 B

Château Canon ［Saint-Émilion］

1937　カノン　マグナム

外観：濃密でコクがありそうで濃厚なガーネット色．

香り：果実香が豊かで，香りが長く残る．すなわち菫，サンザシ，バラ，これに芳しいクロスグリを思わせるアロマとかすかにオークの香りが混ざる．

味：素晴しく豊かな果実風味．タンニンの渋味が全体を引き締めていて，最後に果実風味が残る．掛け値なしに見事な深み．

Château Figeac ［Saint-Émilion］

1900　フィジャック

外観：極めて深みのある色調．濃くて深くて暖かみのある色．ディープレッド．腰が強くて濃厚そうに見える．

香り：果実を思わせる素晴しく豊かなブケに，香辛料やユーカリのような香りが混ざる．極めて刺激的．

味：濃厚で甘美な果実風味．高尚な味わい．ロシア革や菫の香りを思わせる．まだ若く感じさせ，堂々としたワイン．

1958　シュヴァル・ブラン

1961　シュヴァル・ブラン

1905 フィジャック

外観：極めて深みのある色調．濃くて深くて暖かみのある赤．腰が強くて濃厚そうに見える．

香り：果実を思わせる素晴しく豊かなブケ．香辛料やユーカリのような香りが混ざる．これらの香りの後，カベルネ・フランの香りが，完熟した素晴しい芳香として現れる．

味：熟成したワイン．渾然一体となった風味は長く口中にあり，飲み干しても，その風味は長く口中に美味として残る．

備考：芳香を発するぶどう．メルローおよびフランの香りを個々にかぐべき．メドックとの相違を知るべき．

1906 フィジャック

外観：濃いバラの色．ディープローズカラー．エッジから褐色に．円熟した色．

香り：いっさい派手な香りはしない．落ち着いた香り．樟脳のような香りも．

味：ほど良く落ち着いた香気は，ワイン全体を包む．いぶしたような葉巻に近いブケ．樟脳のような香りも見事．これらの香りの後に，甘く楽しい味わい．果実風味は豊かだが，すでにワインは峠を越えた感がある．潤いがなくなりかけているが，なぜかは不明．

備考：このワインの真価は出ている．良いワインだろう．

1934 フィジャック

外観：極めて深みのある色調．濃くて深くて暖かみのある赤．腰が強くて濃厚そうに見える．

香り：木香があり，ヴァニラを思わせるような香りも．極めて濃厚で円熟した果実香．

味：腰の強い果実と木の風味があるが，少し枯れかかっており，早く飲んだ方が良い．

1939 フィジャック

外観：極めて深みのある色調．濃くて深くて暖かみのある赤．ディープガーネット．腰が強くて濃厚．

香り：果実を思わせる素晴しく豊かなブケに，香辛料やユーカリのような香りが混ざり，極めて刺激的．

味：濃厚で甘美な果実風味．高尚な味わい．ロシア革や菫の香りを思わせる．堂々とした酒質．内容は力強い．

1949 フィジャック

外観：極めて深みのある色調．懐して深くて暖かみのある赤．腰が強くて濃厚そうに見える．ディープガーネットカラー．

香り：果実を思わせる素晴しく豊かなブケに，香辛料やユーカリのような香りが混ざる．極めて刺激的．

味：濃厚で甘美な果実風味．高尚な味わい．ロシア革や菫の香りを思わせる．堂々としたワイン．酸，渋のバランス，極めて良好．秀逸．

Château Angélus [Saint-Émilion]

1934 アンジェリュス

外観：濃くて深みがあり豊かな色調．縁の方が黄褐色に色づきかけている．

香り：甘美でねばっこく，メルロー種独特の果実を思わせる濃縮された香り．極めて上品．

味：コクがあって風味は豊か．タンニンの渋味があるが，十分に味はなれている．風味は長持ちし個性的．

特別級

Château Tertre Daugay [Saint-Émilion]

1900 テルトル・ドゲイ

外観：極めて深い暗紫色．驚くほど濃厚．

香り：プラムのような香りで非常にソフト．凝縮された上品で典雅なブケ．かなり深みがありプラムを思わせて優雅．

味：凝縮された強烈な果実風味が非常にうまく溶け込んでいる．かすかに薬草のような風味があり，口に含んでいる間は素晴しい味わい．

1924 テルトル・ドゲイ

外観：極めて深みのある色調．濃くて深くて暖かみのある赤．腰が強くて濃厚そうに見える．

香り：果実を思わせるような素晴しく豊かなブケに，香辛料やユーカリのような香りが混ざる．極めて刺激的．

味：非常に腰が強く肉厚で，噛めそうなワイン．エキス分は富んでいるが，それほど魅力はない．

Pomerol

ポムロール地区

Château Pétrus ［Pomerol］

1900　ペトリュス

外観：深くむらのない赤．わずかに縁の方は黄褐色を帯びている．古さをほとんど感じない．

香り：芳醇で気品があり，とろけそうなアロマに木の香りがたっぷりと十分に溶け込んでいる．

味：素晴しく甘美な口当り．豊富なエキスに支えられた濃密な果実風味．腰が強いが，タンニンは熟成して酸と十分に溶け合っている．

1908　ペトリュス

外観：濃厚で深く燃えるような赤．縁は黄褐色を帯びている．

香り：エキゾチックで，芳香は飾り気がなく甘美でもある．退廃的な感じの甘美さは，特別な香りでもある．芳熟で気品があり，とろけそうなアロマに木の香りがたっぷり溶け込んでいる．

味：豊かで濃密な果実風味．円熟した味わいがあるが，生き生きとした躍動感も．繊細な風味に優れた，たくましいワイン．

備考：見事に濃縮されているが，味わいは優雅で，古さを感じさせない．1908年には，メドックよりもポムロールやサンテミリオンの方が良かった．暑い年で，生産量は少なかったが，エキスは豊か．熟成には少なくとも20年は必要で，ポムロールにしては珍しい．

1917　ペトリュス

外観：非常に深みのある濃厚なルビーレッド．一部のメドックのメルロー種ほど強烈ではない．

香り：刺激的香り．完熟しすぎ．

味：酸が熟しすぎ．バランス悪い．残念．

1921　ペトリュス ①

外観：濃厚で深く燃えるような赤．わずかに縁の方が黄褐色を帯びている．

香り：芳醇で気品があり，とろけそうなアロマに木の香りがたっぷり溶け込んでいる．

味：豊かで甘く，濃密な果実風味．円熟した味わいがあるが生き生きとした躍動感も．繊細な風味に優れた，たくましいワイン．

1921　ペトリュス ②

外観：極めて濃く深みのある暗赤色，不透明に近く，若々しくて熟成が少しも進んでいないように見える．

香り：しっかりしていて野生の菫のような香りが混ざる．まだかなりの香りが閉じ込められていそうだ．

味：非常に腰が強く，肉厚で噛めそうなワイン．エキス分に富んでいるが，それほどの魅力はない．まだ時間が必要．

1921　ペトリュス ③

外観：濃厚で深く燃えるような赤．すなわち濃いルビー色．瓶底が黄褐色を帯びている．

香り：芳醇で気品があり，とろけそうなアロマに木の香りがたっぷり溶け込んでいる．

味：豊かで濃密な果実風味．円熟した味わいがあるが，生き生きとした躍動感も．繊細な風味に優れた，たくましいワイン．ポムロールのグラン・クリュの真価がよく表れている．

1922　ペトリュス ①

外観：濃くて深みがあり，豊かな色調．縁の方が黄褐色に色づきかけている．澱多し．

香り：果実香．苺の香り，その後チョコレート香にも変り，酸臭に変る．

1922　ペトリュス ②

外観：濃くて深みがあり，豊かな色調．瓶底の縁の方が黄褐色．瓶の底はチョコレート色．

香り：果実の風味を思わせる．クロスグリ，チョコレートの風味と苺のジャムの香りも．酸の香りも適当でバランスも良い．

味：やさしく円熟した風味があり，引き締まっている．女性的ワイン．

1923　ペトリュス　マグナム ①

外観：茶色がかって極めて深い赤．濃い深いルビー色．澱多し，熟成した色．

香り：かすかに野草を思わせる香りや，芳醇な黒苺や爛熟したクロスグリや革の香りを思わせる華麗なブケ．非常に複雑で価値がある．

味：濃厚だが，プラムや砂糖漬けにしたサクランボを思わせるまろやかな味わい．後味が強烈で長く尾を引く．飲み頃が続く．

1923　ペトリュス ②

外観：極めて深みのある色調．深赤色．ガーネットとルビーの中間．瓶底は黄褐色．

香り：果実を思わせる素晴しく豊かなブケに，香辛料やユーカリのような香りも混ざる．果実香は極めて凝縮されている．

味：極めてコクがあり，ビロードのようになめらかで，舌ざわりが素晴しい．一貫して強烈な風味が感じられる．タンニンは良く熟成して，ワインに極めてマッチしている．

1925　ペトリュス　マグナム

外観：色調，濃厚．コクがありそう．濃厚なルビー色．非常に濃厚で，深みのあるクロスグリのような色調．強烈で印象的．

香り：しっかりとしていてかすかに野生の菫のような香りが混ざる．開栓後，しばらくしてトリュフの強烈な香気が残る．

味：凝縮された強烈な果実風味が非常にうまく溶け込んでいる．かすかに薬草のような風味があって，口に含んでいる間は素晴しい味わい．

1926　ペトリュス

外観：極めて深みのある色調．濃くて深くて暖かみのある濃厚なルビー色．腰が強くて濃厚そうに見える．

香り：果実を思わせる，素晴しく豊かなブケに，香辛料やユーカリのような香りが混ざり，極めて刺激的．

味：爽やかで，かなり辛口の風味．最初は控え目だが，やがて素晴しい優雅な味わいが出てきて，余韻は長く持続する．

1929　ペトリュス ①

外観：濃くも淡くもないルビー色．わずかに縁の方が淡い．

香り：果実香豊かで，果実を押しつぶしたような甘美なブケ．かなり凝縮されている．またこれに芳しいクロスグリを思わせるかすかなオークの香りが混ざる．

味：素晴しくなめらかな果実風味．わずかにタンニンの渋味も．産地の特徴をはっきりと備え，バランスも見事．ポムロールと分る．

1929　ペトリュス ②

外観：コクがありそうな赤．かなり濃いルビーのような濃厚な赤．極めて濃厚そうに見える．

香り：鼻孔にやさしく豊かな果実香．香辛料やクロスグリを思わせる．胸をわくわくさせる．

味：前面に押し出された魅力的な果実風味と新樽の香りが若いブルゴーニュのようなはかない印象を与える．飲み心地が良くしなやかで，十分長持ちし，まだまだ複雑な味わいが出てくる．

備考：ポムロール地区の第1級のワインの中で，最もメルロー種の混合比率の高いワインである．95％メルロー，5％カベルネ・フランの内容は，他のワインより個性があり，豊潤だが，オークの香りに押され気味．

1934　ペトリュス ①

外観：濃厚なガーネットカラー．非常に魅力的な色．

香り：トリュフのような香り．

味：豊かで堂々とした造りと酒質．様々な要素が完全に調和しているので，重さは感じない．タンニンの渋味はまだ残っているが粗さはない．果実風味が素晴しい．

1934　ペトリュス ②

外観：極めて濃く深みのあるディープガーネットカラー．濃さはオーブリオンの濃さに似ている．

香り：しっかりしていて，かすかに野生の菫のような香りが混ざる．

味：濃厚で甘美な果実風味．高尚な味わい．薬草や菫の香りを思わせる．香り，味共しっかりしている．ワインは堂々としてすべてがそろっている．

1936　ペトリュス

外観：濃厚で深く燃えるような赤．

香り：花の香りが豊富．すべての香りが豊か．甘美で円熟し，クロスグリや桑の実を思わせる濃密なブケ．

味：素晴しく甘美な口当り．豊富なエキスに支えられた濃密な果実風味．腰が強いが，タンニンの渋味は角がとれ，なれている．極めて上品．

1937　ペトリュス ①

外観：濃密でコクのありそうなルビー色．見事な色合い．

香り：甘美なブケ．クロスグリや薬草をいぶした時の香りを思わせる．

味：強烈な果実風味．ややプラムに似ており，腰が強く，アルコール分がしっかりと全体を支えている．風味がかなり長持ちし，非常に生き生きとしている．

1937　ペトリュス ②

外観：極めて濃く深みのある暗赤色．腰が強くて暖かみのある赤．

香り：濃厚で円熟した果実風味があり，かなり深みがあり，プラムを思わせ優雅．

味：極めてコクがあり，ビロードのようになめらかで，舌ざわりが素晴しい．一貫して強烈な風味が感じられる．堂々とした酒格．

1937　ペトリュス ③

外観：コクのありそうな深いルビー色．熟成しかけたところ．

香り：芳しいクロスグリを思わせるアロマに，かすかにオークの香りが混ざる．

味：良くバランスがとれたワイン．口当りは果実を思わせ，爽やかで，優雅な果実風味があり，飲むとオークの風味が漂う．20年経てば特徴がはっきりしてくる．

1947　ペトリュス ①

外観：濃厚で深く燃えるような緋色に近い赤．わずかに縁の方が黄褐色を帯びている．驚くほど美しい外観だ．

香り：芳醇ですこぶる気品がある．とろけそうなアロマに木の香りがたっぷりと溶け込んでいる．

味：豊かでタンニンの渋味はかなり甘く変化して，果実風味も極めて濃密．香辛料の香りも中庸．決して強烈すぎない．円熟した味わいを保ち，生き生きとした躍動感が横溢している．繊細な風味に優れ，極めてたくましいワイン．

備考：見事に濃縮された味わいは優秀．まだワインは古さを感じない．ポムロールにもこのようなワインがあったのには，ただ驚嘆するのみ．

1947　ペトリュス ②

外観：極めて深みのある色調．ディープガーネット．濃厚で赤い暖かみのある色調．

香り：しっかりしていて，かすかに野生の菫のような香りが混ざる．

味：濃密で焼け焦げたような風味．口に含んでいる時の果実風味は素晴しく，飲むとタンニンの渋味が感じられる．味は極めて濃やか．

1948　ペトリュス

外観：極めて深みのある濃厚な色調．ディープガーネットカラー．

香り：濃厚で円熟した果実香．かなり深みがあって，プラムを思い起こさせ，優雅．

味：極めてコクがあり，ビロードのようになめらかで，舌ざわりが素晴しい．一貫して強烈な風味が感じられる．酸渋のバランスも良好．

1949　ペトリュス

外観：極めて深みのある色調．濃いルビーレッド．むしろガーネットに近い．

香り：強烈にスパイシーで，またマルベリーの香りも．

味：凝縮された強烈な果実風味が，非常に美味に溶け込んでいる．かすかに薬草のような風味があって，口に含んでいる間は素晴しい．酸渋の調和極めて良好．

1950　ペトリュス ①

外観：極めて濃く深みのある暗赤色．ディープガーネット．瓶底と端は黄褐色．

香り：しっかりとして，かすかに野生の菫のような香りが混ざり，また豊かなブケに香辛料やユーカリのような香りも混ざり極めて刺激的．

味：非常に腰が強くて，肉厚で噛めそうなワイン．エキス分に富んでいる．極めて魅力的．

1950　ペトリュス ②

外観：濃くも強烈でもない落ち着いた赤．素晴しい色調．

香り：香辛料の香りが強烈．濃厚な果実香と落ち着いた花の香りは素晴しく，いつまでも尾を引く．

味：力強い旨味のある酸，渋は，落ち着いた果実風味と花の香りに彩られたワインの味わいをいつまでも口中に残す．至福の思いを持続させる素晴しい品質のワイン．

Château Nenin [Pomerol]

1924　ネナン

外観：上品で濃厚なルビー色．十分にコクがありそう．

香り：果実香が豊かで新樽の香りもあり，まだかなり若い．

味：前面に押し出された魅力的な果実風味と新樽の香りが，若いブルゴーニュのようなはかない印象を与える．飲み心地がよくしなやかで，十分長持ちし，まだまだ複雑な味わいが出てくる．

1948　ネナン

外観：極めて深みのある色調．濃くて深くて暖かみのある赤．腰が強くて濃厚そうに見える．

香り：コクがあり，ヴァニラを思わせるような香りと木香も．極めて濃厚で円熟した果実香．

味：濃厚で，プラムや香辛料やクロスグリを思わせる果実風味．ポムロールのネナンの酒質が良く表れている．

Château L'Église Clinet ［Pomerol］

1893　レグリーズ・クリネ

外観：ディープルビーを思わせる魅力的な赤．縁の方と瓶の底は熟成している関係で澱も多く黄褐色．瓶底の澱は良く分離する．

香り：花の香りの後，柑橘類の香りが強い．その後パンの焦げた香りも．

味：タンニンも強い．後に残る．このタンニンとアルコールが良く混和して甘く感ずる．

1899　レグリーズ・クリネ

外観：極めて濃く深みのある暗赤色，すなわち濃いガーネット．実に落ち着いた色調．

香り：ジャムのように甘い香り．かすかに菫のような香りが混ざる．

味：非常に腰が強くて，肉厚で噛めそうな力強いワイン．旨味のある味覚はしっかりしていて，エキス分には富んでいる．

1900　レグリーズ・クリネ ①

外観：極めて濃厚なルビー色．こういうワインは，最初は果実風味が強かったはず．

香り：果実香より香辛料の香気に変化．クローヴ．

味：ワインができた頃は果実風味だったが，後にクローヴ（香辛料）の風味に変化してきた．口中に含むと，タンニンが温和に酸と混ざり，ほのかな甘みと爽やかな舌ざわりとのバランスが良い．深みのある果実風味と香辛料の風味も素晴しい．

1900　レグリーズ・クリネ ②

外観：濃厚で深みのあるルビー色．明らかにメドックと色調が異なる．

香り：嗅覚にやさしい果実香．わずかにピノ・ノワールを思わせるところがあり，はっとする．これも土地，すなわちテロワールの違いかもしれない．細身の複雑な香りは，クローヴのよう．

1900　レグリーズ・クリネ ③

外観：極めて深みのある暗赤色．不透明に近い．

香り：しっかりとしていて，かすかに菫のような香りが混ざる．香りが閉じ込められている印象．

味：非常に腰が強くて肉厚で噛めそうなワイン．エキス分に富んでいる．しかし魅力を感じない．

Château La Conseillante ［Pomerol］

1945　ラ・コンセイヤント

外観：深いルビー色．瓶の縁の方は黄褐色になっている．

香り：黒苺や爛熟した果実を思わせる素晴しいアロマ．驚くほど印象的で長く持続する．

味：どっしりとしたワインだが口当りはなめらかで上品．極めて濃やかで風味はかなり長持ちし，信じられないほど豊熟で複雑．驚くほど長持ちしている．

Château Trotanoy ［Pomerol］

1928　トロタノワ　マグナム

外観：濃厚で深く焼けるような赤．わずかに瓶の縁の方が黄褐色を帯びている．美しい．

香り：芳醇で気品があり，とろけそうなアロマに木の香りがたっぷりと溶け込んでいる．

味：豊かで甘く濃密な果実風味．円熟した味わいがあるが，生き生きとした躍動感も．繊細な風味に優れたたくましいワイン．辛酸甘苦渋が極めて良く熟成し飲むと忘れられない味．

Château L'Évangile ［Pomerol］

1961　レヴァンジル

外観：濃厚なガーネットカラー．

香り：極めて甘く感じるが，ワインは辛口．香りはいつまでも長く続く．

味：力強さはポムロールゆえと思っても，それにしても驚くほど強烈な力を持っている．濃縮された果実風味と花の香りは素晴しい．また極めて落ち着いたタンニンは，酸とのバランスが最高．味は大変に素晴しい．いつまでも旨味は口中に残る．

備考：力強いワインの質はいつまでも口中に残る．

Château Gazin ［Pomerol］

1945　ガザン

外観：極めて濃く，深みと暖かみのある暗赤色．すなわちディープガーネット．腰が強くて濃厚そう．

香り：しっかりしていて素晴しい豊かなブケ．ヒマラヤ杉や熟した漿果の香りを思わせる濃縮されたアロマを感じる．

味：口当りは絹のような感じ．実に良いワイン．

Château Latour à Pomerol ［Pomerol］

1921　ラトゥール・ア・ポムロール

外観：非常に深みのあるルビー色．若々しく，褐色に変るような様子はまだ見られず，むらもない．

香り：濃厚で力強い漿果の香りを思わせるブケ．果実香に富んでおり，極めて上品．

味：しっかりとした口当り．最初は控え目で粗削りだが，次第にひろがってくる飾り気のない甘味が素晴しい．秀逸．熟成したばかりで，品質はまだ保たれる．

第 3 章

Quelques châteaux de Bordeaux
ボルドーのシャトー紹介

目次

シャトー・ブラネール・デュクリュ 168
シャトー・カロン・セギュール 170
シャトー・カノン 172
シャトー・カノン・ラ・ガフリエール 174
シャトー・カルボーニュ 176
シャトー・シュヴァル・ブラン 178
シャトー・コス・デストゥールネル 180
シャトー・ド・ファルグ 182
シャトー・ディッサン 184
ドメーヌ・ド・シュヴァリエ 186
シャトー・デュ・ロー 188
シャトー・デュアール・ミロン 190
シャトー・フィジャック 192
シャトー・ガザン 194
シャトー・ジスクール 196
シャトー・オーバイイ 198
シャトー・オーブリオン 200
シャトー・キルヴァン 202
シャトー・ラ・コンセイヤント 204
シャトー・ラフィット・ロートシルト 206
シャトー・ラトゥール 208
シャトー・ラ・トゥール・ブランシュ 210
シャトー・レオヴィル・バルトン 212
シャトー・レヴァンジル 214
シャトー・マルゴー 216
シャトー・ムートン・ロートシルト 218
シャトー・ネラック 220
シャトー・パルメ 222
シャトー・ピション・
　ロングヴィル・コンテス・ド・ラランド 224
シャトー・ポンテ・カネ 226
シャトー・リューセック 228
シャトー・スミス・オー・ラフィット 230
シャトー・トロット・ヴィエイユ 232

Château Branaire Ducru

シャトー・ブラネール・デュクリュ

メドックのサンジュリアン村のジロンド川沿いにあるシャトー．「本家」に当たるシャトー・ド・ベイシュヴェルがすぐ東隣にあり，北側には，やはりベイシュヴェルから分かれたシャトー・デュクリュ・ボーカイユと，アイルランド系のシャトー・レオヴィル・バルトンという，サンジュリアンを代表するシャトーが並んでいる．

ファーストラベル

Château Branaire Ducru
シャトー・ブラネール・デュクリュ

4級だが，2級くらいに格上げしてもいいという声の聞かれる世評の高いワイン．パトリック・マロトーさんのセンスのよさが影響しているのだろうか，最近のものは富みに品質が向上しており，サンジュリアンの近辺のシャトーのワインのなかでは，2級のレオヴィル・バルトンにも匹敵する酒質を備えてきている．

使用品種：カベルネ・ソーヴィニョン70％，メルロー22％，カベルネ・フラン5％，プティ・ヴェルド3％
畑面積：48 ha
平均樹齢：35年
熟成期間：16〜20か月（新樽50％）
年平均生産量：26万本
AOC：サンジュリアン
格付け：第4級

かつてのオーナー，貴族4家を表す4つの王冠が囲むデザインのシャトー・ブラネール・デュクリュ2006のエチケット

セカンドラベル

Château Duluc（de Branaire Ducru）
シャトー・デュリュック（ド・ブラネール・デュクリュ）

収穫したぶどうの圧搾果汁のなかからグラン・クリュ用に選ばれなかった3分の1ほどの果汁を分けて造られている．このため，グラン・クリュと比較するとどうしても酒質は落ちるが，いい年のワインには長期熟成に耐えるしっかりしたものもある．

年平均生産量：8万4000本
AOC：サンジュリアン
格付け：なし

歴　史

シャトー・ブラネール・デュクリュの起源は17世紀にさかのぼる．当時は，シャトー・ド・ベイシュヴェルの一部で，所有者はヴァレット伯爵だった．

この伯爵には多額の負債があったため，1642年の彼の死後，

現オーナーのパトリック・マロトーさん

シャトー・ド・ベイシュヴェルは細かく分けて切り売りされた．のちにそれらの土地はいくつかにまとめられたが，そのときにジャン・バプティスト・ブラネイールがシャトー・ブラネイールとしてまとめた畑が，その後，シャトー・ブラネールとなり，今日のブラネール・デュクリュの原形になっている．シャトー名の Branaire は，このオーナーの名前 Braneyre から来ている．ちなみに，このときに残りの畑をまとめてできたのが，北隣にあるシャトー・デュクリュ・ボーカイユである．

ブラネイールの娘がピエール・ド・リュックに嫁ぐと，そのシャトー・ブラネールの名前に新たに「デュ・リュック（du Luc）」の名前が付け加えられた．

この一族はフランス革命の混乱期を乗り越え，19世紀の初めには，du Luc が Duluc に変化している．

1855年のメドック・ワインの格付けでは，4級に格付けされた．そして，1875年にグスタフ・デュクリュ（Ducru）が経営に参画するに及んで，Duluc がさらに Ducru に変化し，いよいよシャトー・ブラネール・デュクリュの名前ができあがった．

デュリュック家が引き継いできたこのシャトーは，1899年から，そのデュリュック家のほかにカルボニエ侯爵，ラヴェ伯爵，ペリエ伯爵も加えた貴族4家で共同管理することになった．いまなお，ブラネール・デュクルのラベルに4つの王冠が配されているのは，この4家の共同管理体制時代の名残である．

ときが流れ，1988年からはパトリック・マロトーさんがオーナーになっている．

テロワールの特徴

オー・メドックのジロンド川沿いのシャトーの例にもれず，ここも粘土質の底土の上に砂利を多く含んだ砂質の土壌が堆積している．ただし，ここのテロワールは，がっしりとしたワインの骨格を形成するより，微妙で繊細な風味や味わいを生み出すのに適しており，ワイン造りもそちらの特質を引き出すことに主眼を置いて行われている．

ワイン造りの特徴

収穫したぶどうは，テロワールの特徴を守るために，畑の区画ごとに温度制御装置のついたサイズの異なるステンレスタンクに入れて発酵させている．発酵温度は26～28℃．マセラシオンは3週間ほどかけて行い，遅くとも2月にはブレンドを行っている．醸造コンサルタントとして有名なジャック・ボワスノさんとその息子のエリックさんが相談に乗っている．

21世紀の優良ヴィンテージ

2005年，2006年．

相性のいい料理・食品

鴨肉，フォワグラ，ベルナール・アントニーのチーズ，チョコレート・ムースなど．

発酵タンクを下に見る宇宙ステーションのようなブラネール・デュクリュのテイスティング・ルーム

Château Calon-Ségur
シャトー・カロン・セギュール

　サンテステフ村でも，南のポーヤック村に隣接するシャトー・コス・デストゥールネルとは反対に，いちばん北に位置するシャトー．ここの先は，もうバ・メドックに当たり，格付けシャトーのなかで最北端に位置するシャトーでもある．サンテステフの集落をはさんで隣り合ったシャトー・フェラン・セギュールや，その南のシャトー・モンローズも，かつてはこのシャトーの一部だった．ハートのマークのエチケットで有名．

ファーストラベル

Château Calon-Ségur
シャトー・カロン・セギュール

　シャトー名の由来ともなっている18世紀初頭のオーナーで「ぶどうの王子」とも言われるニコラ・アレクサンドル・ド・セギュール侯爵が「われ，ラフィットを造りしが，わが心，カロンにあり」と言ったワイン．メルローのもつ「紫の味わい」がひとつの特徴．

使用品種：カベルネ・ソーヴィニョン60％，メルロー30％，カベルネ・フラン10％．

畑面積：55 ha
熟成期間：約18か月（新樽60〜80％）
年平均生産量：21.5万本
AOC：サンテステフ
格付け：第3級

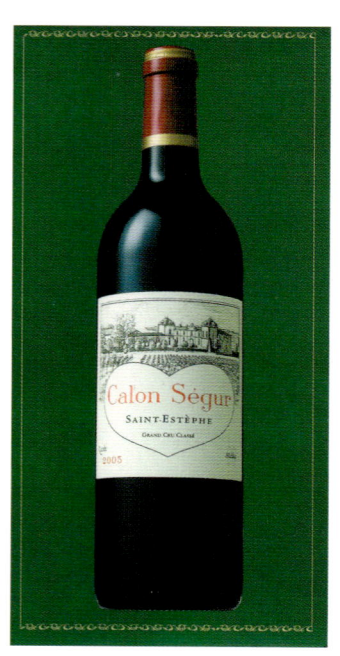

シャトー・カロン・セギュール 2005

セカンドラベル

Marquis de Calon
マルキ・ド・カロン

　セカンドラベルらしく早飲みに適しているが，批評家たちから高い評価を受けているワイン．

使用品種：カベルネ・ソーヴィニョン60％，メルロー30％，カベルネ・フラン10％
AOC：サンテステフ
格付け：なし

歴　史

　12世紀から続くシャトー．
　いまなおシャトー名に名を残すセギュール侯爵（1697〜1755年）は，ボルドー高等法院（議会）の院長を務める大富豪だった．メドックで数多くのシャトーを手に入れたが，そのなかに

マルキ・ド・カロン 2005

は，シャトー・ラフィットやシャトー・ムートンも含まれていた．また，ポンパドゥール夫人を通してルイ15世にシャトー・ラフィットを献上したことでも知られる．ラフィットを大層好んだルイ15世の招きを受けて，ヴェルサイユに赴いたが，そのときに王が彼に「ぶどうの王子」の称号を与えた．のちに彼はラフィットもムートンも手放すが，カロンだけは深い愛情を注ぎつづけ，最後まで手放さなかった．カロンにはラフィットやムートンほどの力強さがないことは百も承知だったが，なぜかとても愛した．そして，その証としてラベルにハートのマークを入れ，「セギュール」の名前をつけたと伝えられている．

セギュール侯爵の遺産は従兄弟のアレクサンドルに引き継がれたが，次の代がデュムーラン家に売却した．

20世紀の後半には，このシャトーは一時評価を下げていたが，現在の所有者ガスクトン夫人がオーナーになったあと，1982年ごろから再び品質が向上し，現在に至っている．

テロワールの特徴

ジロンド川に沿って堆積したメドック地区の砂礫質の土壌は水はけのよさで知られており，これが何よりぶどう栽培に適した環境をつくっている．サンテステフのあたりでは，この砂礫質の土壌の下に泥灰土と石灰質の層があり，これが上品さをひとつの特徴とするサンテステフのワインをもたらす秘密になっている．

ワイン造りの特徴

発酵はステンレスタンクの中で行う．その後，樽に移し替えて貯蔵し，樽熟成を行うが，ろ過は行わず，清澄作業は卵白を用いて行う．

21世紀の優良ヴィンテージ

2005年．

Château Canon

シャトー・カノン

　サンテミリオンの町にあるシャネル所有のシャトー．畑は，サンテミリオンの町から西へ伸びる道路沿いに展開している．畑の下には，サンテミリオンの名物のひとつ，かつての石切り場のあとの地下通路が縦横に走っている．

シャトー・カノン 2000

ファーストラベル

Château Canon
シャトー・カノン

　ミディアム・ボディ．メルロー独特のエレガントな花の香気や味わいがシルクのようになめらかになれている．「セクシー」とも表現されるワイン．石灰岩質の土壌から来る生きのよい繊細な香りも．

使用品種：メルロー 80％，カベルネ・フラン 20％（2006年）
畑面積：22 ha（うち生産用は約 17.5 ha，メルロー 75％，カベルネ・フラン 25％）
植付密度：5500本/ha
平均樹齢：25年
収穫日：メルロー 9月22～29日（若いぶどうの木は9月19～21日），カベルネ・フラン 9月29～30日（2006年）
熟成期間：18～20か月（3か月ごとに樽を移しながら，新樽 60％（2006年））
年平均生産量：3～4万本
AOC：サンテミリオン
格付け：第1特別級 B

セカンドラベル

Château Clos Canon
クロ・カノン

　もとはクロ・ジー・カノン（Clos J. Kanon）といったが，1996年以降，この名前に．発酵や熟成のプロセスはファーストラベルと同じ．異なるのはセパージュと，若いぶどうの木からとれたぶどうが使われている点で，手ごろな価格でファーストラベルの造りを味わってみるにはいい．

使用品種：メルロー 95％，カベルネ・フラン 5％（2005年）
年平均生産量：2～3万本
AOC：サンテミリオン
格付け：なし

歴　史

　もとは，サンマルタン教会の周辺の 13 ha の小さなぶどう畑

で，ジャン・ビエスという人が所有し，クロ・サンマルタンと呼ばれており，その名（Clos＝石垣などに囲まれたぶどう畑）のとおり，壁に囲まれた畑だった．

1760年にその畑を購入したのが，現在のシャトー名に名を残すフランス海軍大尉ジャック・カノン．この人は，ルイ15世の命でイギリスの船舶を相手に海賊行為を繰り返して莫大な富を手に入れた人で，豪壮な領主の館を建設したが，10年ほどたつと，レイモン・フォンテモワンという地元の有名なぶどう栽培家にここの畑を売り渡した．

名前が「シャトー・カノン」に変わったのは1853年のこと．1919年にアンドレ・フルニエが購入してオーナーが落ち着くまでは，何度かオーナーの交代を経験した．

フルニエ家は，今日のシャトー・カノンの礎を築いた一族と言え，1980年に木製の発酵用の大樽を整備したのを始め，今日のシャトー・カノンに数多くの功績を残している．

だが，アンドレの孫のエリックが醸造責任者になった1990年代には，セラーの木の天井の処理に使用した化学薬品でワインが汚染されているという噂が立ち，畑でもぶどうの木が真菌病にやられたために，1996年にはシャネルのベルトハイマー一族に売り渡すことになった．

シャネルはすでにデイヴィッド・オールやジョン・コラーサなどのチームでメドックのシャトー・ローザンセグラの醸造に取り組んで成功しており，サンテミリオンのキュレ・ボンの畑を代わりのぶどうの供給源として確保しながら，カノンの畑のぶどうの植え替えを進めてきた．

テロワールの特徴

サンテミリオンの丘の斜面にあるこのシャトーの畑は，風通しがよく，しかも塀に囲まれているために，春の遅霜の被害を受けないという特徴がある．ボルドーが大寒波に見舞われた1766年や1956年にもワインを造ることができた数少ないシャトーのひとつとして知られている．

また，たいていのシャトーでは，畑の土壌が区画によって異なっているのがふつうだが，ここの22haの畑では，どの区画の土壌も均質になっているのが特徴．石灰岩の台地の上に粘土質の土壌が薄く堆積しており，ほかの作物にとってはやせすぎているその土壌が，過酷な条件で生きてくるぶどうにとっては，またとないものになっている．

ワイン造りの特徴

ぶどうの栽培には，減農薬栽培を取り入れている．果実は熟したものから手摘みで摘み取っている．そして，醸造所の入口でもう一度選別し，ていねいに果梗を取り除いたうえで，さらにもう一度，専門家が選別し，いちばんいい状態で熟した果実だけを醸造にかける．

ただし，ぶどうはとれた畑の区画ごとに醸造しており，機械の力で無理な圧力がかかって果実が早期に酸化を始めるのを防ぐため，ポンプは使わず，いったん発酵槽の上まで運び上げてから，重力によって槽の中に落としている．

ていねいに管理されているワインだ．

21世紀の優良ヴィンテージ

2002年．

相性のいい料理・食品

舌ビラメ，ザリガニ，カモ肉の料理など（アラン・デュカスとクリストフ・モレが料理監督をするレストランのメニューより）．

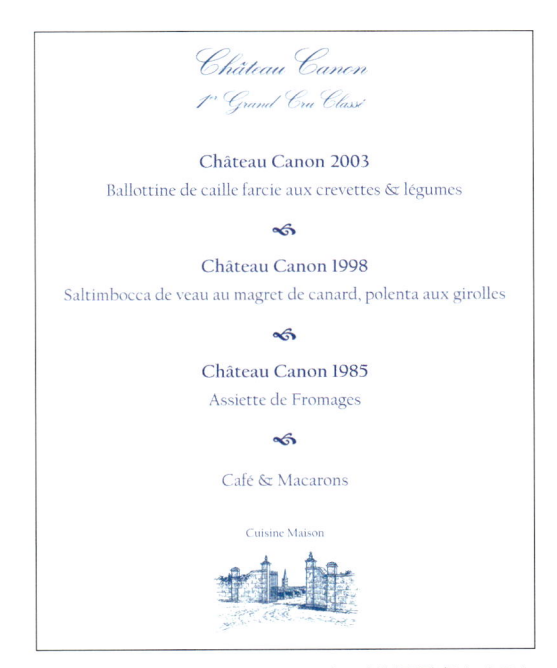

シャトー・カノンのアラン・デュカスが料理監督をするレストランのメニュー

Château Canon La Gafféliére

シャトー・カノン・ラ・ガフリエール

　サンテミリオンの丘の南斜面の裾野にあるシャトー．ドイツの由緒ある伯爵ナイペルグ家が所有する．サンテミリオンのシャトーには，オーナーがそこを自宅として住んでいる家族的なシャトーが多いが，ここもそのひとつ．

ファーストラベル

Château Canon La Gaffeliere
シャトー・カノン・ラ・ガフリエール

使用品種：セミヨン83％，ソーヴィニョン・ブラン12％，ミュスカデル5％（基本）
収穫期：9月20日〜10月31日
収量：16hℓ/ha
アルコール度数：13％
残留糖分：150g/ℓ
酸量：3.5g/ℓ（硫酸に換算）
年平均生産量：5万3800本
AOC：サンテミリオン

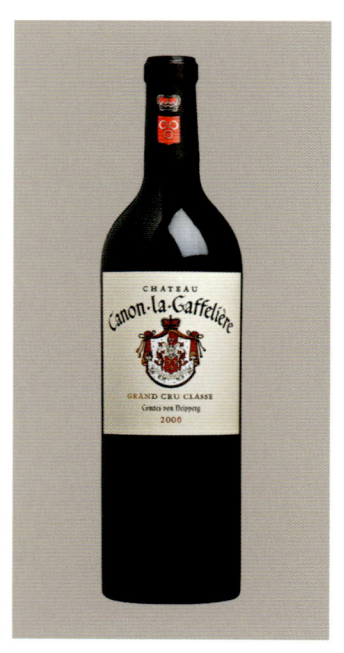

シャトー・カノン・ラ・ガフリエール
2006 ©François Poincet

©François Poincet

格付け：特別級

歴　史

　オーナーのナイペルグ家は，そもそも12世紀にはドイツのヴュルテンベルクの谷のシュヴァイゲルンというところに30ほどの村から成る伯爵領をもっていた家柄．そのころからずっとワイン造りを手がけてきた家という側面ももっている．

　17世紀には，オーストリア帝国陸軍の大将として1667年のテメシュワでのトルコとの戦いで武勲をあげたエーベルハルト・フリードリッヒ・フォン・ナイペルグという先祖もいたが，この人もルイ16世とマリー・アントワネットの結婚を提案した人であると同時に，ブラウフレンキッシュというオーストリアの有名なぶどうの品種を初めて導入した人として知られる一面をもっており，この品種はいまだにカノン・ラ・ガフリエールの畑に受け継がれている．

　また，ちょっと変わったところでは，作家として活躍しながらタイプライターを発明したレオポルドという先祖もいた．古くからワインを大切にしてきた多彩な家系だ．

　一方，シャトー・カノン・ラ・ガフリールのほうは，19世紀にボワタール・ド・ラ・ポトリという人が所有していて，その人がラ・ガフリエール・ボワタールとか，カノン・ボワタールと呼ばれていた．そのあとにオーナーになったドクター・ペイローについては，あまり記録は残っていない．そして，1953年からサンテミリオンの市長だったピエール・メイラの手に渡

オーナーのステファン・ナイペルグ伯爵ご夫妻
©François Poincet

り，彼が亡くなったあと，1971年にステファンさんのお父さんのジョゼフ・ユベール・フォン・ナイペルグ伯爵が購入し，今日に至っている．

テロワールの特徴

砂質と粘土質の土壌．

ワイン造りの特徴

1983年に26歳で経営をまかされたステファン・ナイペルグ伯爵がそれから2年間でこのシャトーの過去のデータを分析したところ，1964年から生産量が低下していたことがわかった．これは，1956年にひどい霜害に見舞われ，ぶどうの木が植え替えられて若い木主体になっていたからだが，その若い木による生産量を上げるために，1960年代の初めから化学肥料が多用されてきたこともわかった．

これは，経済や経営のほかに農学も学んでいたステファンさんにとっては，ぶどうの木とテロワールの間に化学物質を介在させ，ワインの自然なバランスを崩す行為だった．

2年間の分析でこのシャトーの魅力を理解し，とても愛情をもつようになったステファンさんは，化学肥料によって土壌が死んでいると判断し，すばらしいテロワールがもっている自然な力を取り戻すために減農薬農法に切り替えて，生産量よりも品質にこだわることにし，ただただ大きかった旧式な醸造設備もコンパクトで新しいものに入れ替えた．

そうして新しいセラー・マスター，ステファン・デルノンクールさんを迎えたときに，このシャトーの新しい歴史が始まった．デルノンクールさんは「ぶどう畑のヒューマニスト」として知られるバイオダイナミクス（生物力学）の信奉者．テロワールやぶどうの木の自然の力を生かさないといいワインは造れないと考えており，農薬を使わなくても人間がよく目をかけることでぶどうの木の自然なライフサイクルを守ろうとしている．

21世紀の優良ヴィンテージ

2001年．

シャトー・カノン・ラ・ガフリエールのセラー ©François Poincet

Château Carbonnieux
シャトー・カルボーニュ

　グラーヴのレオニャンの小高い丘の上にあるシャトー．町をはさんでシャトー・オーバイイと隣接しており，ほかのグラーヴ地区のシャトーの多くと同じように，どちらかというと白のほうが有名だったが，最近は赤も堂々たるものになっている．

ファーストラベル

Château Carbonnieux
シャトー・カルボーニュ（白）

　複雑な味わいのある，特徴のあるワイン．やや銀色を帯びた淡い黄色．柑橘類や桃，パッション・フルーツのような香りがあり，黄楊(つげ)の花の香りも．白だが，赤と同じくらい保存がきく．

使用品種：ソーヴィニョン・ブラン 65％，セミヨン 35％（2006年）

植付密度：7200 本/ha

平均樹齢：30 年

熟成期間：10 か月（新樽 30％）

年平均生産量：18 万本

AOC：ペサック・レオニャン

シャトー・カルボーニュ 2000（赤・白）

格付け：グラーヴ・クリュ・クラッセ

Château Carbonnieux
シャトー・カルボーニュ（赤）

　優雅で，しっかりしていて，味わいの余韻の長いワイン．どちらかというと，あまり力感にあふれず，やわらかい繊細なワインを目指している．前オーナーの故アントニー・ペランさんは，コーヒーやトーストや燻製のような香りこそがカルボーニュのテロワールの香りと考えていた．

使用品種：カベルネ・ソーヴィニョン 60％，メルロー 30％，カベルネ・フラン 7％，プティ・ヴェルドとカルミネール 3％（2005年）

植付密度：7200 本/ha

平均樹齢：27 年

熟成期間：15〜18 か月（新樽 35〜45％）

年平均生産量：20 万本

AOC：ペサック・レオニャン

歴　史

　ここのぶどう畑は，もともと同じペサックのシャトー・パプ・クレマンが所有していたもので，グラーヴでは最古のぶどう畑に当たる．シャトーの名前は，1234 年にここを買ったラモン・カルボーニュからきている．建物は，14 世紀の末に建設されたと見られるが，その当時から現在まで，ほとんど変わって

いないらしく，いまのシャトーを1524年のド・フェロン家が所有していたころの図面と比較しても，庭のなかを通っている道にいたるまで，ほとんど違いは見られない．

ド・フェロン家は，ブルジョワでありながらワイン造りにも真剣に取り組み，当時のボルドーのワイン・ブルジョワジーを代表する一族だったが，1740年に破産し，このシャトーをサン・クロワ修道院に譲り渡した．

この修道院は，シャトーを守り，その規模を115ヘクタールから160ヘクタールに拡大し，ぶどう畑も60ヘクタールまで広げ，カルボーニュを海外でも名の知られるワインにした．

おもに白で知られるカルボーニュのワインは，アメリカでは「オダリスクのワイン」と呼ばれていた．「オダリスク」というのは，アングルを始め，18世紀から19世紀にかけてのフランスの画家たちが画題として好んで取り上げたトルコのハーレムの女奴隷をさす言葉で，これは，当時のオスマン帝国の首都イスタンブールのハーレムにフランス人の女奴隷がいて，寂しさを紛らすためにアルコールの飲めないイスラム圏でカルボーニュのワインを「オー・ミネラル・ド・カルボーニュ」，つまりミネラル・ウォーターとして飲んでいたことから来ており，その女奴隷をまねてときのスルタンたちもこれをたくさん飲み，サン・クロワ修道院の修道士たちはオスマン帝国を相手に財を築いていた．

1791年になると，ボルドーのブルジョワ，エリー・ブーシューローがオーナーになり，世界のぶどう品種を科学的に研究し，1242品種ものぶどうをコレクションしたこともあった．だが，彼の息子のアンリ・ザビエルが1871年に亡くなり，1878年にサンマロの帽子商アロンジがオーナーになってからは，混乱期を迎え，その混乱期に終止符を打ったのが，1956年にオーナーになったマルク・ペランだった．私たちとおつきあいいただいた故アントニー・ペランさんはその息子に当たる．

テロワールの特徴

グラーヴのシャトーのなかには，大西洋岸の盆地で温度差の激しいランド地方の森の影響を受けているところがあるが，ここはその森から少し離れていて，町にも近いこともあり，気温の変動がそれほど極端にならず，ぶどう栽培に最適な微気候に恵まれている．その結果，ぶどうの発芽も早く，遅霜の影響もあまり受けずにすんでいる．

ワイン造りの特徴

「テロワールを表現すること」を第一の目標として，ここの畑で最も生きてくるぶどうの品種を栽培し，その土壌に特徴的な香りがいちばんよく出るようにすることを心がけて醸造が行われている．その根底には，「ボルドーのワインは唯一無二のものであるべきであり，世界中どこの人が飲んでも，このワインはカルボーニュのワインだとわかるようにしたい」という思いがある．「ボルドーのグラン・ヴァン」——それを造ることがカルボーニュの人たちの願いであり，パワフルでありながら，なおかつ繊細さや優雅さも持ち合わせたワインを目指した醸造が行われている．

21世紀の優良ヴィンテージ

2000年，2002年．

相性のいい料理・食品

（白）チーズ（山羊のチーズ，ピレネー地方のチーズ）．
（赤）鶏肉，ローストビーフ，チーズ．

白の壁と木質の色のコントラストが美しいセラー

料理を美しく照らすカルボーニュ

Château Cheval Blanc
シャトー・シュヴァル・ブラン

日本語で言うと「シャトー白馬」．隣接するシャトー・フィジャックとともに，サンテミリオンのポムロールとの境界線上に位置するシャトー．「5 大シャトー」とシャトー・オーゾンヌ，シャトー・ディケムとともに「ボルドーの 8 大シャトー」と呼ばれるシャトー．

シャトー・シュヴァル・ブランの収穫風景 ©www.deepix.com

ファーストラベル

Château Cheval Blanc
シャトー・シュヴァル・ブラン

　ユニークなテロワールを反映したユニークなワイン．粘土と砂利と砂の混ざったテロワールが独特のアロマを醸し出す．使用されているブシェ（カベルネ・フラン）には，アロマを複雑にし，タンニンをやわらげ，エレガントでとろけるようなワインにし，味わいに長い余韻を持たせる効果がある．

使用品種：カベルネ・フラン（ブシェ）約 60％，メルロー約 40％
畑面積：37 ha
平均樹齢：40 年
年平均生産量：12 万本
AOC：サンテミリオン
格付け：第 1 特別級 A

©www.deepix.com

セカンドラベル

Le Petit Cheval
ル・プティ・シュヴァル

　ファーストラベルのように長く寝かせて味わうワインではないが，ファーストラベルと同様に華麗で豪華絢爛たる酒質を味わうことができる．

使用品種：カベルネ・フラン（ブシェ）約 60％，メルロー約 40％
年平均生産量：3 万本
AOC：サンテミリオン
格付け：なし

歴　史

　ボルドーのワイン・リージョンの歴史には，最初はフランス革命前に「バライユ・デ・カイヨー」という名前の 7.5 ヘクタールの小作地として登場する．

　1832 年にフールコー・ローサックという一族が手に入れてここに移り住み，シャトーとしての歴史がスタートする．同家は以後 150 年間にわたってこのシャトーを所有し，その間にサンテミリオンやポムロールの伝統的品種であるメルローのほかにカベルネ・フランを導入したが，これはよい判断で，シュヴァル・ブランのユニークなテロワールの特徴がこれによってよ

り生きてくるようになり，1862年にロンドで開かれたワインのコンクールで最高賞をとり，1871年になってようやく現在のシュヴァル・ブランの原形ができあがった．

1878年のパリ，1885年のアントワープのワイン・コンクールでも最高賞をとっており，この19世紀後半の大躍進が今日のシュヴァル・ブランの名声の基礎をつくり，1954年のサンテミリオン地区の格付けでは，シャトー・オーゾンヌとともに第1特別級Aに格付けされることになった．

現在は，1998年に購入したルイ・ヴィトン・グループのベルナール・アルノー氏とベルギーの有名な金融家のアルベール・フレール男爵がオーナーになっている．

テロワールの特徴

サンテミリオンの特徴である石灰岩質の土壌ではなく，ポムロールに通じる粘土質の土壌に砂利や砂の混ざったユニークなテロワール．ポムロールの代表品種であるメルローのほかに，地元では「ブシェ」と呼ばれるカベルネ・フランの特徴もうまく引き出せるテロワールになっている．

その結果，よそのワインにはないユニークな香りが豊かに凝縮され，長い時間をかけてじっくりと熟成していくワインができている．

ワイン造りの特徴

ワイン造りのモットーは，最新の設備を整えながら伝統的なワイン造りの哲学とノウハウを守っていくこと．テロワールがユニークなので，それをそのまま表現した素直なワインを造れば，おのずと繊細で複雑な香りに富み，バランスがよく，長い時間をかけてまろやかに熟成するワインができるため，畑でも，セラーでも，定石に従い，オーソドックスなワイン造りが心がけられている．

メインに使われているメルロー種は，ポムロールのワインには不可欠な宝石のような輝きをもつ品種．まろやかさや，豊かさや，やわらかさを表現することができ，はじけるような生き生きとしたアロマをカベルネ・フランと組み合わせることで絶妙な効果を生んでいる．

21世紀の優良ヴィンテージ

2000年，2004年．

相性のいい料理・食品

鯛のカルパッチョ．仔羊肉．トリュフ．フォンダン・ショコラ．マンゴーのシャーベット．ローストビーフ．熟成したチーズ．

シャトー・シュヴァル・ブランでのぶどうの選別作業
©www.deepix.com

シャトー・シュヴァル・ブランのレセプション・ルーム
©www.deepix.com

Château Cos d'Estournel
シャトー・コス・デストゥールネル

　パゴダ（仏塔）形の醸造棟の建物で知られるメドック地区サンテステフ村のシャトー．隣にラフォン・ロシェがあり，ブルイユという小川の流れる牧草地帯をはさんで南側はポーヤック村になり，ラフィット・ロートシルト，ムートン・ロートシルトの名門シャトーが並んでいる．

ファーストラベル

Château Cos d'Estournel
シャトー・コス・デストゥールネル

　メドックのグラン・ヴァンを愛する人にはもってこいの男っぽさとエレガントさを兼ね備えたワイン．パワフルなストラクチャーの中に優雅さがあり，果実香もとても複雑で調和している．10〜30年の期間をかけてじっくり熟成していくワイン．

使用品種：カベルネ・ソーヴィニョン 85％，メルロー 13％，カベルネ・フラン 2％（2008年）
熟成期間：約18か月（新樽80％）
年平均生産量：20〜35万本

シャトー・コス・デストゥールネル
2004

AOC：サンテステフ
格付け：第2級

セカンドラベル

Les Pagodes de Cos
レ・パゴデ・ド・コス

　ファーストラベルとテロワールを共有するが，まだ若く（樹齢5〜20年），根が十分に伸びきっていないぶどうの木からとれたぶどうで造られている．

使用品種：カベルネ・ソーヴィニョン 45％，メルロー 53％，プチ・ヴェルド 2％（2008年）
熟成期間：約18〜22か月（新樽50％）
AOC：サンテステフ
格付け：なし

歴　史

　シャトーの開祖は，ルイ15世の治下の1762年に生まれ，ナポレオン3世の治下の1853年まで生きたルイ・ジョゼフ・ガスパール・デストゥールネル．先祖からジロンド川沿いのコス（おもにガロンヌ川以南の旧ガスコーニュ地方の方言で「小石の多い丘」の意味）のぶどう畑を受け継いだルイ・ジョゼフ・ガスパールは，1811年になって，そのぶどう畑でとれたぶどうか

シャトー・コス・デストゥールネル

先代オーナー，ブルーノ・プラッツさんご夫妻

らできるワインの品質のすばらしさに気づき，ぶどうを畑ごとに分けて本格的に良質ワインの醸造を開始．その強い情熱によって，彼の造るワインはたちまちのうちにボルドーを代表する名門シャトーのワインをしのぐ評判を博すまでになり，はるか彼方のインドにまで輸出されるようになったことから，彼はインドの豪族になぞらえて「サンテステフのマハラジャ」と呼ばれるようになり，彼自身もそうした評判を意識して醸造棟の上にパゴダのような塔を建てた．

だが，そうした華美な演出を行うために借金がかさみ，彼は死の1年前にシャトーを手放すことになる．メドック地区のワインの格付けが行われる3年前のことで，彼が高い評価を築き上げたワインは，その死のわずか2年後にサンテステフで最高のワインと認められ，メドック地区の第2級に格付けされた．

1917年になると，シャトー・マルゴーも手に入れた20世紀のボルドーきってのネゴシアン一族，ジネステ家が購入し，やがて同家の娘が嫁ぐときに財産分けをするかたちでスペインのカタルーニャ地方出身のプラッツ家の手に渡り，同家の後継者で，モンペリエ大学で醸造学を学んだブルーノさんがあとを継いでから，また一段と品質が向上した．

現在はミシェル・レイビエ氏が経営するドメーヌ・レイビエの手に渡っているが，いまでもブルーノさんの息子で，ロンドン大学でMBAを取得したギヨームさんが経営の実務を担当し，コスの品質向上にがんばっている．

テロワールの特徴

ジロンド川を見下ろす標高20メートルほどの小高い丘にある．南隣のシャトー・ラフィット・ロートシルトとの間には，ブルイユという小川が流れており，このコスの丘には，砂利の多い第4紀の堆積層で覆われているという特徴がある．

また，気候も基本的には大西洋気候だが，この川があるために，コスの畑のあたりだけの特別な微気候がある．

ワイン造りの特徴

90ヘクタールの畑にカベルネ・ソーヴィニョン60パーセント，メルロー38パーセント，カベルネ・フラン2パーセントの比率でぶどうを栽培している．

ぶどうの木1本当たりのワインの収量を少なくするために木をたくさん植えているところに特徴があり，栽培密度は1ヘクタール当たり1万本．収穫はすべて手摘みで，樹齢20年以上の木からとれたぶどうしかファーストラベルのコスにはしない．

剪定も，発酵時の温度管理もとても厳しく，そんなところからやわらかみのあるタンニンの味わいが生まれ，豊かな果実風味もキープされている．

醸造の主眼は，よそにはないテロワールを表現することに置かれており，醸造方法はその年のぶどうのできを見て柔軟に変化させている．

21世紀の優良ヴィンテージ

2000年，2001年，2002年，2003年．

相性のいい料理・食品

舌ビラメ，鶏肉の料理．

ブルーノさんのご子息で，現在コスを切り盛りするギヨームさん

Château de Fargues

シャトー・ド・ファルグ

　かつて世界最高の貴腐ワイン，シャトー・ディケムを造っていたアレクサンドル・ド・リュル・サリュース伯爵が管理しているシャトー．古くから日本の皇室を始め，世界各国の王侯貴族に愛されてきたかつてのディケムの品質をそのままとどめ，いまではディケムをしのぐ最高の貴腐ワインと見られている．

ファーストラベル

Château de Fargues
シャトー・ド・ファルグ（白）

　かつて「ソーテルヌ」を代表するワインと言えば，シャトー・ディケムだったが，現在では，そのディケムを造っていたアレクサンドル・ド・リュル・サリュースさんが戻ったこのファルグが No.1．味わいのやさしさ，深み，複雑さ，そして，つくりの精緻さのどの点をとっても，他を圧倒するワイン．

使用品種：セミヨン 80％，ソーヴィニョン・ブラン 20％
熟成期間：発酵と同じ樽で 3 年
年平均生産量：1 万 5000 本

シャトー・ド・ファルグ 2001

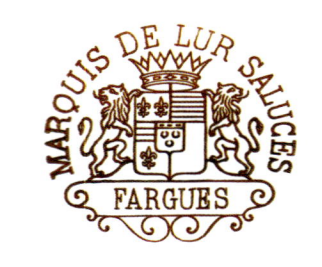

AOC：ソーテルヌ

他のラベル

Guilhem de Fargues
ギレム・ド・ファルグ（白）

　ソーテルヌの AOC がつけられる貴腐ワインのほかに，年によって，樽発酵させ，オーク樽に 1 年寝かせる方法でごく少量だけ造られているドライの白ワイン．

使用品種：セミヨン 80％，ソーヴィニョン・ブラン 20％
熟成期間：12 か月
年平均生産量：ごく少量
AOC：ボルドー

歴　史

　500 年以上にもわたって同じ一族が所有する，ボルドーではきわめて異例のシャトー．

　そもそもは，ボルドー大司教からローマ法王になり，法王庁をフランスのアヴィニョンに移した「アヴィニョン捕囚」でよく知られるクレメンス 5 世（本名：ベルトラン・ド・ゴ）のおいのレイモン・ギレム・ド・ファルグ枢機卿などが所有していて，1306 年にいまも残る古いシャトーの建物を建てたのも，このレイモン・ギレム枢機卿だが，この建物は 1687 年に火事で

屋根が焼け落ち，現在ではすっかり「荒城」と化している．

現在のオーナー，アレクサンドル・ド・リュル・サリュースさんの一族が初めてここを手に入れたのは，1472年にピエール・ド・リュルがイザボー・ド・モンフェランと結婚したときのことで，このときの婚姻契約書はいまもファルグの記録保管庫に残っている．

リュル家がサリュースの名前も名乗るようになったのは，1586年にリュル家のジャン2世がイタリアのサリュース侯爵家の娘カトリーヌ・シャルロッテと結婚してから．サリュースさんの名前 Saluces は，イタリア語では Saluzzo（サルッツォ）と表記し，いまでもイタリアのフランスとの国境に近い当時の侯国の領地にその名の町が残るほどの由緒ある名前．

リュル・サリュース家は，その後，1785年に取得したシャトー・ディケムを始め，ソーテルヌとバルザックでいくつかのシャトーを手に入れ，他の追随を許さない甘口の白ワインの醸造技術を蓄積していった．

だが，シャトー・ファルグで甘口の白ワインが造られるようになったのは，1930年代になってから．ベルトラン・ド・リュル・サリュース侯爵がその蓄積された醸造技術をもとに，当時はまだ赤ワイン用のぶどうが栽培されていたここの畑を，シャトーのすぐ裏手の5ヘクタールの区画から始めて，少しずつ，お金をかけて植え替えを進め，1950年代までにその面積を10ヘクタールまでひろげた．

現在の当主のアレクサンドル・ド・リュル・サリュースさんは，それをさらに15ヘクタールまでひろげ，現在でも，松の木が植わっている砂利と粘土の混ざるここのすばらしい土壌に白ワイン用のぶどうを植え，畑を拡大する努力を続けている．

テロワールの特徴

粘土質と砂利質の底土の上に砂質の土壌がひろがっている．ボルドーでは，ぶどうの木が苦しまないといいワインはできない，いい土壌や肥料で甘やかされて育つと，ろくなワインにはならないと言われているが，ここの土壌はまさにそういう意味ですばらしいワインのできる土壌．ガロンヌ川からのぼってくる川霧も含め，最高の貴腐ワインを生み出すうえでまたとない条件がそろっている．

ただ，意外なことに，このシャトー・ファルグの地所はワイン造りだけに特化されているわけではない．ぶどう以外の作物も栽培されていて，森や池も残り，ソーテルヌの特産牛バザスの放牧場もある．

ぶどうの次に重視されている作物のトウモロコシは，バザスの飼料となり，1980年代に搾乳をやめ，食肉用として育てられ

つねに現場を大切にするサリュースさん（左）

るようになったバザスからは，ぶどう畑に施す天然の肥料が造られている．

ワイン造りの特徴

ファルグが第一にめざしているのはいいワインを造ることではなく，貴腐菌がついていいワインになる完全に熟したぶどうを育てること．

21世紀の優良ヴィンテージ

水不足に悩まされた2004年を除けば，どの年もその年なりの個性的なワインができている．

相性のいい料理，食品

バザス牛や仔羊の肉，ターボット（ヒラメ），ロースト・チキン，フォワグラ，アーモンド・ミルクのブラマンジェ，イチジクのグラタン，ロックフォール・チーズなど．

これが黄金のワインを生み出す貴腐ぶどう

Château d'Issan

シャトー・ディッサン

　マルゴー村のガロンヌ川寄りのカントナックの丘にあるシャトー．西側には，北からシャトー・マルゴー，シャトー・パルメ，シャトー・キルヴァンという有名シャトーが並んでいる．昔から，シャトー・マルゴーとともにマルゴー村を代表するワインとされてきた．

シャトー・ディッサン

pH：3.7
酸量：3.1 g/ℓ（硫酸に換算）
アルコール度数：13.7％
年平均生産量：10万3000本
AOC：マルゴー
格付け：第3級

ファーストラベル

Château d'Issan
シャトー・ディッサン（赤）

　このワインの特徴は，ひと口に言って「本物の味わい」，つまり，マルゴー村のワインらしいマルゴー村のワインであるところにある．マルゴー村のテロワールを反映して複雑な味わいをもち，繊細で優雅．魅力的な花の香りをもち，しなやかさがあるところもマルゴーのワインらしい．（以下のデータは2005年のもの．）

使用品種：カベルネ・ソーヴィニョン60％，メルロー60％
収穫期：9月21日〜10月11日
熟成期間：18か月（新樽55％）

セカンドラベル

Blason d'Issan
ブラゾン・ディッサン

　このシャトーには，ほかにムーラン・ディッサンというラベルもあり，そちらは原産地呼称「ボルドー・シューペリエール」の畑でとれたぶどうで造られているが，このブラゾン・ディッサンは，原産地呼称「マルゴー」の畑の若い木からとれたぶどうと，その他の畑からとれた完熟したぶどうをブレンドして造られている．

使用品種：カベルネ・ソーヴィニョン60％，メルロー40％（2005年）
AOC：マルゴー
格付け：なし

シャトー・ディッサンのキャップシール

歴　史

このシャトーが初めて歴史に登場するのは，アキテーヌ地方（現在のボルドー付近）がイングランドの支配下に置かれた12世紀のこと．1152年に，のちにイングランド国王になるアンジュー伯アンリが，フランス国王ルイ7世と離婚したアキテーヌ公国の公女エレオノールと結婚したときには，ここのワインが祝いの酒に使われた．

17世紀には，ボルドーの議会の顧問を務めていたシュヴァリエ・デッセノーがオーナーになり，それまであった城を壊して現在の建物を改築し，ここに自分の名前（Essenault）を縮めたイッサン（Issan）の名をつけた．

フランス革命前には，ガロンヌ川の対岸のアントル・ドゥー・メール地区のカディヤックの領主で，現在もこのシャトーがつくるワインのひとつに名を残すフォワ・ド・カンダル家が所有していたが，革命で市民に没収された．

だが，19世紀になると，オーナーになったロイ家が醸造所やセラーを新築し，1855年のメドック地区の格付けでは，3級に格付けされた．

イギリス王室やオーストリアの皇帝フランツ・ヨーゼフに愛されたことから「王のテーブルのためのワイン」とも呼ばれる．

20世紀に入ってからは，品質が劣化の一途をたどっていたが，1945年に，デンマーク系で，150年ほど前からメドックでネゴシアンとしての地位を確立していたクルーズ家が買い取ってから，その潜在能力があらためて引き出されている．

テロワールの特徴

ここのテロワールの第一の特徴は「本物の味わい」が出せるところにある．原産地呼称「マルゴー」は，ボルドーのなかでもとりわけ複雑な味わいのあるワインを産出する地区をさしており，このディッサンの畑もシャトー・マルゴーの畑などと並んで，そうした本物のマルゴーを産出するところになっている．

ワイン造りの特徴

敷地は120ヘクタール．そのうち53ヘクタールがぶどうの栽培に当てられている．

木の平均樹齢は30年．畑はいくつかの区画に分けられ，どの区画も常時，木の健康状態に厳重に注意を払って管理されている．

ぶどうの品種の栽培比率は，カベルネ・ソーヴィニョン65％，メルロー35％．

21世紀の優良ヴィンテージ

2001年，2003年．

相性のいい料理・食品

仔牛肉の料理，ゴーダ・チーズなど．

現オーナーのエマニュエル・クルーズさん

# Domaine de Chevalier

ドメーヌ・ド・シュヴァリエ

グラーヴ地区のワイン造りの中心地，ペサック・レオニャンにあるシャトー．19世紀末から急速に力をつけ，なかでも白は世界最高のドライ・ホワイトのひとつにかぞえられている．現在の当主オリヴィエ・ベルナールさんはボルドー・ワインアカデミー副会長．

バイタリティとウィットにあふれる現オーナー，オリヴィエ・ベルナールさん

ファーストラベル

Domaine de Chevalier
ドメーヌ・ド・シュヴァリエ（赤）

エレガントで複雑な味わいがあり，バランスがとれていて，ワイン造りに適した土壌の力で，あまり天候に恵まれなかった年にも，みごとなワインになることで知られている．ペサック・レオニャンを代表するワインで，ボルドー全体でも偉大なワインのひとつにかぞえられるようになっている．

使用品種：カベルネ・ソーヴィニョン65％，メルロー30％，プティ・ヴェルド3％，カベルネ・フラン2％
作付面積：35ヘクタール
熟成期間：16〜20か月（新樽50％）
年平均生産量：10万本
AOC：ペサック・レオニャン
格付け：グラーヴ・クリュ・クラッセ

Domaine de Chevalier
ドメーヌ・ド・シュヴァリエ（白）

白ワインとしては珍しく，セラーでの長期熟成に耐えるだけの酒質をもち，ドライ（辛口）の白ワインとしては世界最高のワインのひとつにかぞえられている．

使用品種：ソーヴィニョン・ブラン70％，セミヨン30％
作付面積：5ヘクタール
熟成期間：18か月（新樽35％）
年平均生産量：1万8000本
AOC：ペサック・レオニャン
格付け：グラーヴ・クリュ・クラッセ

セカンドラベル

L'Esprit de Chevalier
レスプリ・ド・シュヴァリエ（赤・白）

つくりや個性の鮮明さでグラン・ヴァンと呼ぶには足りないワインと若い木のぶどうからできたワインで造られているが，その基準は高く，複雑で，バランスがとれ，それなりにつくりがしっかりしていて，なによりエレガントなワインになるぶどうでなければ使用していない．

使用品種：（赤）カベルネ・ソーヴィニョン68％，メルロー30％，カベルネ・フラン2％（2003年）

（白）ソーヴィニョン・ブラン85％，セミヨン15％（2007年）
年平均生産量：（赤）9万本（白）1万本
AOC：ペサック・レオニャン
格付け：なし

歴　史

1763年に地理学者兼技師のピエール・ド・ベレイムが作成した地図に「Chibaley（騎士（Chevalier）を意味するガスコン語）」という名前で登場する．当時のグラーヴ地区西部は，まだ広く森に覆われていて，ここの地所も狭かった．正確な由来はわからないが，この名前がついたのは，その地所のわきに，いまだに残るスペインの聖地サンチャゴ・デ・コンポステーラへ向かう巡礼の道があったことと関係があるとされている．

ボルドーでは，ワイナリーは「シャトー」と呼ばれるのがふつうだが，ここのワイナリーが「ドメーヌ」と呼ばれてきたのは，ワイナリーの建物と住居が同居していて，畑でもぶどうに限らず，さまざまな作物が栽培されていたからだとされている．

ここのドメーヌの特徴は，ほかの有名シャトーより短期間に高い名声を勝ち得たところにあるが，これは，あまりオーナーが変わることがなく，1865年にここを購入したアルノーとジャンのリカール親子に始まり，ジャンの娘婿のガブリエル・ボーマルタン，クロード・リカールと続く3代のオーナーがいずれも品質を重んじたワイン造りを続けてきた結果だった．

そのシャトーを1983年に購入したのが，フランス随一のグレープ・ブランデー業者で，有力なワインのネゴシアンだったベルナール家．バランスを大切にする現在の当主オリヴィエ・ベルナールさんの精力的な活躍で，その名声はさらに高まっている．

テロワールの特徴

きわめて水はけのよい粘土質と砂利質の混ざった底土の上に砂利質の土壌がひろがっている．畑面積は赤・白合わせて40ヘクタールで，ぶどうの木の植え付け密度は1万本／ヘクタール．

ワイン造りの特徴

なにごとも自然に逆らわず，人間はそこに手を添えるだけの存在と考えつつ，古くから先人たちが行ってきたやりかたを尊重し，バランスを重んじるのがオリヴィエさんの基本姿勢．

畑では，除草剤，殺虫剤，化学肥料はいっさい使わない．

収穫は手摘みで，小さな木箱に分けて集められる．

赤用のぶどうは畑で一度選別し，除梗の前後にもまた，ていねいに選別される．発酵は温度管理されたステンレス・タンクで行う．ぶどうは重力の流れでタンクに落とし，ピジャージ（浮かんでくる果もろみを沈める作業）も手作業で行う．

白用のぶどうは，果熟の度合いに応じて3波から5波に分けて収穫する．ゆっくりと時間をかけて空気圧圧搾し，樽の中に冷却静置し，発酵を行う．バトナージュ（オリを撹拌する作業）も行う．

21世紀の優良ヴィンテージ

2005年の赤（カベルネ・ソーヴィニョン55％，メルロー35％，プティ・ヴェルド5％）．

フルーティーで，フルボディ．ミネラル分やスパイシーさに富み，かなりの長期熟成に耐えられる可能性を秘めている．きわめてよくできたワイン．

相性のいい料理，食品

牛，仔羊，猟鳥獣の肉の料理，チーズ．

きれいにセッティングされたドメーヌ・ド・シュヴァリエのダイニング

ボルドーのシャトー紹介　Quelques châteaux de Bordeaux

Château du Raux
シャトー・デュ・ロー

　ボルドーには，いろんなワインがある．俗に「エリート・シャトー」と呼ばれる格付けシャトーは，長い歴史のなかで一定の評価を与えられたシャトーだが，そのときそのときの時代で見るべきワインを造っているシャトーはほかにもたくさんあり，格付けシャトーの下に設けられている「ブルジョワ・クラス」に属するこのシャトー・デュ・ローもそのひとつだ．メドックのマルゴー村と，サンジュリアン村からポーヤック村を経てサンテステフ村にいたる，ふたつの「エリート・シャトー地帯」の間にはさまれた，ジロンド河畔に残る古い要塞（フォール）をひとつの目印とするキューサック・フォール・メドック村にある．私は1990年ごろに親友のネゴシアン，エルマン・ムスタマンに紹介されてから，そのペトリュスを思わせるようなあでやかな酒質にすっかり魅了され，ボルドーへ行くとよくこのシャトーにおじゃましている．

ファーストラベル

Château du Raux
シャトー・デュ・ロー

　その年その年で，気象条件などを忠実に映し出して微妙に表情を変える繊細なワイン．生き生きとした果実風味を有しながら，長期熟成に耐える力強さもあわせもち，その若々しさと力強さの微妙なバランスにひとつの特徴がある．まじめにこつこつとワイン造りに取り組むオーナー，パトリック・ベルナールさんのその年その年のぶどうの選び方によって微妙に表情を変えるところにも，このワインを味わう醍醐味がある．1961年や1962年のワインには，ジロンド川の対岸のポムロールの銘酒，シャトー・ペトリュスにも通じる味わいがある．

使用品種：カベルネ・ソーヴィニョン50％，メルロー50％
熟成期間：12か月
平均樹齢：27年
AOC：オー・メドック
格付け：ブルジョワ級

歴　史

　1879年に現オーナー一族のベルナール家が取得したシャトー．ブルジョワ級に割り当てられたために，当初はそれほど高く評価されることもなく，シャトーも荒れていたが，おじさん

メドックの偉大なワインの生産地にはさまれたキューサック・フォール・メドック村にあるシャトー・デュ・ロー

パトリックさんとエレンさんのベルナールご夫妻と著者夫妻

からこのシャトーを受け継いだエレンさんが，大学の醸造学科でワイン造りの技術を学んだパトリックさんと結婚してから，そのパトリックさんの堅実で真摯なワイン造りの姿勢がワインにも表れ，格付けワインにも劣らないワインができるようになった．

1985年産のワインは，アキテーヌ地方のワイン・コンテストで金メダルを獲得した．また，2001年のワインはボルドーのワイン・コンテストで銅メダルに輝いた．

テロワールの特徴

このシャトーの畑は，きわめて均質な土壌をもつ1枚の畑でできているところに大きな特徴がある．ワインの酒質がその年その年の気象条件によって繊細に揺れ動き，毎年変化しながらも，いつの年もその年その年の特徴を鮮明に表現するのも，そんなところに秘密があるのか．

表土そのものは，粘土質の底土の上に厚さ1メートルほどにわたって堆積した砂礫質の土壌で構成されており，パトリックさんはその土壌がもつ表現力をベースとして，その年その年の気象条件を表現するワイン造りを続けている．

ワイン造りの特徴

ここのシャトーでも，ぶどう栽培とワイン醸造の両面で新しい技術の導入は進められているが，パトリックさんはあくまで1シャトー1枚の畑のテロワールを基本にワイン造りを行っている．

21世紀の優良ヴィンテージ

2001年，2002年．

相性のいい料理・食品

猟鳥獣も含めたさまざまな肉はどんなものでもおおむねデュ・ローによく合う．また，チーズもあらゆる種類のものがよく合い，デザートには，ラズベリーやイチゴがいい．

畑越しに遠くながめるシャトー・デュ・ローの森．エレンさんはここまでセップ茸を取りに行ってわたしたちをもてなしてくれる

Château Duhart-Milon

シャトー・デュアール・ミロン

ドメーヌ・バロン・ド・ロートシルトが持つシャトーのひとつ．同社の代表的なワインであるシャトー・ラフィット・ロートシルトと同じポーヤックにあるが，歩んできた歴史は対照的で，一時は消滅の危機に追い込まれていたが，ポーヤックのテロワールを信じるバロン・ド・ロートシルトがみごとに立ち直らせた．

シャトー・デュアール・ミロン 2006

浸漬期間：15〜20 日
熟成期間：18 か月（新樽 50％）
瓶詰め時期：2006 年 5 月
年平均生産量：30 万本
AOC：ポーヤック
格付け：第 4 級

ファーストラベル

Château Duhart-Milon

シャトー・デュアール・ミロン

「ポーヤックの典型」と言われる酒質．紫を帯びた深い色合いが美しく，複雑な香りを秘めており，舌ざわりが繊細．ドメーヌ・バロン・ド・ロートシルトが植え替えた木の樹齢が増してくるにつれて，酒質が著しく向上している．（以下のデータは 2004 年のもの．）

使用品種：カベルネ・ソーヴィニョン 80％，メルロー 20％
収穫期：メルロー 9 月 24 日〜10 月 6 日，カベルネ・ソーヴィニョン 10 月 8 日〜17 日

セカンドラベル

Moulin de Duhart

ムーラン・ド・デュアール

1986 年に新設されたセカンドラベル．ファーストラベルと同じベースから造られているが，ファーストラベルでは，カベルネ・ソーヴィニョンを主体にしてメルローでバランスをとっているのに対して，このセカンドラベルでは，両品種のブレンド比率をほぼ均等にしている．

使用品種：カベルネ・ソーヴィニョン 60％，メルロー 40％
熟成期間：オーク樽で 18 か月
年平均生産量：約 7 万本
AOC：ポーヤック
格付け：なし

歴 史

このシャトーの起源はよくわかっていない．名前の「ミロン」は，ポーヤックの北西部の，このシャトーの畑から遠くない小さな村の名前から来ていて，「デュアール」が18世紀のオーナーで，ルイ15世に仕えた武器密輸商人の名前であることもわかっているが，このオーナーについても，どのようなワイン造りをしていたかはよくわかっていない．

ただ，ポーヤックはその当時シャトー・ラフィット・ロートシルトを所有していたセギュール家の当主たちの努力によって，すでに優れたワインを産する土地としてよく知られるようになっており，ここのワインも，ルイ15世から「ぶどうの王子」と呼ばれたアレクサンドル・ド・セギュールの時代のシャトー・ラフィット・ロートシルトで「第2のワイン」として扱われていたとされている．

19世紀になると，このシャトーはマンダヴィという人物の手に渡り，さらにピエール・カステジャの手に渡って，1855年のメドック地区のワインの格付けで第4級に格付けされることになるが，おもしろいことに，その当時になってもこのシャトーには，シャトーらしい実体（建物）がなく，ワインはポーヤックの町の外れの倉庫のようなところで造られていたと言われている．

それでも，第4級の格付けに恥じないワイン造りが行われていたのだが，やがて，度重なる戦争や恐慌の到来によってオーナーがめまぐるしく変わり，一時はほとんど消滅寸前の危機にまで陥っていた．

それを立ち直らせ，再び第4級の格付けに恥じない堂々たる酒質のワインを回復させたのが，1962年に購入したシャトー・ラフィット・ロートシルトを持つドメーヌ・バロン・ド・ロートシルトだった．

テロワールの特徴

もとはポーヤックでも最大級の規模を誇っていたのに第2次世界大戦後にはわずか17ヘクタールまで縮小し，枯れ木の畑と化していたぶどう畑が，排水設備を整備し，新しいぶどうの木への植え替えを進めたドメーヌ・バロン・ド・ロートシルトの手によって，2001年には71ヘクタールまで回復している．現在の平均樹齢は約30年．

土壌は小粒の砂利と風成砂で構成されており，その下に第3紀の石灰岩の岩盤がひろがっている．

醸造主任のシャルル・シュヴァリエさん

ワイン造りの特徴

醸造は畑の近くではなく，ポーヤックの町中にある建物（前ページの写真）で行われている．

畑から収穫してきたぶどうは，25日程度，温度を管理しながら発酵させ，マロラクティック発酵を終えたら，シャトー・ラフィット・ロートシルト内の樽工房で造られた樽に詰めて熟成させる．期間は年によって異なるが，その間に3か月おきに澱引きをし，最後に卵白で清澄作業をしてから瓶詰めする．

21世紀の優良ヴィンテージ

2000年，2004年．

相性のいい料理・食品

牛フィレ肉の料理．

Château Figeac

シャトー・フィジャック

　サンテミリオンのポムロールとの境にあるシャトー．すぐ東にはシャトー・シュヴァル・ブランがあり，第 2 次世界大戦の直後からここでワイン造りをしてきた当主のティエリー・マノンクールさんは，ボルドーのワイン・ソサエティに多くのことを語り伝えている．

ファーストラベル

Château Figeac
シャトー・フィジャック

　AOC サンテミリオンのワインのなかではもっともカベルネ（とくにカベルネ・ソーヴィニョン）のブレンド比率の高いワイン．地域柄，メルローが多く含まれるので，女性的でエレガントな味わいがあり，早く飲むこともできるが，カベルネのブレンド比率が高いため，メドックのワインのような長期熟成型の一面ももっている．

使用品種：カベルネ・ソーヴィニョン 35％，カベルネ・フラン 35％，メルロー 30％
畑面積：40 ha

シャトー・フィジャック 2002

平均樹齢：35 年
熟成期間：18 か月（新樽 100％）
年平均生産量：12 万本
AOC：サンテミリオン
格付け：第 1 特別級 B

セカンドラベル

La Grange Neuve de Figeac
ラ・グランジ・ヌーヴ・ド・フィジャック

　1815 年まで造られていて，1945 年にマノンクールさんがよみがえらせたもの．

使用品種：カベルネ・ソーヴィニョン 35％，カベルネ・フラン 35％，メルロー 30％
AOC：サンテミリオン
格付け：なし

歴　史

　フランス（ガリア）がまだローマ帝国の支配下にあった 2 世紀の排水路網の遺跡が残る歴史あるシャトー．「フィジャック」の名前もその当時ここへ移り住んできたローマ人貴族フィジャキュス一族の名前に由来する．

　中世には，レクールという一族がオーナーになって建物を築

造し，ルネサンス期になると，またド・カーズという一族がオーナーになってそれをルネサンス様式に建て替え，その一族の流れで1654年にオーナーとなったカルル家（一時はカルル・フィジャックと名乗った）が現在のこのシャトーの建物を建てた．

19世紀になると，そのカルル家の当主が早く亡くなり，残された未亡人が生活能力もないのに贅沢な暮らしをやめられなかったために土地を切り売りすることになり，そのときに売られた畑の一部が，現在のポムロールのシャトー・ラ・コンセイヤントやシャトー・ボールガールの畑に残っており，隣のシャトー・シュヴァル・ブランの畑の主要な部分も，もとはこのフィジャックの畑だった．

この古い古い歴史をもつシャトーがそのもてる力を十分に発揮できるようになったのは，1947年に現在のオーナーのティエリー・マノンクールさんが醸造の面倒を見るようになってから．現在では，マノンクールさんの娘のローラさんとそのご主人のエリック・ダラモン伯爵もいっしょになって熱心にワイン造りが行われている．

テロワールの特徴

「サンテミリオン」の原産地呼称を認められているこの地区の5000ヘクタールの畑のなかでも「サンテミリオンのグラーヴ」と呼ばれる60ヘクタールの畑のなかに含まれ，このシャトーだけでその半分を占めている．サンテミリオンで5指に入るテロワール．

砂利を主体とした表土の下には，その砂利に粒の細かい粘土

並んで歩く現当主ティエリー・マノンクールさんと娘婿のエリック・ダラモン伯爵

「サンテミリオンのグラーヴ」の土壌

や砂の混ざった層があり，さらにその下には，5～7メートルにわたって，アルプスの造山運動でできた「モラッセ」という，粗い砕屑物の層がある．ぶどう栽培に不可欠な水はけのよさが大きな特徴のひとつだが，このシャトーでは，それでも洪水などに備えて排水路網を整備している．

畑は，南からレ・ムーラン，ラ・テラス，レンフェルという3つの丘に分かれており，「地獄」を意味するレンフェルという名前のついたいちばん標高の高い北側の丘は，夏に焼けつくような日差しに照りつけられるところからそう呼ばれている．

ワイン造りの特徴

マノンクールさんは1950年代からあちこちの畑でさまざまなぶどうの品種を実験的に育て，それらのぶどうから造ったワインが時間の経過とともにどう変化していくかを調べて，現在のメルロー30パーセント，カベルネ70パーセント（ソーヴィニョン35パーセント，フラン35パーセント）の栽培比率にたどりついた．

また，このシャトーで発生する材料を用いて自家製の肥料を製造するノウハウも編み出しており，シャトー・ラトゥール，シャトー・オーブリオンと並んでボルドーで最初にステンレス製のタンクを導入したところなどにも，ワイン造りに科学的にアプローチするマノンクールさんの姿勢がうかがえる．

21世紀の優良ヴィンテージ

2000年，2002年．

相性のいい料理・食品

マグロとサケの鮨．

Château Gazin

シャトー・ガザン

　ポムロールの丘の上にある．シャトー・ペトリュスなどと並び，ポムロールを代表するワインのひとつで，地理的にもペトリュスと隣接．オーナーのニコラ・ド・バイヨンクールさんは，現ボルドー・ワインアカデミー会長．

ファーストラベル

Château Gazin
シャトー・ガザン（赤）

　シャトー・ペトリュスと同様，メルローを主体とするポムロールのワイン独特の女性的な優雅さと豊潤さをあわせもつ．紫を帯びた深いガーネットの色合いもみごと．

使用品種：メルロー 90％，カベルネ・フラン（ブシェ）3％，カベルネ・ソーヴィニョン 7％
熟成期間：18 か月（新樽 50％）
年平均生産量：8000 ケース
AOC：ポムロール

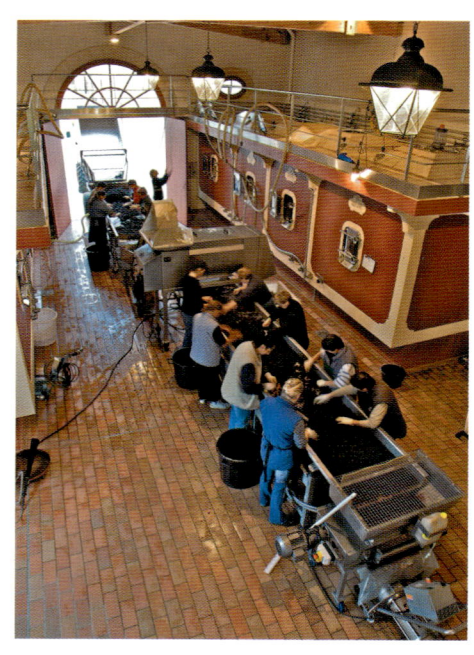

収穫したぶどうの選別作業

セカンドラベル

Hospitalet de Gazin
オスピタレ・ド・ガザン

　1986 年に最高品質のぶどうだけを選別してファーストラベルのシャトー・ガザンに使用することにしたのにともない，創設されたラベル．

使用品種：メルロー 90％，カベルネ・フラン（ブシェ）3％，カベルネ・ソーヴィニョン 7％
熟成期間：18 か月
年平均生産量：2000 ケース
AOC：ポムロール

歴　史

　ポムロールのぶどう畑は，12 世紀からスペインの有名な聖地サンチャゴ・デ・コンポステーラへの巡礼の道を守っていたエルサレム・サン・ジャン（聖ヨハネ）騎士団（のちに「ロードス騎士団」，「マルタ騎士団」と改名）の庇護のもとに置かれ，

シャトー・ガザン

ボルドー・ワインアカデミーの会長も努めるオーナー，ニコラ・ド・バイヨンクールさん

このシャトーはそこに設けられた宿泊所（オスピタレ）だったとされている．

現在のオーナーのバイヨンクール家は，フランス北部のアルトワ地方からボルドーの西の海沿いのランド地方に移ってきて領主をしていた古い家柄．またの名を「クールコル」ともいうが，これは，イングランドのジョン国王が大陸に領土を求めてフランスに挑んだ 1214 年のブーヴィーヌの戦いで功をあげた先祖がときのフランス国王フィリップ 2 世（尊厳王オーギュスト）から「クールコル（短い首）」という異名をいただいたことに由来する．

同家がこのシャトーを手に入れたのは 20 世紀初頭で，手に入れたのは現オーナーのニコラさんの曾祖父に当たるルイ・スーアルさん．

テロワールの特徴

粘土質の土壌で知られるポムロールの丘の上にあり，下はその粘土質の層．その上を砂と砂利の土壌が覆っている．

ワイン造りの特徴

畑面積は 24 ヘクタール．ぶどうの木の植え付け密度は 5500 本／ヘクタール．1 ヘクタール当たりの生産量は 3500〜4500 リットル．収穫はすべて手摘みで行われており，ぶどうの木は平均樹齢が 35 年になるように随時必要に応じて植え替えられている．

収穫したぶどうは小型のセメントタンクで 25〜30℃ の温度で発酵させる．そのあとは，ボルドーの伝統的な手法に従い，20〜30 日間マセラシオンをしたうえで，オーク樽に詰めて熟成させる．ここでマロラクティック発酵を起こし，卵白などを用いてワインから澱を分離し，必要とあれば，ろ過も行う．

21 世紀の優良ヴィンテージ

2000 年，2002 年．

ボルドー・ワインにはきれいな木箱がよく似合う

Château Giscours
シャトー・ジスクール

　面積240ヘクタールの，メドックでも最大級の敷地をもつシャトー．マルゴー村のガロンヌ川とドルドーニュ川の合流点の近くに位置するが，シャトー・マルゴーやシャトー・キルヴァン，シャトー・ディッサンなどとは大きな森をはさんで反対側にあり，西のアルザックの集落の近くにあるシャトー・テルトルも所有する．

シャトー・ジスクール 2000

格付け：第3級

ファーストラベル

Château Giscours
シャトー・ジスクール

　ほとんどブラックといってもよい深い色合いのワイン．変化に富んだ広大な畑をもつシャトーの強みがよく出ており，気品のある複雑な香りが，力強く，まろやかなタンニンにしっかりと支えられている．待つことが必要なワイン．
使用品種：カベルネ・ソーヴィニョン60％，メルロー32％，カベルネ・フラン5％，プティ・ヴェルド3％
熟成期間：15〜18か月（新樽50％）
AOC：マルゴー

セカンドラベル

La Siréne de Giscours
ラ・シレーヌ・ド・ジスクール

　若い木からとれたぶどうから造られているセカンドラベルのワインらしく，生き生きとしたフレッシュなアロマが魅力．ジスクールらしい気品もあり，ここの畑の豊かな多様性，ひろがりを楽しめる．
使用品種：カベルネ・ソーヴィニョン55％，メルロー40％，カベルネ・フラン5％
AOC：マルゴー
格付け：なし

歴　史

　「ジスクール」の名前は1330年頃から公文書に登場する．1552年には，あるバスティードの領主が，ジスクールをピエール・ド・ロルムという人物に売却したことが記録されている．バスティードとは，フランスがイギリスと戦争状態にあった13世紀から14世紀にかけて，イギリスの力が入ってきたボルドー周辺のアキテーヌ地方を始めとするフランス南西部に建設された一群の中世城砦都市を総称する言葉であり，いまでもこの地方に

はいくつかのバスティードの跡が残っている．

　1789年に始まったフランス革命で革命政府に没収されたこのシャトーは，1793年にふたりのアメリカ人，ジョン・グレイとジョナサン・デイヴィスによって買収される．1845年にはド・ペスカトーレ伯爵がこのシャトーを手に入れ，その2年後には，ピエール・スカヴィンスキーがそれを継承する．スカヴィンスキーは実に50年もの間ジスクールを保有し，その間にシャトーは大きな発展を遂げ，あとを継いだクルーズ家もシャトーの経営に成功した．

　1913年にクルーズ家の手を離れたジスクールは，それからいく人かのオーナーの手を転々としたのち，1954年にアルジェリアのワイン・メーカー，ニコラ・タリの手に渡る．タリは，ジスクールをメドック最大の産出量を誇るシャトーに育て上げ，その功績を認められて，いわゆる「1976年パリ・テイスティング」では11人の審査員のひとりに選ばれた．

　だが，後継者がワイン造り以外に熱を入れ，1995年以降は，オランダ人実業家エリック・アルバーダ・イェルゲルスマさんが所有者となり，惜しみのない投資とワイン造りにかける情熱でさらなる成長を遂げている．イェルゲルスマさんのボルドー・ワイン・ソサエティへのデビューの場が，私がボルドーで初めて主催したワイン会だった．

テロワールの特徴

　メドック随一の広さを誇る畑は，シャトーの前に広がるカントロードというブロックと，西のグラン＆プティ・プージョーというふたつのブロックに分かれており，それらが合わせて43の区画に分割され，微妙な土壌の違いに応じて栽培品種を変化させている．

　土壌は基本的に40万年ほど前にガロンヌ川が運んできた砂利でできており，そこに氷河期由来の砂が混ざっている．下の粘土質の底土までは10メートルもの深さがあり，ぶどうが十分に根を張る余地がある．

ワイン造りの特徴

　土壌がもつ特徴を最大限に引き出すことに重点が置かれている．収穫されたぶどうはすべて畑の区画ごと，品種ごとに細かく区別されており，個々の土壌や品種が自由に自己表現ができるように，慎重な管理が行われている．

21世紀の優良ヴィンテージ

　2000年，2005年．

相性のいい料理・食品

　仔牛肉，羊肉，鶏肉，フォワグラ，トリュフ，モリーユ，サクランボ，クルミパンなど．

ワイン造りの古典的な手法のひとつ．ロウソクの明かりでワインの色を見る

シャトー・ジスクールのレセプション

Château Haut-Bailly

シャトー・オーバイイ

　グラーヴ地区でも 16 のグラーヴ・クリュ・クラッセが集まるペサック・レオニャンのシャトー．古くから良質ワインの生産で知られる．

ファーストラベル

Château Haut-Bailly
シャトー・オーバイイ（赤）

　豊かで複雑な味わいや香りが繊細に調和し，タンニンもやさしくなれており，味わいの凝縮したエレガントなワイン．

使用品種：カベルネ・ソーヴィニョン 70％，メルロー 26％，カベルネ・フラン 4％（2007 年）

熟成期間：16 か月（ヴィンテージにもよるが，毎年樽の 50〜65％ を交換）

年平均生産量：約 12 万本

AOC：ペサック・レオニャン

格付け：グラーヴ・クリュ・クラッセ

シャトー・オーバイイ 2002

セカンドラベル

La Parde de Haut-Bailly
ラ・パルド・ド・オーバイイ

　1967 年創設．当初はドメーヌ・ド・ラ・パルドと呼ばれていたが 1979 年から現在の名に．若い木からとれたぶどうの最良質の搾汁を使って造られている．エレガントで個性的．

使用品種：カベルネ・ソーヴィニョン 65％，メルロー 35％（2006 年）

熟成期間：12 か月

年平均生産量：約 4 万本

AOC：ペサック・レオニャン

格付け：なし

歴 史

　オーバイイという名前は，17 世紀にフランス北部のピカルディ地方出身のワイン商，ニコラ・ド・ルーヴァルドとともにこの土地を購入したパリの銀行家フィルミン・ル・オーバイイの名前に由来する．

　もともといい畑として知られていて，18 世紀に次から次へと人手にわたっていた時期のオーナーの名前のなかには，ときのボルドー市長などの名前も含まれる．

　一段と質を上げたのが，1872 年にアルシド・ベロ・デ・ミニ

エールがオーナーになってから，彼はたいへん精力的な人物で，科学を信奉し，ぶどう栽培に新しい技術を取り入れることに積極的だった．

折しもボルドーは忌まわしいフィロキセラ禍の時代，よそのシャトーはフィロキセラに抵抗力のあるアメリカ原産のぶどうの木にボルドーの木を接いで窮地をしのごうとしたが，彼は，それではワインの質が落ちると案じ，ぶどうの根を硫酸銅溶液で洗うことで危機に立ち向かった．その結果，シャトーを大きくし，部屋数が 24 もある現在のシャトーの建物も建て，ほぼ現在と同じかたちを造り上げ，同時代のシャトー・オーナーたちから「ワイン醸造家の王」と呼ばれた．

彼の死後はまためまぐるしくオーナーが代わって停滞期に陥り，畑の面積も 10 ヘクタールまで減少したが，1955 年になると，このシャトーの潜在能力を知るバルザックのベルギー人ワイン商，ダニエル・サンダースが購入し，大々的な革新に取り組んだ．1979 年には，息子のジャンさんが経営を引き継ぎ，1998 年には，幼少期をベルギーで過ごし，フランス人の妻をもつアメリカ人銀行家ロバート・G・ウィルマーズの手に渡ったが，ワイン生産の管理はいまでもサンダース家の 4 代目に当たるベロニクさんが担当しており，オーバイイはボルドーでももっとも尊敬を集めるシャトーのひとつになっている．

テロワールの特徴

ガロンヌ川から少し離れた小高い丘の上に位置する畑の土壌は，先史時代の化石を含む砂岩層の上に礫の混ざった砂が堆積して形成されており，水はけがよく，モザイク状に複雑かつ微妙に変化している．1998 年にここの土壌を調査したボルドー第二大学のドゥニ・デュブルデュー教授も，その土壌がオーバイイ独特の豊かでエレガントな味わいに関係していることを指摘している．

ワイン造りの特徴

ぶどうの品質を充実させるために，生産量は意図的に制限．ぶどうの木の植え付け密度も低く絞り，ひとつの畑では，15 パーセントの木が樹齢 100 年を超える．除草剤はいっさい使用せず，消毒薬の散布も最小限にとどめており，収穫はすべて手摘みで，収穫したぶどうの選別も，除梗の前に畑とワイナリーで 2 度行い，除梗後にも 1 度行う．収穫したぶどうは，すべて醸造のプロセスが終わるまで畑の区画や収穫日ごとに分けている．8〜10 日間のアルコール発酵のあと，3 週間ほど，温度が上がりすぎないように注意しながらマセラシオン（果皮からのタンニンの溶かし出し）を行い，樽に移してマロラクティック発酵（リンゴ酸を乳酸に分解させる味のまるみづけ）を行ったあと，何度も何度もテイスティングを重ねた末にブレンドを行う．オーナーがロバート・ウィルマーズに変わってから設備の刷新が進み，現在の設備はすべての面で最高水準にある．

長年，ワイン醸造学者のエミール・ペイノー氏がコンサルタントを務めていたが，1990 年にパスカル・リベローガイヨン教授に代わり，1998 年からはドゥニ・デュブルデュー教授，2004 年からは元シャトー・オーブリオンのジャン・デルマスさんもコンサルタントに加わっている．

21 世紀の優良ヴィンテージ

2000 年，2004 年．

相性のいい料理・食品

赤身肉の料理．サン・ネクテール，コンテなどのチーズ．

フィロキセラ禍も接ぎ木なしで乗り切ってきたオーバイイのワインたち

Château Haut-Brion

シャトー・オーブリオン

　1855年のメドック地区のワインの格付けのさいに，唯一ほかの地区（グラーヴ地区）から選ばれて特別に1級に格付けされたワイン．現在はグラーヴの特級格．AOC（原産地呼称）は「ペサック・レオニャン」だが，もっともボルドー寄りに位置しているため，現在では開発の進んだボルドー郊外の住宅地に囲まれている．

ファーストラベル

Château Haut-Brion

シャトー・オーブリオン（赤）

　5大シャトーのワインのなかでももっともエレガントなワインとされ，その香りの豊かさと味わいの深さ，複雑さで多くのファンを引きつけている．

使用品種：カベルネ・ソーヴィニヨン55％，メルロー30％，カベルネ・フラン15％

畑面積：48ha

熟成期間：18〜22か月（新樽80％）

年平均生産量：10万本

シャトー・オーブリオン 2005

AOC：ペサック・レオニャン

格付け：第1級

Château Haut-Brion Blanc

シャトー・オーブリオン（白）

　生産本数の少ない希少なワイン．格付けはされていないが，長期の熟成に耐える濃厚な辛口の白ワイン．

使用品種：セミヨン55％，ソーヴィニョン・ブラン45％

畑面積：2.9ha

年平均生産量：1万本

AOC：ペサック・レオニャン

歴　史

　1525年，ボルドーのワイン商だったアルノー・ド・ポンタックの息子のジャンが結婚し，相手のジャンヌ・ド・ベロンの持参金代わりとして，オーブリオンの土地の一部を譲り受けた．アルノーの商才を引き継いだジャンは，事業を拡大しながら周辺の土地を手に入れ，1550年に，本格的なワイン造りを目指してワイン醸造専用のシャトーを建設した．

　ジャンの情熱を受け継いだ後継者のひとりで若くしてボルドー市議会議長となったフランソワ＝オーギュスト・ド・ポンタックはイギリス進出を果たし，ロンドンにポンタックの名を冠した居酒屋を開いた．さらなる事業の拡大にはイギリスでの成功が鍵と考えた彼の判断は的を射たものだった．居酒屋で出さ

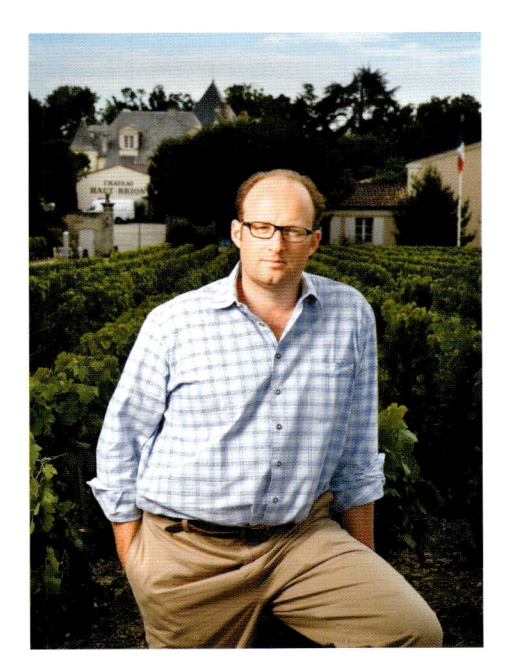

現代表のルクセンブルク大公国のロベール王子

れていたポンタックは好評を博し，その名を不動のものとした．

フランソワ＝オーギュストの事業を継いだのは，妹のマリー＝テレーズ．彼女はシャトー・マルゴーのオーナーだったジャン・ド・レストナックに嫁ぐ．そのため，マリーの息子のフランソワ＝デルファンはマルゴーとオーブリオンを同時に経営するようになり，レストナック家はしばらくの間，ふたつのシャトーを経営していた．

その後，オーブリオンはさまざまな人の手を経て19世紀の初めには，ナポレオン帝政，そして王政復古の各時代を生き抜いた外交官・外相タレイランの所有となる．ナポレオン戦争終結後のヨーロッパの秩序再建と領土分割を目的としたウィーン会議が開かれたころだった．

この会議は，フランスにはとても不利なものだった．美食家としても有名だったタレイランは，当時フランス随一と言われた料理人カレームを従え，オーブリオンを片手にウィーン会議に臨んだ．各国の使節に振舞われた料理とワインは，絶賛を博し，苦境に立たされていたはずのフランスを有利に導いたとされる．もちろん，オーブリオンは，一躍世界的に有名になった．

1935年になると，フランス人を妻に持つアメリカ人の銀行家，クラレンス・ディロンがシャトーの買収に成功した．1958年には，シャトーが会社組織となった．現在は，クラレンスのひ孫であり，ルクセンブルグ大公国の王子でもあるロベール殿下がシャトーの代表者を務める．

テロワールの特徴

畑は北のプーグ川と南のアルス川の川床から15メートルほど高くなった2つの丘の上にある．第3紀末期に海中から現れたアキテーヌ盆地にピレネー山脈の岩が浸食されてできた礫や砂や粘土が堆積し，その上に積もった比較的大粒の砂利の層が今日の畑の土壌を構成している．更新世のギュンツ氷期に堆積したこの層がオーブリオンならではの味わいを演出している．

ワイン造りの特徴

ソフトさ，調和，優雅さを重んじ，一時的な時代の流行に流されず，古典的なワイン造りを行っている．

醸造責任者のジャン・フィリップ・デルマスさん．おじいさんのジョルジュさん，お父さんのジャン・ベルナールさんに続くデルマス家3代目のオーブリオン醸造責任者

21世紀の優良ヴィンテージ

2005年．

ワインのような重厚さを感じさせるオーブリオンのダイニング

Château Kirwan
シャトー・キルヴァン

ボルドー市内を流れてきたガロンヌ川がドルドーニュ川と合流してジロンド川に変わるあたりに位置し，同じマルゴー村のシャトー・マルゴーやシャトー・パルメの南隣に当たるカントナックの丘にある．ワインの製造や販売ばかりでなく，ダイニングルームやセミナー室も整備し，ワイン・ツーリズムにも力を入れているシャトーのひとつ．

シャトー・キルヴァン（右）とシャトー・レ・シャルム・ド・キルヴァン（左）

ファーストラベル

Château Kirwan
シャトー・キルヴァン（赤）

パワフルなワイン．香りが豊かで，造りもしっかりしているが，マルゴーのテロワールの特徴である独特のデリケートさもあわせもっている．どのヴィンテージのものも，飲むのは少なくとも4年は待ってからにしたほうがよい．プティ・ヴェルドの比率が10％と多いのが，ほかのマルゴー村のワインとの違いでもある．

使用品種：カベルネ・ソーヴィニョン 56％，メルロー 30％，カベルネ・フラン 4％，プティ・ヴェルド 10％（2005年）
熟成期間：18か月（新樽40％）
年平均生産量：約17万本
AOC：マルゴー
格付け：第3級

セカンドラベル

Château Les Charmes de Kirwan
シャトー・レ・シャルム・ド・キルヴァン

ファーストラベルと同様に造られているが，比較的若い木のぶどうからできるワインに限らず，その年その年のワインの品質を見て仕分けされているので，ファーストラベルとの生産比率は，毎年変動する．

使用品種：カベルネ・ソーヴィニョン 56％，メルロー 30％，カベルネ・フラン 4％，プティ・ヴェルド 10％（2005年）
熟成期間：18か月
年平均生産量：約5万本
AOC：マルゴー
格付け：なし

歴　史

1600年代にボルドーの名門ラサール家が所有していたころ

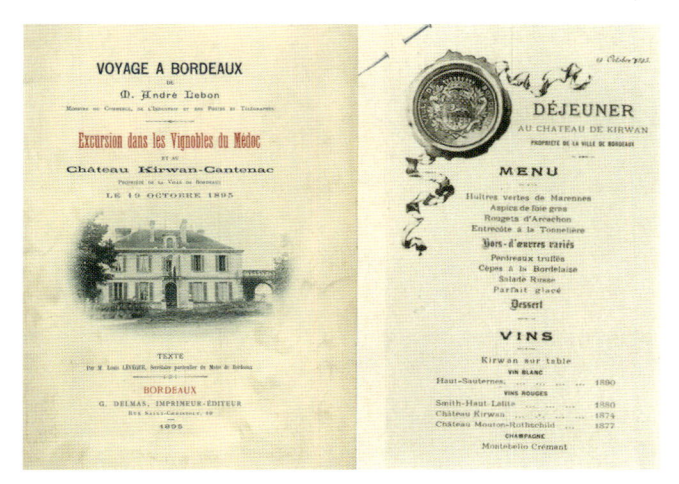

シャトー・キルヴァンに残る1895年10月19日のメドックのシャトー巡りのさいの食事会のメニュー

には,「高貴の土地」と呼ばれていたシャトー. 1710年にラサール家がイギリス人ワイン商のサー・コリングウッドに売却し,そのころから本格的にワイン用ぶどう園としての開発が始まった.

キルヴァンの名前は, 1751年にサー・コリングウッドの娘と結婚し,ここのオーナーになったアイルランド人,マーク・キルヴァン(カーワン)に由来する. キルヴァンはワインの品質向上に力を入れ,シャトー・キルヴァンの名を高めた.

その結果,ボルドー・ワインの大ファンだったことで知られるアメリカの第3代大統領トーマス・ジェファーソンも, 1780年にこのシャトーを訪れたあとで好意的なコメントを残しており, 1855年のメドック地区の格付けでは,第3級のなかのトップにランクされている.

その間,フランス革命のために所有権が一時キルヴァン家の手から離れたことがあったが,幸運にもまたすぐにそれを取り戻したキルヴァン家が格付け後の1858年に各種芸術の保護者として知られていたカミーユ・ゴダールに売却. 彼の代にもシャトーはいい状態に保たれ,現在も残る美しい庭をつくったのも彼だったとされている. だが, 1882年に彼が死ぬと,ボルドー市に遺贈され,市の管理下に置かれていた時期には,品質が低下し,評判も落ちた.

そんな状態にあったこのシャトーを1904年にオークションで落札したのがボルドーの有力なネゴシアンだったシラー家(シュローダー&シラー社). ワインの品質はこのシラー家の管理のもとによみがえり,以後はずっと同族経営が続いている.

現オーナーのアルマン・シラーさんは,ジョナサン・ノシター監督が世界のワイン業界を取材して制作し,フランスで大いに話題を呼んだノンフィクション映画『モンドヴィーノ』に取り上げられたことでも知られている.

テロワールの特徴

ガロンヌ川とドルドーニュ川の合流点に近いここの畑には,ガロンヌ川がピレネー山脈から運んできた砂利が3〜6mの厚さにわたって堆積しており,水はけがよく,ぶどうが伸び伸びと根を張れる土壌は,カベルネ・ソーヴィニヨンやプティ・ヴェルドといった品種の栽培に適しているとされている. また,そういう砂利質の土壌のなかにも,下に泥灰土や粘土の層があるところがあり,そこではメルローが栽培されている.

ワイン造りの特徴

ぶどう畑の管理から摘み取り,圧搾,発酵までの作業がすべて熟成時のワインの品質にターゲットを絞って行われている. 意図したワインを造れるように「栽培時から努力する」ことがこのシャトーのモットー.

また,技術的に完璧なワインを造ることより,恵まれたテロワールを十分に認識し,そのテロワールを忠実に表現したワインを造ることにも主眼が置かれている.

21世紀の優良ヴィンテージ

2005年, 2006年.

相性のいい料理・食品

鳩肉,鴨肉,豚肉の料理. 仔牛の料理(たとえばブランケット・ド・ヴォー). 仔羊の料理(たとえばナヴァラン・ダニョー). モリーユ,セップなどの茸類(ホタテのセップ添えなど). サン・ネクテール,カマンベール,トム・ド・サヴォワなどのチーズ.

シャトー・キルヴァンのレセプション・ルーム

Château La Conseillante
シャトー・ラ・コンセイヤント

　ポムロールのシャトー・ペトリュスとサンテミリオンのシャトー・シュヴァル・ブランにはさまれたシャトー．1871年からニコラス家が代々受け継いできたシャトーで，ラベルにも中央にニコラス家の「N」の文字をあしらった盾のマークが用いられている．

シャトー・ラ・コンセイヤント 2004

歴　史

　シャトーの名前は18世紀半ばにここを所有していたマダム・キャトリーヌ・コンセイヤンの名前から来ている．

　1871年にルイ・ニコラスが買い取り，以来，140年近くにわたってニコラス家が経営してきた．ボルドーでは珍しく同じ一族の経営が続いているシャトー．現在の当主は5代目のベルトラン・ニコラスさん．もともとは4代目でダルフイユ家に嫁いだマリー・フランスさんがあとを継いでいたが，その後，ベルトランさんが加わり，醸造責任者のジャン・ミシェル・ラポルテさんと3人でシャトーを経営する体制をとっている．

ファーストラベル

Château La Conseillante
シャトー・ラ・コンセイヤント

　繊細で，タンニンの渋味がよくなれていて，絹のようになめらかでエレガントなワインとして知られている．ポムロールの主要品種であるメルローが豊潤さとまろやかさをもたらし，カベルネ・フランがそんなワイン全体にしっかりとした土台と生きのよさをもたせている．

使用品種：メルロー80％，カベルネ・フラン20％
熟成期間：18か月（新樽80～100％）
AOC：ポムロール

1871年からシャトーを受け継ぐニコラス家の当主ベルトランさん（右から2人目）とマリー・フランスさん（右端），それに醸造責任者のジャン・ミシェル・ラポルテさん（左から2人目）を中心としたニコラス・ファミリーの面々

テロワールの特徴

　畑の北のほうの区画は，表層が黒っぽい粘土で，その下にクラス・ド・フェール（「フェール」は「鉄」の意味）と呼ばれる鉄分を多く含んだ赤っぽい粘土の層がある．このような土壌の区画にはメルローが植えられている．

　南のほうへ行くと，蛇行するドルドーニュ川が近いこともあって，砂利が多くなるが，その下はやはりクラス・ド・フェールになっており，こちらにはおもにカベルネ・フランが植えられているが，畑全体の 35 パーセントを占めるこの砂利混じりの土壌がラ・コンセイヤントにしかない味わいを生むと言われている．

ワイン造りの特徴

　畑面積は 12 ヘクタール（1871 年から不変）．栽培密度は 1 ヘクタール当たり 6000 本．小規模なシャトーだが，「良質のぶどうなくしてワインに価値なし」を合言葉に，ていねいなぶどう栽培が行われている．

　畑でとれたぶどうを受け入れる醸造所の入口にも細かな配慮が払われており，設置された除梗機で果梗を取り除き，スムースに果実の受け入れができるようになっている．

　醸造所に運び込まれたぶどうは，醸造のプロセスが終わるまで収穫した畑の区画ごとに区別して扱われる．

　除梗したぶどうは，発酵させる前に，このワインの特徴である繊細な香りとその生きのよさをできるだけ長く保てるように，低温でマセラシオンが行われる．それから 1 週間かけて発酵させ，さらに 2〜3 週間マセラシオンを行う．

　できあがったワインは，無理に機械的な力をかけずに発酵槽からゆっくりと流出させ，その間にマロラクティック発酵を起こさせた上で，樽に詰めて熟成させる．樽熟成の期間中には，1 月の末か 2 月の初めから始めて 3 か月ごとに卵白を用いて清澄作業が行われ，この地道な作業を経て，ろ過をせずに美しい色合いの澄んだワインを造り上げる．

　そうして翌年の春になると，畑の各区画のぶどうからできたワインの味を見て，質の悪いものは捨てられ，選ばれたワインだけでその年のラ・コンセイヤントが造られ，瓶に詰められていく．

21 世紀の優良ヴィンテージ

　2001 年，2005 年，2008 年．

相性のいい料理・食品

　簡単に焼いてトリュフのスライスを載せた程度のローストビーフや，マッシュド・ポテト，茸のフリカッセなど，簡単な料理がおすすめ．ソースを使った料理は，ワインの味わいのバランスが崩れるため，相性が悪いので，ソースは避けたほうがよい．チーズはコンテ．とくに，新しすぎもせず，古すぎもせず，ほどほどに熟成した赤ワインは，ナッツのような味わいがあり，コンテとの相性がよい．

シャトー・ラ・コンセイヤントのボトル・キャップ

Château Lafite Rothschild

シャトー・ラフィット・ロートシルト

「ボルドー5大シャトー」のひとつ．有名なシャトーの集まるメドックのポーヤック村の北の端に，もう一方の雄，ムートン・ロートシルトと並んで座している．ムートンがナタニエル・ド・ロートシルト男爵の流れのバロン・フィリップ・ド・ロートシルトが経営しているのに対して，こちらはジェイムズ・ド・ロートシルト男爵の流れのドメーヌ・バロン・ド・ロートシルトが経営している．

ファーストラベル

Château Lafite Rothschild
シャトー・ラフィット・ロートシルト

1855年のメドックの格付け時に「プルミエ・デ・プルミエ・クリュ」と称えられたワイン．世界のワインの最高峰ボルドーを代表するワインであり，アーモンドと菫の香りを特徴としている．

使用品種：カベルネ・ソーヴィニョン 80〜95％，メルロー 5〜20％，カベルネ・フランとプティ・ヴェルド 0〜5％

熟成期間：18〜20か月（新樽100％）

シャトー・ラフィット・ロートシルト 2006

年平均生産量：18〜24万本
AOC：ポーヤック
格付け：第1級

セカンドラベル

Carruades de Lafite
カリュアド・ド・ラフィット

1845年にシャトー・ラフィットの一部となった．名前のCarruadesは，シャトーがある丘の名前から来ている．かつては「ムーラン・デ・カリュアド」と呼ばれていた．ラフィットの酒質に加えてセカンドらしい生きのよさがある．

使用品種：カベルネ・ソーヴィニョン 50〜70％，メルロー 30〜50％，カベルネ・フランとプティ・ヴェルド 0〜5％

熟成期間：オーク樽で18か月（新樽は10〜15％）

年平均生産量：24〜36万本
AOC：ポーヤック
格付け：なし

歴 史

この地の歴史に初めて「ラフィット」という名前が登場するのは1234年のこと．その当時，ここにあったヴェルトイユ修道院の院長がゴンボード・ド・ラフィットという名前だった．

14世紀になると，その名が荘園の名前として定着するが，このLafiteという名前はそもそも，ボルドーを含むガスコーニュ地方の方言，ガスコン語の"La Hite"（ラ・イット＝「小さな丘」の意）から来たと言われている．

　いいワインができるぶどう畑として有名になったのは17世紀末，ジャック・ド・セギュールの代になってから．その息子のアレクサンドルがシャトー・ラトゥールの娘と結婚し，両シャトーがセギュール家のものになると，いまに続くこの2大シャトーのワインがその違いを認識されるようになった．

　18世紀になると，ボルドー・ワインのおいしさを最初に認めた外国，イギリスのロンドンでも「ニュー・フレンチ・クラレット」として知られるようになり，当時のイギリス首相ロバート・ウォルポールは，3か月に一度，ラフィットを樽で買うほどの熱の入れようだった．ボルドーのワインがフランス国内で認められたのは，このあとのこと．

　自分たちのワインを多くの人に知ってもらおうという気持ちの強かったアレクサンドルの息子ニコラがヴェルサイユにも売り込みをかけ，ルイ15世やその妃マダム・ポンパドゥールにも気に入られ，「王のワイン」と呼ばれるようになった．

　だが，ニコラに息子がいなかったため，彼の資産は4人の娘に分けて相続され，ラフィットは再びラトゥールと切り離されることになった．

　その後，フランス革命をはさんで，激しいオーナーの変転期があったが，1855年のメドック・ワインの格付けでは，「プルミエ・デ・プルミエ・クリュ（最高級のなかの最高級ワイン）」に選ばれている．そして，1868年には，現在のオーナーの先祖に当たるジェイムズ・ド・ロートシルト男爵が購入した．この年は歴史に残るグレイト・ヴィンテージとなり，この年のラフィットにつけられた値段6250フラン（ひと樽）は，19世紀のボルドー・ワインの最高記録として残っている．

　戦争中にはまた，ナチにシャトーを占拠され，苦難の時代を過ごしたが，戦後に再びそこを取り戻したロートシルト家のエリー男爵の手によって再興され，一時停滞していたボルドー・ワインが復活を告げた1955年には，ラフィットでも素晴らしいワインを産出した．現在はその甥のエリック男爵が先頭に立って，数々の歴史に彩られたこのシャトーを維持し，さらなる品質の向上に努めている．

テロワールの特徴

　畑面積は107ヘクタール．シャトー周辺と，少し西に離れたカリュアドの丘と，ポーヤックのとなりのサンテステフに位置する3つのエリアに分かれる．土壌は，砂利の層に風積土が混

元駐仏日本大使の小倉和夫さん，エリック・ド・ロートシルト男爵とともに

ざる．ぶどう品種の栽培比率は，カベルネ・ソーヴィニョン68％，メルロー28％，カベルネ・フラン3％，プティ・ヴェルド1％．

ワイン造りの特徴

　伝統的な手法を用いていて，収穫も手摘み．化学肥料をほとんど使わないのが，有機肥料をつくるために乳用牛を飼ったエリー男爵の時代からのやりかた．このためにぶどうの木が長持ちし，グラン・ヴァン（ラフィット・ロートシルト）に用いられるぶどうの木の平均樹齢は45年．80年になったら植え替えをすることにしているが，1886年に植えられた区画がまだ残るほど，古いぶどうの木を大切にしており，生産量は少ないが，品質はきわめて高い．

21世紀の優良ヴィンテージ

　2000年，2003年，2005年．

相性のいい料理・食品

　鴨肉の料理．

シャトー・ラフィット・ロートシルトのサロン・ルージュ

Château Latour
シャトー・ラトゥール

ポーヤック村の南側（サンジュリアン寄り）の川沿いに，シャトー・ピション・ロングヴィル・コンテス・ド・ラランドと並んであるシャトー．言わずと知れた5大シャトーのひとつで，その中でも一段と重々しい風格を漂わせている．要塞があった時代の名残の釣鐘型の塔（la tour）がシンボルマーク．

ファーストラベル

Château Latour
シャトー・ラトゥール

樹齢100年を超えるものも含め，古いぶどうの木が集まった広さ47ヘクタールの「グラン・クロ」と呼ばれる畑からとれたぶどうだけで造られている．ずっしりとした重みと深く複雑な味わいの同居するワイン．

使用品種：カベルネ・ソーヴィニョン75％，メルロー20％，カベルネ・フラン4％

熟成期間：18か月（新樽100％）

年平均生産量：22万本（シャトー全体の生産量の約55％）

AOC：ポーヤック

格付け：第1級

セカンドラベル

Les Forts de Latour
レ・フォール・ド・ラトゥール

「グラン・クロ」の中に交じっている樹齢12年未満の若い木からとれたぶどうと，「グラン・クロ」以外の3つの区画からとれたぶどうと，グラン・ヴァン用に醸造されている途中で何度も行われるテイスティングによって，グラン・ヴァンに含めるには不適格と判断されたワインから造られている．

使用品種：カベルネ・ソーヴィニョン70％，メルロー30％

熟成期間：18か月（新樽50％）

年平均生産量：15万本

AOC：ポーヤック

ずらり並んだ塔（la tour）のワインたち

格付け：なし

歴 史

1331年，メドックの富豪ゴーセム・ド・カスティヨンは，河口から300メートルのサン・ランベールの地に要塞を作る許可を与えられた．そして，遅くとも1378年にはぶどう園も作られたと記録されている．

ラトゥールのラベルにもある，サン・ランベールの塔は，14世紀後半に作られたものと考えられている．

ラトゥールは16世紀にはモンテーニュのエッセイに登場している．1695年，アレクサンドル・ド・セギュールが所有者となる．アレクサンドルは1716年にはシャトー・ラフィットも手に入れた．

1718年，アレクサンドルの息子ニコラ・アレクサンドル・ド・セギュールはシャトー・ムートンとシャトー・カロン・セギュールをも手に入れ，高品質のワイン造りを続けた．ラトゥールの評判は，18世紀初めには広く知れ渡り，イギリスなどへ向けた輸出市場においても，シャトー・マルゴーやシャトー・オーブリオン同様に確固たる地位を築いた．

代々セギュール家がこのワイナリーを引き継いできたが，フランス革命が始まると，セギュール・カバナック伯爵はフランスから逃れることを余儀なくされる．

農園はいくつにも分割され，競売にかけられたので，1841年まで所有者はばらばらになったままだった．セギュール一族は地所が売りに出されるよう働きかけ，1842年株式会社シャトー・ラトゥールが設立され，一族は株主となった．

1855年のメドック・ワインの格付けでは，ラトゥールは第1級に選ばれた．

シャトーは270年もの間セギュール家の管理下にあったが，1963年についにセギュール家の手を離れた．転々と所有者は変わったが，1993年，フランソワ・ピノーが自身の会社グループ・アルテミスを通して8億6千ポンドでラトゥールを購入し，農園はフランスの所有に戻った．

テロワールの特徴

ポーヤックのあたりでは，ジロンド川の川幅は7キロメートルにもなる．このため，この川の水が気温変化の緩衝材になり，1991年4月20〜21日にボルドー一帯を見舞った大霜害のときにも，ボルドー全体では70パーセントもワインの生産量が減少したのに，ラトゥールの畑「エンクロ」では，生産量の減少を30パーセントで食い止めることができた．

畑は深さ0.6〜1メートルにわたって砂利の多い表土に覆われている．第4紀の初めのギュンツ氷期にピレネー山脈や中央高地のほうから運ばれてきて堆積したもので，この層があるためにぶどうはその下まで長く根を張り，そこに凝集している，ワインに複雑な味わいをもたらす養分を吸い上げている．

この川がシャトー・ラトゥールを気象の変動から守っている

ワイン造りの特徴

収穫したぶどうは，品種，畑の区画，樹齢で分けて1週間ほど別々に発酵させている．その後，3週間ほどマセラシオン（浸漬）を行い，マール（絞りかす）とワインを分離する．その上で，きれいなタンクに移してワイン中のリンゴ酸を乳酸に変化させるマロラクティック発酵を行い，ワインにまるみや微妙な味わいをつける．それをさらに1年半ほど樽の中で寝かせるが，その間には，3か月に1度（つまり，6回）澱引きをする．

21世紀の優良ヴィンテージ

2000年，2003年，2004年，2005年．

相性のいい料理・食品

鴨料理，赤身の肉の料理など．

シャトー・ラトゥールの畑の中に残る昔の要塞の塔

Château La Tour Blanche
シャトー・ラ・トゥール・ブランシュ

　ソーテルヌの村の近くにあり，シャトー・ラフォリ・ペイラゲイの畑と隣接し，ソーテルヌのほかにも，バルザック，ボム，ファルグ，それに少し離れたプレニャックの村にまでまたがって2100ヘクタールもの土地を所有する広大なシャトー．

ファーストラベル

Château La Tour Blanche
シャトー・ラ・トゥール・ブランシュ

　ソーテルヌの伝統的な3つのぶどうの品種で造られている貴腐ワイン．フルーティーな香りやスパイシーな香りがすばらしく，優れたテロワールのおかげで酸も十分に仕込まれており，ボリューム感とフレッシュ感のバランスが理想的．若いうちに飲んでもよいが，そのときには，デキャントしたほうがアロマがよく広がる．時期を待ってから飲むと，焙煎したような香りやミネラルの香りが出る．冷やして飲むとよいが，冷やしすぎは禁物．温度は10〜12℃程度に．（以下のデータは，使用品種以外，2001年のもの．）

使用品種：セミヨン83％，ソーヴィニョン・ブラン12％，ミュスカデル5％（基本）
収穫期：9月20日〜10月31日
収量：16hℓ/ha
アルコール度数：13％
残留糖分：150g/ℓ
酸量：3.5g/ℓ（硫酸に換算）
年平均生産量：5万3800本
AOC：ソーテルヌ
格付け：第1級

セカンドラベル

Les Charmilles de La Tour Blanche
レ・シャルミーユ・ド・ラ・トゥール・ブランシュ

　このワインのために選んで収穫されたぶどうと，ファーストラベル用の果汁でファーストラベルの醸造に使用されなかったものから，ラ・トゥール・ブランシュの技術の粋を集めて造られている．フレッシュなアロマの特徴を残すために，醸造はステンレス製のタンクだけで行われている．

年平均生産量：1万5000本
AOC：ソーテルヌ
格付け：なし

食卓に輝きを添えるラ・トゥール・ブランシュ

シャトー・ラ・トゥール・ブランシュ

まだ緑がかった色に新しいワインのフレッシュさがのぞく

歴 史

創業は18世紀．1855年のメドック地区の格付けのときに，ソーテルヌ地区から特別1級に選ばれたイケムとともにプルミエ・クリュ（1級）に選ばれている．

だが，1909年に，当時のオーナーだったダニエル・オジリス・イフラがこのシャトーを国に寄付した．ただし，イフラはそのときに，ここをぶどう栽培とワイン醸造の技術を教える学校にすることを条件としてつけた．庶民でも無料でぶどう栽培やワイン醸造の勉強ができるようにするためだ．

このため，フランス農業省は1911年にここにラ・トゥール・ブランシュぶどう栽培・醸造学校を開校し，この学校はいまでも，ひとつの農業大学として受け継がれてきている．第1級のシャトーでありながら教育機関も兼ねるユニークなシャトーだ．

テロワールの特徴

ぶどう畑は37ヘクタール．ガロンヌ川が上流から運んできた堆積物でできた土壌で覆われており，表面はグラーヴのような砂利質の土壌，下のほうは粘土や石灰岩でできている．

秋になると，午前中に霧が出て，午後は気温が上昇し，ぶどうの果実に貴腐菌（ボトリティス・シネレア菌）が入りやすい環境ができ，果実の糖分が上昇する．その結果，ドライフルーツや果物の砂糖漬けを思わせる甘美な香りがつく．

ワイン造りの特徴

ソーテルヌのほかのシャトーと同じように，収穫は手摘みで，まだ十分に糖度が上がっていない果実を残しながら，4〜6回に分けて行う．ぶどうの栽培には減農薬農法（リュート・レゾネ）を取り入れている．

醸造施設は最先端のもの．セラーも最近改装し，温度管理ができるようになっている．225リットル入りの昔ながらのボルドーのオーク樽は毎年すべて新しくしている．

ぶどう栽培にもワインの醸造にも新しい考えかたを取り入れ，トレーサビリティーや環境保護にも留意しつつ，未来に向けたワイン造りが行われている．

21世紀の優良ヴィンテージ

2001年．

相性のいい料理・食品

フォワグラ，仔牛の胸腺肉，魚・ホタテなどの海の幸，ローストチキン，仔牛のロティ，モリーユ，ロックフォール・ブルーチーズなどのチーズ，フルーツのスープ，柑橘類のタルト，焼きパイナップル．

ローストチキンもラ・トゥール・ブランシュの味わいを引き立てる料理のひとつ

Château Léoville Barton
シャトー・レオヴィル・バルトン

　マルゴー村とポーヤック村にはさまれたサンジュリアン村にある．すぐ北側にはレオヴィル・ポワフェレがあり，さらにその北には，ラトゥール，ピション・ロングヴィル・コンテス・ド・ラランドといったポーヤックのシャトー，南には，ブラネール・デュクリュがある．

ファーストラベル

Château Léoville Barton
シャトー・レオヴィル・バルトン

　サンジュリアンのワインは，マルゴーとポーヤックにはさまれた地理上の位置を反映しているのか，バランスのよさをひとつの特徴としており，このレオヴィル・バルトンも，バランスよく抽出されたエレメンツを豊富なタンニンが下支えしている，しっかりとした造りのワイン．全体がよくなれるまで十分に熟成させることが楽しむポイント．

使用品種：カベルネ・ソーヴィニョン 72％，メルロー 20％，カベルネ・フラン 8％
畑面積：45 ha
植付密度：9000 本 /ha
熟成期間：18 か月（新樽 60％）
年平均生産量：30 万本
AOC：サンジュリアン
格付け：第 2 級

Château Langoa Barton
シャトー・ランゴア・バルトン

　レオヴィル・バルトンとまったく同じ方法で，同じ人たちが造っているワイン．それでも香りや味わいに違いが出るのは，道ひとつ隔てたテロワールのせいとされている．やや華やかさには欠けるが，アイリッシュの気風を感じさせるワイン．

使用品種：カベルネ・ソーヴィニョン 72％，メルロー 20％，カベルネ・フラン 8％
畑面積：15 ha
AOC：サンジュリアン
格付け：第 3 級

歴　史

　オーナーのバルトン家はアイルランド系だが，メドックのワインの格付けが行われた 1855 年より前からこのシャトーを所有していた，いまとなってはメドックで最も古い歴史を誇るオーナー一族．

　そもそも 1722 年に最初にアイルランドから渡ってきたトーマス・バルトンが，ボルドーでワイン商を始めて，財を成したときには，まだフランスに「在仏外国人の所有地は本人が死亡したらフランス国王に返還する」という法律があった．このため，彼はワイン商として成した財を故郷アイルランドの不動産に投資し，自分たちはサンテステフ村のシャトー・ル・ボスクを借りて住んでいた．

　現在のレオヴィル・バルトンを手に入れたのは，その孫で，誰よりもこのシャトーの名声の確立に貢献したと言われるヒュー・バルトン．彼もアイルランド系のために 1793 年のフランス革命のときには投獄されるという過酷な目にあったが，商才に優れ，その後盛り返していまのレオヴィル・バルトンを手に入れた．

　このような歴史からバルトン家にはトラウマが残ったのか，その後の後継者たちはヒューが故郷に建てた「ストラファン・ハウス」という屋敷で育っており，現オーナーのアントニー・バルトンさんもストラファン・ハウス生まれ，先代のロナル

アイルランドの伝統を長く受け継いできたバルトン家の系図

ド・バルトンの甥に当たり，先代に子どもがいなかったために跡を継ぎ，現在は娘のリリアンさん一家とともにこのシャトーに住んでいる．

テロワールの特徴

19世紀の初めにヒュー・バルトンが最初に手に入れたランゴア・バルトンの畑はシャトーの建物の北と西と南に点在し，あとで手に入れたレオヴィル・バルトンの畑が，その外側に広くひろがっている．道ひとつはさんで隣接した畑だが，ふたつのワインの香りや味わいは微妙に異なっており，これは，粘土質の下層土の上に砂利質の土壌が堆積したジロンド川のほとりのテロワールのなかでも，粘土質の下層土までの深さが区画ごとに変化しているからではないかと見られている．

川に近いこのシャトーの畑では，とくに排水に気をつけており，雨が降ったときに果実が水を吸いすぎないように，すぐに排水できる設備を備えている．

ワイン造りの特徴

同じ場所で，同じ方法を用いて，同じ人たちが格付け2級と3級のワインを造っているやや珍しいケース．

ステンレスのタンクは使用せず，あくまで昔ながらの大樽での発酵にこだわっている．ただし，技術革新を拒絶しているわけではなく，その大樽にも，温度制御のできる設備を導入しており，木の肌合いにこだわっているあたりに，やはりアイリッシュの血統を見ることができるか．

21世紀の優良ヴィンテージ

2000年．

2000年のシャトー・レオヴィル・バルトンとシャトー・ランゴア・バルトン

214　ボルドーのシャトー紹介　Quelques châteaux de Bordeaux

Château L'Évangile
シャトー・レヴァンジル

　ポムロールの丘にあり，北はシャトー・ペトリュスと隣接し，南はすでにサンテミリオンに当たり，シュヴァル・ブランと隣接する．ポーヤックのシャトー・ラフィット・ロートシルトをもつエリック男爵のドメーヌ・バロン・ド・ロートシルトが所有するシャトー．

シャトー・レヴァンジル 2006

年平均生産量：2000～3000 ケース
AOC：ポムロール

ファーストラベル

Château L'Évangile
シャトー・レヴァンジル

　豊かな果実風味とコクとまろやかさに優れたメルローの特徴を生かし，やわらかくてエレガントなワインとして知られる．ボルドーの偉大なワインを紹介した Grand Vin de Bordeaux（Dussault Press 社）のなかでは「繊細さとブケの豊かさは他に類を見ない」と評されている．
使用品種：メルロー 80～90％，ブシェ（ポムロール地区のカベルネ・フランの呼び名）10～20％
熟成期間：18 か月（新樽 70％）

セカンドラベル

Blason de L'Évangile
ブラゾン・ド・レヴァンジル

　Blason は「紋章」の意味．シャトー・レヴァンジルに入れていなかったぶどうを昔のオーナーの名前で売っていたことから，ラベルにそのオーナーの紋章をあしらい，この名がつけられている．
使用品種：メルロー 70～80％，ブシェ（カベルネ・フラン）20～30％
熟成期間：2 年使用した樽で 15 か月
年平均生産量：2000～3000 ケース
AOC：ポムロール

歴　史

　1741 年に初めて「ファジヨー（Fazilleau）」という名前でボルドーの土地台帳に登場する．19 世紀には 13 ヘクタールのドメーヌとなり，ほぼいまと同じかたちになる．このときにイザンベールという弁護士が購入し，レヴァンジルと名づけた．
　有名になったのは 1862 年にポール・シャプロンが購入して

から，現在あるレヴァンジルの建物も彼が建てたもの．

1868年には，ボルドーのワイン商やワイン通たちのバイブルとして知られ，ヒュー・ジョンソンもいつもデスクのわきに置いているといわれるボルドー・ワインのガイドブック Cocks et Feret 第2版のなかで「プルミエ・クリュ」に認定される．

1900年にポール・シャプロンが亡くなったあとは停滞期を迎えるが，1956年に霜害に遭い，畑が大きな打撃を受けたのを機に，彼の子孫で，当時畑を管理していたルイ・デュカスが翌年から全面的な木の植え替えと徹底的な管理の見直しを行い，再び評判を取り戻した．

1990年には，シャトー・ラフィット・ロートシルトをもつエリック男爵のドメーヌ・バロン・ド・ロートシルトが購入．ルイ・デュカスの手で生まれ変わった畑からとれるぶどうやワインの選別をより厳格かつ繊細にし，ブラゾン・ド・レヴァンジルというセカンド・ワインのラベルをつくった．また，畑の管理もさらに細かくし，少しずつ木の植え替えを行いながら，畑全体の健康状態の改善にも努めてきた．

2004年には醸造所とセラーの改修作業も完了し，新たな生産体制が整う．

テロワールの特徴

畑面積は16ヘクタール．ペトリュス，シュヴァル・ブランの畑にはさまれていて，この2シャトーの畑と同様に，表面は粘土質の土壌に覆われ，その下にグラーヴ（小砂利）の層をはさんで酸化鉄を含む地層がある．

ワイン造りの特徴

よりよい品質のワインを選り抜くために畑をロットに区分けして生産量を限定し，摘み取りは手摘みで行い，発酵中にも試飲を繰り返しながらマセラシオン（できたアルコール分でぶどうの果皮や種子の成分を溶かし出すプロセス）を進めるなど，設備を近代化しながらも昔ながらの醸造方法を取り入れ，守っている．

シャトー・レヴァンジルの醸造責任者ジャン・パスカル・ヴァザールさん

21世紀の優良ヴィンテージ

2000年，2005年．

相性のいい料理・食品

イシビラメのマトロット．ホタテガイの料理．

イシビラメのマトロット

Château Margaux
シャトー・マルゴー

言わずと知れたボルドーの「女王」．遠い時代にフランスとこの地の領有権を争ったイギリスの文化に育まれたボルドー・ワインの代表格であり，シャトーの建物にも女王のような気品と風格が漂い，美しい濠に囲まれている．

シャトー・マルゴー 2005

ファーストラベル

Château Margaux
シャトー・マルゴー

きらめくようなあでやかな香りの豊かさ，深み，複雑さ，ワインのつくりの端正さ，雄弁さ，ふくよかさなど，どの点をとっても格の違いを感じさせる．秀麗そのもの．ジネステ時代にはしばらく停滞期もあったが，いまはムラもなくなっている．

使用品種：カベルネ・ソーヴィニヨン 85％，メルロー 15％（2005 年）
熟成期間：15〜18 か月（新樽 50％）
AOC：マルゴー
格付け：第 1 級

セカンドラベル

Pavillon Rouge du Château Margaux
パヴィヨン・ルージュ・デュ・シャトー・マルゴー

私とボルドーとのつきあいが一気に深まるきっかけとなってくれたワイン．1984 年のものだが，天候不順のためにボルドーのワインにしては珍しく，カベルネ・ソーヴィニヨン単一品種のワインになっており，世評は惨憺たるものだったが，飲んでみるとなかなかの味わいだった．なつかしいワインだ．

使用品種：カベルネ・ソーヴィニヨン 48％，メルロー 48％，カベルネ・フラン 4％（2005 年）
AOC：マルゴー

歴　史

シャトー・マルゴーの名前が初めて歴史上に登場するのは 12 世紀．当時はラ・モット・ド・マルゴーという農園だった．

1570 年代にこの農園を所有していたピエール・ド・レストナックという貴族は 10 年間を費やしてぶどう畑を拡大し，ワインの生産に力を入れだした．その後，徐々に事業は拡大され，18 世紀の初めには，敷地が現状に近い広さになっていた．

フランスでは，ルイ 15 世が愛妾デュ・バリー夫人から勧められたことから，このワインの知名度が高まった．18 世紀末，シャトーは一時期革命政府により没収されたが，1801 年にド・

シャトー・マルゴー

Déjeuner

offert par

Monsieur Jacques Chirac
Président de la République

en l'honneur de

Son Excellence Monsieur Gerhard Schröder,
Chancelier de la République Fédérale d'Allemagne,

à l'occasion

du 40ème anniversaire du Traité de l'Élysée,
Au Palais des Affaires Étrangères,
le mercredi 22 janvier 2003

Noix de coquilles Saint-Jacques aux truffes du Tricastin
et lentilles vertes du Puy

Pot-au-feu rabelaisien

Fromages

Gâteau moelleux au chocolat amer servi tiède,
Crème glacée au basilic et gingembre

Riesling grand cru Schlossberg cuvée Sainte Catherine
"l'Inédit" 1999 Domaine Weinbach
Château Margaux 1994
Comtes de Champagne Taittinger 1994

2003年1月22日にパリのエリゼー宮で開かれた当時のシラク大統領主催の晩餐会のメニュー．下から2行目に「シャトー・マルゴー1994」とある

ラ・コロニラ侯爵がこれを入手する．コロニラは建築家ルイ・コンブに依頼し，いまに残るエレガントなギリシア神殿風のシャトーを1810年に完成させた．

19世紀半ばには，スコットランド人女性エミリー・マクドネルが所有権を獲得し，1855年のメドック・ワインの格付けでは第1級と認定された．しかし，ナポレオン3世の失脚により，マクドネルはイギリスへの亡命を余儀なくされた．

1934年，このシャトーはボルドーのネゴシアンだったジネステ家の所有となるが，同家は，投機に力を入れていたために，1973年から1974年にかけてのワインの価格の大暴落で多大な損失を出し，シャトーを手放すことになる．

1976年にジネステ家からシャトーを買い取ったのは，ギリシア人大富豪アンドレ・メンツェロプーロスだった．彼は醸造学者エミール・ペイノー教授を技術顧問に迎え，シャトー・マルゴーの名声を取り戻した．いまは彼とそのフランス人の夫人との間に生まれた娘コリンヌさんがシャトーを運営している．

現オーナー，コリンヌ・メンツェロプーロスさん

テロワールの特徴

ほかのメドックのシャトーと同じように，ガロンヌ川が上流から運んできた砂や砂利が堆積してできた土壌だが，ガロンヌ川とドルドーニュ川が合流し，ふたつの中州ができているこのあたりの畑では，なにか特別なミックスが起きているのかもしれない．マルゴーには間違いなく，マルゴーにしかない，マルゴーならではの繊細でほのかな，気品のある香りがある．

ワイン造りの特徴

単にこのシャトーのワインの出来不出来だけでなく，ボルドー・ワイン全体の出来不出来に対する世評まで左右する立場にあるため，テロワールやその年その年の気象条件の特徴を表現することもさることながら，それ以上にワイン全体のバランスのよさや完璧さに配慮した醸造が行われており，また，そういう姿勢によってもてるものがすべて引き出されるだけの要素をこのシャトーとワインはもっている．

21世紀の優良ヴィンテージ

2003年，2004年，2005年，2006年．

Château Mouton Rothschild

シャトー・ムートン・ロートシルト

1855年に格付けされたメドックのワインのなかで，唯一その後に格が変更されたワイン．1855年には2級に格付けされたが，1973年にはそれが1級に格上げされた．ほかにも，ラベルに毎年異なった世界の著名な画家のデザインをあしらったり，アメリカのカリフォルニアに進出してオーパス・ワンを生産したりするなど，独特の，存在感あるワイン造りへのアプローチで知られている．

ファーストラベル

Château Mouton Rothschild
シャトー・ムートン・ロートシルト

ほのかに紫色を帯びた濃くて深い色合いのエレガントなワイン．豊かに宿した香りも繊細かつ複雑で，タンニンが引き締める味わいの底からスモーキーな樽香も漂ってくる．白は，大霜害に見舞われた1956年以降造られていなかったが，1991年からエール・ダルジャンが復活している．

使用品種：カベルネ・ソーヴィニョン77％，メルロー12％，カベルネ・フラン9％，プティ・ヴェルド2％（2006年はカベルネ・ソーヴィニョン87％，メルロー13％）
畑面積：78ha
熟成期間：19〜22か月（新樽80〜90％）
年平均生産量：30万本
AOC：ポーヤック
格付け：第1級

セカンドラベル

Le Petit Mouton de Mouton Rothschild
ル・プティ・ムートン・ド・ムートン・ロートシルト

1993年創設．若い木からとれたぶどうの果実で造られているが，収穫後の管理には，ファーストラベルと同様に細かな配慮が払われていて，偉大なポーヤック・ワインの特徴と言える優雅さと深みを表現することに主眼が置かれている．

使用品種：カベルネ・ソーヴィニョン，メルロー，カベルネ・フランが使われているが，ファーストラベルよりはメルロー，カベルネ・フランの比率がやや高くなる傾向があるか．
年平均生産量：数万本
AOC：ポーヤック
格付け：なし

歴 史

プラン・ムートンと呼ばれていたシャトーを，ロートシルト家のひとり，ナタニエル・ロートシルト男爵が手に入れたのは1853年のこと．彼がシャトーの名前を現在のシャトー・ムートン・ロートシルトに変えた．

メドック・ワインの格付けが行われたのは，その2年後の1855年．このときの格付けは，ワインの流通価格に基づいて決められた．だが，ムートンはラフィットとほぼ同じ価格で販売されていたにもかかわらず，第1級格付けから除外された．これは，ナタニエルにとってはとうてい納得できることではなく，彼はラベルに「1級にはなれないが，2級の名には甘んじられぬ，余はムートンなり」という言葉を残した．

ムートンを立て直したのは，ナタニエルの曽孫にあたるバロン・フィリップだった．1922年，シャトーを引き継いだフィリップは生涯のすべてをここに注ぐことを決意する．そのころには，まだ，シャトーで瓶詰めをする考え方はなく，彼は従来の慣習を打破すべく，瓶詰めから貯蔵までのすべての工程を自ら

のシャトーで行うことで，ワインの質をシャトーの所有者自身が完全にコントロールすることを可能にした．1924 年のことだ．

フィリップはこれを記念して，著名なデザイナーのカルリュに，1924 年のラベルを発注する．ムートン・ロートシルトの人気の一因は，これを機にさまざまな芸術家が描くようになった個性的なラベルにある．1945 年には第 2 次世界大戦の勝利を祝い，Victory の頭文字「V」をラベルに入れた．以来，シャガール，ダリ，ミロ，バルチェスなど著名な画家がムートンのボトルを飾っている．

2 級であることを潔しとしないフィリップは，十数年にわたって粘り強く議会への働きかけを続けた．その執念が実り，1973 年，ムートンはついに第 1 級への格上げを認められた．この歴史的な年のラベルには，ピカソの絵が使われている．ラベルの言葉は，「余は 1 級であり，かつては 2 級であった，ムートンは不変なり」に変わった．

ワインの質は向上しつづけ，歴史的に有名な 1976 年のパリにおけるワイン品評会では，1970 年のムートンが第 2 位の評価を受けた．これは，フランス・ワインの中で最も高い評価だった．

1980 年，10 年間の準備期間を経てシャトーはロバート・モンダヴィとの合弁事業により，カリフォルニアのオークヴィルに，オーパス・ワン・ワイナリーを設立することを公式に発表した．現在，シャトーはフィリップ・ロートシルトの娘フィリピーヌ・ド・ロートシルト男爵夫人に引き継がれている．

収穫はすべて手摘みで，ぶどうの果実は小さなバケットに集められている

テロワールの特徴

畑は，ラフィット・ロートシルト，ポンテ・カネなどのシャトーが集まるポーヤックの北側のぶどう畑地帯のなかでも川から離れたほうに位置し，海抜 27 メートルほどの「ムートンの丘」にある．底土は石灰岩質．その上に砂利を多く含む堆積土が分厚く積もっている．この丘はうねっていて，地中にジロンド川へ向かう自然の排水路ができており，ぶどう栽培には好適な環境が整っている．

ワイン造りの特徴

伝統と最新技術の両方に目配りをした醸造が行われている．最近ではステンレスタンクで発酵させるのが主流だが，ここではまだオークの大樽を使っている．かつてよそのシャトーより先駆けて始めたシャトーでの瓶詰め作業は，いまでは収穫の約 2 年後に行われている．

いまでは少数派になったオークの大樽での発酵

21 世紀の優良ヴィンテージ

2000 年，2003 年，2004 年，2005 年．

相性のいい料理・食品

牡蠣，アヒルの料理など．

Château Nairac
シャトー・ネラック

　ボルドーからガロンヌ川をさかのぼったバルザック村にあるシャトー．格付けは，ファルグ，ボム，ブレイニャックの各村とともに「ソーテルヌ」として行われているが，AOC（統制原産地呼称）は「バルザック・ソーテルヌ」「ソーテルヌ・バルザック」あるいは「バルザック」と表示されていることもある．

シャトーの建物を背景に並ぶ古いヴィンテージのシャトー・ネラック．左から1975年，1980年，右端は，この写真ではよくわからないが，かなり古いものに見える

ファーストラベル

Château Nairac
シャトー・ネラック

　豊潤なワイン．舌に伝わる質感に富み，ときによってはやや圧倒されるような官能的とも言える粘りがあるが，バルザックのワインの特徴で，豊かに含まれる酸には，若々しさや躍動感を感じる．

使用品種：セミヨン90％，ソーヴィニョン・ブラン6％，ミュスカデル4％
畑面積：16ha
平均樹齢：35年
熟成期間：18〜36か月
年平均生産量：2万本
AOC：ソーテルヌ
格付け：第2級

歴　史

　初期の歴史はまだよくわかっていない．記録が残っているのは，同じバルザック村のシャトー・クリマンをもっていたふたつの家族と姻戚関係にあったジェローム・メルカドが遺産相続によって譲り受けたあたりからで，彼の死後は義理の娘があとを継いだが，1777年に手放す．

　そして，新しい所有者となったのがエリゼー・ネラック．ネラック家は地元の裕福な貴族だったが，商才にたけており，政治家でもあった．エリゼーの5人の娘のうち，とりわけアンリエットとジュリー・エミリーが事業の拡大に成功する．しかし，ときはちょうどフランス革命と歴史的にも有名なロベスピエールの恐怖政治の時代（1789〜1794年）．ネラック一族は亡命を余儀なくされ，シャトーはソーテルヌのシャトー・ブルステを所有するベルナール・カップドヴィルの手に委ねられる．カップドヴィルの努力は実を結び，最盛期には6万本近いワインを産出するようになり，そのころ，1855年のソーテルヌとバルザックの格付けで第2級に格付けされた．

　20世紀に入り1906年にカップドヴィルの家と親戚関係にあるアルミシャールがシャトーの経営を引き継ぐが，それが次にワイン商のジャン・シャルル・ペルペザに売却されるころには，10ヘクタールという小さなものになっていた．ペルペザは赤ワイン用の品種を順次切っていき，セミヨン，ソーヴィニョン・ブラン，ミュスカデルに植え替えた．事業はしだいに拡大するが，1956年の霜でまた大打撃を受け，ワイナリーは低迷期

を迎える．

それを変えたのが，シャトー・ジスクールで働いたことがあるアメリカ人のトム・ヒーターだった．ヒーターの妻は，ジスクールのオーナーだったニコラス・タリの娘ニコル．ヒーターはエミール・ペイノー教授のアドバイスを受けながらシャトーを発展させる．ただ，夫妻は離婚し，現在は妻のニコル・タリ・ヒーターがシャトーのオーナーを務めている．

テロワールの特徴

ソーテルヌのほうからバルザック村の南を流れてガロンヌ川に注いでいるシロン川の左岸にあり，霧が発生しやすく，ぶどうに貴腐菌がつくのに好適な環境にある．

土壌は石灰岩質で，ミネラル分に富み，これがフレッシュさや，繊細な味わいの源になっていると考えられている．

ワイン造りの特徴

すべて自然にまかせて，テロワールの特徴を最大限に引き出すことに主眼が置かれている．そのために，発酵，樽熟成など，ひとつひとつのプロセスにじっくりと時間をかけているのもこのシャトーの特徴．

21世紀の優良ヴィンテージ

2005年．

相性のいい料理・食品

フォワグラ，トリュフ，オマールエビ，セロリ，アスパラガス，ニンジン，グリーンピース，ブリオッシュ，デザート用のパルメザン，オッソー・イラティ，ロックフォールのチーズなど．

オマールエビのサラダ

ブリオッシュをベースにしたババ・オ・バルザックとシャトー・ネラック

Château Palmer
シャトー・パルメ

メドックのマルゴー村で，シャトー・マルゴー，シャトー・ディッサンとともにトライアングルを成す名門シャトーのひとつ．背後（ボルドー寄り）にも，シャトー・ブレーヌ・カントナック，シャトー・キルヴァンなどがあり，銘酒のふるさととして知られるカントナックの丘がひろがる．

シャトー・パルメ 2006 ©Alain Vacheron

©Alain Vacheron

使用品種：カベルネ・ソーヴィニョン 47％，メルロー 47％，プティ・ヴェルド 6％

畑面積：55 ha

熟成期間：20〜21 か月（新樽 45〜60％）

AOC：マルゴー

格付け：第 3 級

ファーストラベル

Château Palmer
シャトー・パルメ

ポーヤックとは違い，サンテステフやサンジュリアンとも異なる，シャトー・マルゴーとともに AOC マルゴーの粋を集めた繊細さと優雅さを何よりの特徴とするワイン．絹のような喉越しに，ビロードのようななめらかさがあり，革のような甘さとやわらかさ，気高さを感じさせる．力強くたくましいカベルネ・ソーヴィニョンの土台の上でメルローがその持ち味を発揮し，わずかに加えられているプティ・ヴェルドがうまく全体のバランスをとっている．

セカンドラベル

Alter Ego de Palmer
アルタ・エゴ・ド・パルメ

パルメの Alter Ego，つまり「もうひとりの自分」という名のついたセカンドワイン．ファーストラベルのシャトー・パルメとは，陰と陽の関係にもたとえられ，毎年，その年の気象条件から考えられる，シャトー・パルメとは異なる「もうひとつの解釈」がこのワインによって表現されている．

使用品種：おもにカベルネ・ソーヴィニョンとメルローの 2 種で造られており，両者がイーブンの年もあるが，メルローの比率が大きくなる年が多い．

熟成期間：16〜18か月（新樽25〜40％）
AOC：マルゴー
格付け：なし

歴　史

　1814年，イギリスの軍人チャールズ・パーマー少将がガスク家からこのシャトーを手に入れ，自らの名前をつけた．それが，フランス語読みでシャトー・パルメとなった．パルメは事業に情熱を注ぎ，1830年代には，所有地は実に163ヘクタールにまでひろがっていたといわれる．

　シャトー・パルメは「パーマーズ・クラレット」の愛称でロンドン社交界で知名度を上げ，のちの国王ジョージ4世のお気に入りワインにもなった．

　1853年，フランス第2帝政時代の大銀行家でボルドー生まれのペレール家の兄弟が，莫大な金額を提示してこのシャトーを購入した．ペレール兄弟には，パリの都市計画に参加したり，ボルドー近郊の海水浴場（現在のアルカション）を開発したりした歴史的な業績もある．

　ペレール兄弟はシャトーの再整備に努力を惜しまなかったが，1855年の格付けでシャトーを1級にするには，時間が足りなかった．結果は3級だったが，当時からその品質は最高クラスとして評されている．1856年，ボルドーの建築家ビュルゲにシャトーの増改築を委託し，現在に残る4本の小塔をもつ優雅な城館は，そのときに完成した．

　だが，ペレール兄弟も1930年代の大恐慌の煽りを受けてこのシャトーを手放す．それを購入したのは，ボルドーでワイン商を営んでいた4家の一族で，そのときからこのシャトーは株式会社の形態となった．

　このうち，2家族，すなわちオランダ系のメラー家とドイツ系のシシェル家がパルメをいまに引き継いでいる．2004年から，株主らはシャトー・パルメの運営をボルドー出身のまだ30代の醸造家トマ・デュルーに委ねた．カリフォルニア，トスカーナを始め，世界の一流ワイナリーで醸造の経験を積んできたデュルーには，大きな期待がかかっている．

テロワールの特徴

　カントナックの丘の西北に位置し，ギュンツ氷期に由来する砂利質の土壌で覆われた丘の上にある．

ワイン造りの特徴

　近代的な設備を整えながら，古典的な醸造法を守り，シャトーにも，また，そこで造られるワインにも，独特の風格が漂っている．

21世紀の優良ヴィンテージ

　2000年，2005年．

シャトー・パルメのダイニング ©Alain Vacheron

マルゴーのテロワールのエッセンスをいっぱい吸ったワインの卵たちが並ぶ熟成庫 ©Alain Vacheron

Château Pichon Longueville Comtesse de Lalande

シャトー・ピション・ロングヴィル・コンテス・ド・ラランド

偉大なシャトーが数多く集まるポーヤックのなかでも，北側のサンテステフ寄りに集まったシャトー・ムートン・ロートシルトやシャトー・ラフィット・ロートシルトなどとは逆に，南側のサンジュリアン寄りにあるシャトー．すぐ隣にシャトー・ラトゥールがある．

シャトー・ピション・ロングヴィル・コンテス・ド・ラランド 2000

ファーストラベル

Château Pichon Longueville Comtesse de Lalande
シャトー・ピション・ロングヴィル・コンテス・ド・ラランド

名前が伯爵夫人を意味し，近年もボルドー・ワイン界の女性リーダー，メイ・エレーヌ・ド・ランクサン女史が造っていたせいでもあるまいが，女性的な繊細な味わいのあるワイン．ポーヤックの味わいを秘めながら，南隣のサンジュリアンに通じる味わいも．

使用品種：カベルネ・ソーヴィニョン 45％，メルロー 35％，カベルネ・フラン 12％，プティ・ヴェルド 8％
熟成期間：18〜22か月（新樽 50％）

年平均生産量：36万本
AOC：ポーヤック
格付け：第2級

セカンドラベル

Réserve de La Comtesse
レゼルヴ・ド・ラ・コンテス

このシャトーには，19世紀からセカンドワインがあったことが知られているが，これは 1973 年に新たに創設されたセカンドワイン．

使用品種：カベルネ・ソーヴィニョン 50〜70％，メルロー 30〜50％，カベルネ・フランとプティ・ヴェルド 0〜5％
年平均生産量：7万 2000 本
AOC：ポーヤック

歴 史

17 世紀まで，メドックの大部分は湿地であり不毛の地だった．そんなメドックのポーヤック村の近くに，ピエール・ド・ムジュール・ド・ローザンが「砂利がごろごろしている 40 の畑」を開拓した．

1694 年，彼の娘のテレーズが，当時ボルドー市議会の議長だ

ったジャック・ド・ピション・ロングヴィルと結婚してから，このぶどう畑の評判が高まった．

　だが，1850年に，その当時のオーナーのバロン（男爵）・ジョセフ・ド・ロングヴィルが亡くなると，シャトーはふたつに分割された．畑の5分の2とワイン造りの設備は，長男のラウールが相続した．残りは，すでにランド地方の王コント（伯爵）・アンリ・ド・ラランドに嫁いでいて，1840年にボルドーの建築家デュフォーに依頼して現在のシャトーの建物を建てさせていた次女のヴィルジニーが相続した．

　ラウールが他界すると，ぶどう畑とその管理に強い意欲をもっていたヴィルジニーが，ふたつのシャトーを自らの管理下に治めた．ただ，ヴィルジニーはそのときにふたつのシャトーをそれぞれ独立させ，「ピション・ロングヴィル・バロン」と「ピション・ロングヴィル・コンテス・ド・ラランド」とした．後者の名前にある「コンテス」とは「伯爵夫人」のことで，このシャトー名自体がヴィルジニーのことをさす．1855年の格付けでは，ふたつのシャトーはともに2級に格付けされた．その後，何度か相続を経ているうちに，このふたつのシャトーはしだいに関係が疎遠になっている．

　1925年，クルティエというシャトーとワイン商の間を取り持つ仕事を行っていた，ミアーイ家のエドワードとルイの兄弟がこのシャトーを手に入れ，エドワードの娘のメイ・エレーヌ・ド・ランクサンさんが，1978年にこのシャトーを引き継いだ．1979年より10年以上の歳月をかけて，このシャトーでは改装工事が行われた．貯蔵庫の拡大，1800個の樽を保有できる地下セラー，33基の温度管理されたステンレスタンクが並ぶ醸造室，ラボラトリー設備など，近代的な施設が整えられて，現在にいたっている．

　長らくこのシャトーを切り盛りしてきたメイ・エレーヌ・ド・ランクサンさんは，いまでは南アフリカでワインを造っている．

テロワールの特徴

　畑はサンジュリアンのレオヴィル・バルトンのほうまで広がっており，どの区画も変化に富んでいて，それぞれの区画にレ・アルディレイ，ル・ムーラン・リシェ，ロングヴィル，グラン・プラント，ラ・シャペイユ，ヴィルジニー，ソフィー，マリー・ジョセフィーヌといった名前がついている．

　粘土質の底土の上にガロンヌ川が運んできた砂利が堆積しており，鉄分を多く含んでいる．

ワイン造りの特徴

　変化に富んだ畑の特徴を生かすことに主眼が置かれており，収穫したぶどうの選別にはとくに細かな配慮が払われている．古典的なワイン造りが行われているが，発酵用のステンレスタンクでは，コンピュータによる温度管理が行われている．

21世紀の優良ヴィンテージ

　2003年，2005年．

シャトー名が意味する伝説のオーナー，ヴィルジニー

シャトー・ピション・ロングヴィル・コンテス・ド・ラランドの地下貯蔵室

Château Pontet Canet
シャトー・ポンテ・カネ

ボルドーのシャトーには，ネゴシアン出身のオーナーと並んで，シャンパンやビールなど，ほかの酒造業界で成功を収めたオーナーたちが大勢いるが，ここのシャトーはコニャックの流れを汲み，コニャック醸造でたくわえた知識と経験をワインの醸造にも取り込んでいる．サンテステフのシャトー・ラフォン・ロシェとは，兄弟シャトーに当たる．

ファーストラベル

Château Pontet Canet
シャトー・ポンテ・カネ

よみがえったワイン．1990年代の半ばからの酒質の向上が顕著で，2000年代になってもまだ伸びつづけている．ここで食事をいただくときに出されるメニューの表紙に描かれている花（ポンテ・カネにその香りがあるとされる花）の種類の多さでもわかるように，上品で豊かな香りに満ちたワインだ．セカンドラベルはシャトー・レ・オー・ド・ポンテ．

使用品種：カベルネ・ソーヴィニョン70％，メルロー26％，カベルネ・フラン4％

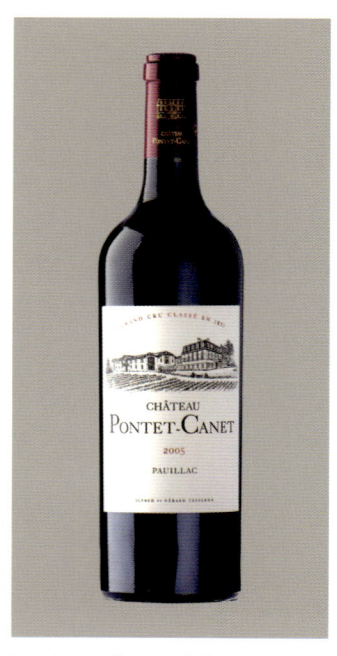

熟成期間：15～20か月（新樽30～50％）
AOC：ポーヤック
格付け：第5級

Château Lafon Rochet
シャトー・ラフォン・ロシェ

シャトー・ポンテ・カネの経営者のアルフレッド・テスロンさんの弟のミシェルさんが経営するシャトー．同じサンテステフのコス・デストゥールネルや隣のポーヤックのラフィット・ロートシルトなど，偉大なワインを産出するシャトーに囲まれているが，骨格がしっかりしていて風味も豊かで，最も費用対効果の高いワインとも言われている．セカンドラベルはル・ニュメロ・ドゥ・デュ・シャトー・ラフォン・ロシェ．

使用品種：カベルネ・ソーヴィニョン60％，メルロー34％，カベルネ・フラン6％

熟成期間：15～20か月
AOC：サンテステフ
格付け：第4級

シャトー・ポンテ・カネ2005

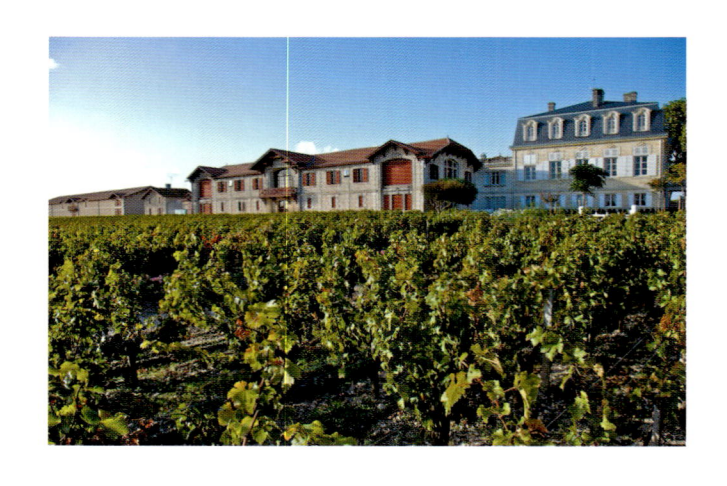

歴 史

1855年に行われたメドック・ワインの格付けの10年後に，5級に格付けされたこのシャトー・ポンテ・カネにエルマン・クルーズという新しいオーナーがやってきた．クルーズは，若冠23歳のシャルル・スカヴィンスキーを醸造責任者として起用

した．シャルルは，当時のシャトー・ジスクールのオーナー一族ではあったが，大抜擢であることに違いはなかった．シャルルはシャトーの大規模な改造を実行し，以来，100 年以上にわたってクルーズ家がシャトーの経営を続けてきた．

1975 年，クルーズ家と姻戚関係にあり，コニャックで成功を収めていたギー・テスロンがシャトーの新しい所有者となった．彼は，それより前の 1959 年から，北側のグリーンベルトを隔てたサンテステフ村のシャトー・ラフォン・ロシェも所有者していた．ギーはふたりの息子とともにこのふたつのシャトーのワイン造りに熱心に取り組み，その努力が実って事業は順調に上向いていく．

そして，あるとき大きな転機が訪れた．醸造家ミッシェル・ローランとの出会いだ．ローランのアドバイスを受けたシャトー・ポンテ・カネは，1994 年のヴィンテージから「輝きはじめた」と言われている．

現在は，ギーの長男のアルフレッドさんがこのポンテ・カネを継ぎ，その弟のミシェルさんがラフォン・ロシェの運営を行っている．

テロワールの特徴

ぶどうやワインを語る場合には，どうしても表現が常識とはずれてしまうが，ここも偉大なワインを生むのに適した貧しい土壌に恵まれている．つまり，砂利がごろごろしていて，いったい何が育つのかと思うような土壌だが，ぶどうを植えると，根が深いところを流れる水を求めてよく張り，その，ごろごろしている砂利も日差しを反射して果実をよく温めてくれ，まことに都合がよい．

ワイン造りの特徴

有名な醸造学者のエミール・ペイノーさんの指導を受けている．キュヴェ期間 15〜30 日．発酵期間 6〜10 日（18〜30℃）．マセラシオン期間 9〜20 日．

21 世紀の優良ヴィンテージ

（ポンテ・カネ）2003 年，2005 年．
（ラフォン・ロシェ）2003 年，2004 年，2005 年．

相性のいい料理・食品

鴨肉，仔羊肉の料理など．

ポンテ・カネのオーナー，アルフレッド・テスロンさん

きれいに磨かれた大樽の並ぶ地下酒庫

Château Rieussec
シャトー・リューセック

ソーテルヌのファルグの村の西端に位置し，このシャトーのさらに西側にはシャトー・ディケム，シャトー・ギローといったソーテルヌを代表するシャトーが並ぶ．ドメーヌ・バロン・ド・ロートシルトが経営するシャトーのひとつで，2001年の『ワイン・スペクテイター』誌の「今年の一本」に選ばれている．

シャトー・リューセック 2006

平均樹齢：25年
熟成期間：18～26か月（新樽50%）
年平均生産量：6000ケース（ただし，選別が厳しく，1993年のようにゼロの年もある）
AOC：ソーテルヌ
格付け：第1級

ファーストラベル

Château Rieussec
シャトー・リューセック

古くからソーテルヌを代表するワインのひとつ．畑が近いこともあり，「もっともイケムに近いワイン」とも言われている．甘味と酸味のバランスがとれ，花や果実を思わせる香りも豊か．それらがまた，やわらかく，繊細に口中にひろがり，後味は驚くほど長く持続する．

使用品種：セミヨン90～95%，ミュスカデルおよびソーヴィニョン・ブラン5～10%

セカンドラベル

Carmes de Rieussec
カルム・ド・リューセック

「カルム」は18世紀までこのシャトーを所有していたカルメル会の修道士たちを意味する．シャトー・リューセックと同じベースから，グラン・ヴァンの材料として選ばれなかったものを用いて造られている．柑橘系の香りが特徴．

使用品種：セミヨン80～90%，ミュスカデルおよびソーヴィニョン・ブラン20～10%
年平均生産量：6000ケース（ファーストラベルと同様に年によって変動する）
AOC：ソーテルヌ
格付け：なし

歴　史

「リューセック」という名前はこのシャトーと隣のシャトー・ディケムの間を流れる「リュイソー（Ruisseau）」という小川の名前から来たと言われている．

18世紀まではガロンヌ川沿いのランゴンの町のカルメル会の修道士たちが所有していたが，1789年にフランス革命のために国の財産として没収されて競売にかけられ，ソーテルヌより北のボルドーに近いレオニャンのシャトー・ラ・ルーヴィエールをもっていたマレヤックという紳士が購入した．

その後，1846年にメイユというオーナーに売却されるが，このときには，畑の一部がシャトー・ペイジョットというシャトーに分割されて売却された．そして，1855年のソーテルヌとバルザックの格付けでは，リューセックが1級，そのペイジョットが2級に格付けされたが，その後，ペイジョットというシャトーは消滅し，そちらへ移っていた畑も再びリューセックのものに戻っている．

ただ，リューセックのオーナーもその後何度も変転し，1984年にシャトー・ラフィット・ロートシルトをもっているドメーヌ・バロン・ド・ロートシルトが購入してようやく落ち着いた．

テロワールの特徴

ソーテルヌでもっとも規模の大きなシャトーで，シャトー全体の広さは130ヘクタールにもおよび，そのうち92ヘクタールがぶどう畑になっている．グラーヴ地方につながる砂利質の土壌が主体だが，そこに石灰岩が混ざっている．ソーテルヌのなかでも，イケムに次いで標高の高いところにあるのも特徴のひとつで，イケムと同様，川霧が発生しやすく，ぶどうにソーテルヌ独特のとろけるような甘みをもたらすボトリティス・シネレア菌（貴腐菌）がつきやすい気候に恵まれている．

ワイン造りの特徴

ぶどうの品種ごとの栽培比率は，セミヨン90％，ソーヴィニョン・ブラン7％，ミュスカデル3％．

ボトリティス・シネレア菌がついて糖分が凝縮されたぶどうだけを選んで収穫して醸造に用いるソーテルヌ独特の生産方式のため，ぶどうの収穫は9月から11月まで，2〜3か月もかけて行われる．

ワインの収量は1ヘクタール当たり22ヘクトリットルと，ソーテルヌとしては多めだが，ドメーヌ・バロン・ド・ロートシルトの所有になってから，同社のワイン造りのひとつの特徴である厳しい剪定で生産量は抑えられている．

圧搾は空気圧式．発酵は，樽で小分けにして行い，ワインを厳しく管理・選別し，最良のものだけをグラン・ヴァンにブレンドしている．

21世紀の優良ヴィンテージ

2001年，2003年．

相性のいい料理・食品

レモンのオムレツ・スフレ，スフレ・オ・マロン．

ドメーヌ・バロン・ド・ロートシルトが近代化したセラー

シャトー・リューセックの醸造担当者，フレデリック・マグニエスさん

Château Smith Haut Lafitte

シャトー・スミス・オー・ラフィット

レオニャンの町とガロンヌ川の間の，森に囲まれた一角にひろがるシャトー．かつてスキーのフランス代表選手としてジャン・クロード・キリーさんなどとともにオリンピックにも出たダニエル・カチアードさんが所有者のひとりに名をつらね，スパ，レストラン，ホテルなどの多角経営でも知られるシャトー．

シャトー・スミス・オー・ラフィット 2005

ファーストラベル

Château Smith Haut Lafitte
シャトー・スミス・オー・ラフィット

赤，白がある．赤は，タンニンがしっかりしていて，豊かで複雑な味わいがあり，それらの味わいがエレガントに調和した第1級のワインの酒質を備えていると同時に，グラーヴのテロワールがもたらす，燻製を思わせるスモーキーな味わいがあるのが特徴．白は，ソーヴィニョン・ブランを 90 パーセントも使っているところと，ソーヴィニョン・グリという品種を使っているところが特徴．ソーヴィニョン・グリは，糖度を高め，花の香りや果実香など，豊かなアロマを生み出す力があるため，1992 年から栽培しており，これによってワインのふくらみや豊かさが増している．

使用品種：（赤）カベルネ・ソーヴィニョン 55％，メルロー 34％，カベルネ・フラン 10％，プチ・ヴェルド 1％
（白）ソーヴィニョン・ブラン 90％，ソーヴィニョン・グリ 5％，セミヨン 5％

栽培密度：7500～1 万本 /ha

平均樹齢：38 年

熟成期間：（赤）18～20 か月（新樽 70％），（白）12 か月（新樽 50％）

年平均生産量：（赤）12 万本，（白）3 万 6000 本

AOC：ペサック・レオニャン

格付け：グラーヴ・クリュ・クラッセ

歴　史

ここで最初にぶどう栽培を始めたのはボスクという貴族の一族で，1365 年ごろのことだった．その畑が 18 世紀にはジョージ・スミスというスコットランド人の手に渡り，豪壮な屋敷を建て，できたワインを自分の船でイングランドに輸出した彼が現在のシャトーの名前をつけた．

その後，このシャトーはボルドーのデュベルジェ家のものになり，ボルドー市長を務め，1842 年に畑を相続してからぶどうの栽培にも熱心に取り組んだ同家のデュフル・デュベルジェがここのワインの名声を確固としたものにした．

20世紀に入ると，世界中にワインを販売していたネゴシアンのルイ・エシェナウアー社がここのワインの品質に目をつけ，1958年に購入してから，2000個以上の樽を収容できる地下セラーを建設するなど，大々的な投資を行った．

現在のオーナーの代表格のダニエル・カチアードさんが経営に加わったのは，1990年から．彼はヨーロッパでスーパーマーケット・チェーンを成功させた手腕を発揮してこのシャトーにさらなる一大革新をもたらし，最新の醸造設備を導入すると同時に，守るべき伝統的な醸造手法は守り，さまざまなアングルからこのシャトーのエレガントで華やかなイメージを造り上げてきた．

テロワールの特徴

蛇行するガロンヌ川から少し離れたレオニャンの小高い丘の上にひとかたまりになってひろがる67ヘクタールの畑はギュンツ氷期（約80万年前）やネブラスカ氷期（約200～100万年前）に堆積した砂利質（グラーヴ）の土壌に覆われている．この土壌には，すこぶる水はけがよいため，ぶどうの根が水を求めて，深いところでは6メートル以上にもわたって成長するというよさがあると同時に，地表にころがる砂利が日を照り返したり，日中にたくわえた熱を夜になって放散したりして，ぶどうの果実をみごとに熟させるという利点もある．

ワイン造りの特徴

収穫は，機械的な手段をいっさい排除して手摘みで行い，摘み取ったぶどうは人間工学的な観点から設計された台車の上に24個並べられた小さめのトレイに入れられる．この台車は，ヒマラヤのシェルパが使っているものをヒントに，ダニエル・カチアードさんが設計したもので，醸造所に到着したときに，ぶどうの果実をつぶさずに，果実の入ったトレイを空のトレイと交換できるようになっている．

醸造所に到着したぶどうは，そこでまず一度選別され，よく熟したきれいなぶどうだけがファーストラベルの醸造に使用される．その後，除梗を行い，出てきたぶどうはもう一度，異物が混入していないかどうかなどをチェックする．

白用のぶどうはそこで圧搾するが，なるべくテロワールの特徴を残すために，収穫した畑の区画ごとに分けてステンレスのタンクに入れる．発酵のさいには，まず温度を8℃まで下げ，その状態を24～48時間持続する．

赤用のぶどうは，フランス産オークの樽で浸漬したほうが効率的だとわかったために2000年からはステンレスのタンクを使わず，オーク樽で浸漬が行われている．果もろみの中に浮いてきた果皮を沈める作業は1日に3度行い，浸漬の期間が終わると，発酵果汁を地下セラーの樽に移している．

21世紀の優良ヴィンテージ

（赤）2000年，2002年，2005年．
（白）2005年，2007年．

相性のいい料理・食品

アキテーヌのキャビア，ポーヤックの仔羊の肉の料理．

ダニエル・カチアードさんご夫妻

古い酒蔵風のスミス・オー・ラフィットのレセプション・ルーム

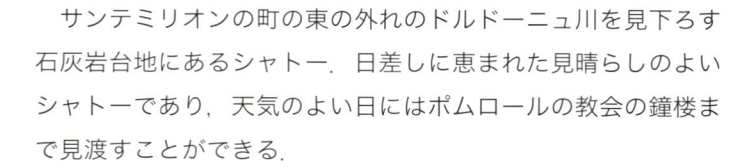

Château Trotte Vieille

シャトー・トロット・ヴィエイユ

　サンテミリオンの町の東の外れのドルドーニュ川を見下ろす石灰岩台地にあるシャトー．日差しに恵まれた見晴らしのよいシャトーであり，天気のよい日にはポムロールの教会の鐘楼まで見渡すことができる．

ファーストラベル

Château Trotte Vieille
シャトー・トロット・ヴィエイユ

　優雅さにひとつの特徴があるワイン．やや紫がかった深い色合いを呈し，クロスグリのような香りを始めとして豊かな果実風味のバランスがとれていて，ふくよかで，あと味が長く持続する．

使用品種：メルロー 53％，カベルネ・フラン 44％，カベルネ・ソーヴィニョン 3％（2005 年）
畑面積：10 ha
栽培密度：7500 本/ha
平均樹齢：約 50 年
熟成期間：18〜24 か月（新樽 90〜100％）

シャトー・トロット・ヴィエイユ 2003

年平均生産量：通常はセカンドラベルと合わせて 3 万 6000 本程度
AOC：サンテミリオン
格付け：第 1 特別級 B

セカンドラベル

La Vieille Dame de Trotte Vieille
ラ・ヴィエイユ・ダーム・ド・トロット・ヴィエイユ

　ファーストラベルと同様，ブラックベリー，ブラックチェリーなどの果実香がパワフルで豊かなフルボディのワイン．樽香やスモーキーな香りもついている．

AOC：サンテミリオン
格付け：なし

歴　史

　Trotte Vieille は「とことこ走るおばあさん」の意味．15 世紀のガスコン語（ボルドーを含むガロンヌ川以南のフランス南西部で話されていた言葉）で書かれた文献によると，ここにひとりのおばあさんが住んでいて，馬車が通るたびにとことこ走って道まで出てきては，御者に町の話を聞いていたという言い伝えがもとになっており，その真偽のほどは定かではないが，華やかさや美しさが売り物のボルドーのシャトーの名前として

は，かなりユニークな部類に入る．

このような文献の存在からもわかるように，古くからあったシャトーで，18世紀に建てられた建物は壁で囲まれている．

1949年になってネゴシアンのボリー・マヌー社のマルセル・ボリーが購入し，その娘婿のエミール・カステジャ，さらにその息子のフィリップ・カステジャへと受け継がれてきた．サンテミリオンの1級シャトーのなかでは唯一のネゴシアン所有のシャトー．

同社はメドックのポーヤックにもシャトー・バタイエとシャトー・ランシュ・ムーサを所有している．

テロワールの特徴

表面は厚さ35センチメートルほどにわたって粘土質の土壌に覆われているが，その下に，サンテミリオン独特の石灰岩の地層が分布しており，ぶどうの根は何メートルもの深さまで伸びることができる．栽培されているぶどうの木の平均樹齢は約50年だが，畑のなかにはフィロキセラ禍以前までさかのぼる区画も存在している．

ワイン造りの特徴

収穫は手摘み．平均収量は1ヘクタール当たり33ヘクトリットルだが，グラン・ヴァン用のぶどうの収量は剪定を厳しくするなどして29ヘクトリットルに制限している．

収穫したぶどうはコンクリート製の発酵槽に入れ，温度を管理しながら3〜4週間にわたって発酵させてから樽に移してマロラクティック発酵を行わせ，熟成させる．

このシャトー独特のテロワールを表現するためのワイン造りが試みられており，ボルドー第二大学のドゥニ・デュブルデュー先生も醸造顧問を務めている．

21世紀の優良ヴィンテージ

2003年，2004年，2005年．

相性のいい料理・食品

鶏肉などの白身の肉の料理．ゴーダ，ブリ，カマンベールのチーズ．

ぶどう畑とセラーの責任者のクリストフ・デュストゥールさん

1990年6月7日，フランスのミッテラン大統領が南アフリカのマンデラ大統領を招いた昼食会にトロット・ヴィエイユが出されたときのメニュー

第 4 章

Réflexions culturelles sur le vin

ワインにまつわる文化的考察

目次

郷愁の葡萄酒に寄せて　**今道友信** 236
葡萄酒坏雑考　**由水常雄** 238

郷愁の葡萄酒に寄せて

今道友信

　葡萄酒はよほど古い昔から作られていたらしい．歴史のいきさつは調べた人たちの記録を繙くだけでも，楽しい想像を湧きおこす．オラン・ウータンも果物を嚙み，酔う程の液を作りなすと言われている．椰子の実の殻に入れ時を待って飲み，地をたたいて踊るというのは真か．孝子高風のために舞う能の猩猩は唐土潯陽のほとりに棲むと伝えるが，南海彼のボルネオの秘象を，誰がどうやって伝えたのであろう．それは葡萄酒とは異質のどぎつい色の果実酒とでも呼ぶべきもので，衣装などつける筈もない素裸の猿の野性の叫びと躍動だ．そう思うとそれと同祖の，しかし枝を異にしたピテカントロプス・エレクトゥスやクロマニョン人たちが素裸で大地もゆらげと呪術騒ぎの酒ほがいに，いつしか葡萄の果汁が最もよいと言うことになって行ったのであろうか．古い宗教のほとんどに葡萄の飾りの彫刻があると聞く．ところで呪術より高い宗教の前提は，神との対話としての祈りであるが，そのためには神が人間に言語を与えなくてはならない．こう考えると，神の人間への最も古くて最も貴重な賜りものは，見える葡萄と見えない言語（ロゴス）だということになる．そうなると人間としては，神への祈りとしての典礼のために，葡萄から最高の産物として葡萄酒を醸成し，ロゴスから最高の産物として神のはからいをのべる叙事詩を朗詠することが，太古の人間の務めとなった．このようにして葡萄酒とホメーロス（Homéros ── 日本でホーマーと呼ばれる盲目の大詩人）とは並存する最古の知的な文化的所産ということになった．アキレウスのような半神（父か母が神である出自の人）も神々も立ち交って戦っていたイーリオンの城をめぐる長期戦の時も，敵味方ともにクラテールを備えて葡萄酒を味わっていた．クラテールとは何か．それは宴の席で快く飲む際に葡萄酒を水で薄めて味わうための大きな陶製の器で両の腕に抱きこむような大型のものが多く，そのほかに両手で一人でもてるアムフォーラというやはり陶製のやや小型の器もあって，いずれも古いものは赤地に黒絵で人物像が描かれていた．何の故にこれほども葡萄酒を水で薄める道具が必要だったのか．

　それは遠く遠く遙かな太古の時代，半神が神々と立ち交って遊びあるいは争っていたころ，そのころの葡萄酒は余程にもきつかったのか，強かったのか，普通は水で割って飲んでいた．ホメーロスが伝える遠い太古の物語によると，あの半神の英雄アキレウスが葡萄酒を生のままで飲んだのは，死を恐れてか，士気を鼓舞するためか，戦場に赴く直前の際だけであった．

　これによってこれを見るに明らかなことは，葡萄酒を水とともに飲むことは平和で友である，という徴なのである．それゆえ，日本や中国のことはいざ知らず，少くもイタリア，フランス，スペインで葡萄酒をたしなむときは，水を混ぜることはありえないが，傍らに必ず，エヴィアンか泡立のミネラル・ウォーターか，さなくても水道の水を湛えたガラス・コップを置いておく．それは「私はこの室の誰にも敵意をもってはいない」，また何人かと共に飲むとき，「われわれは相互に友である」との，無言の意思表示なのである．それは古典ホメーロスの『イーリアース』に拠る葡萄酒のエチケットなのである．ビールの王国ドイツではそれを見ることはできない．晩年のゲーテが好んだ白ワインを作っているフランケンのヴュルツブルグを除いては．

　人間同士の礼節よりも更に大事なのは神へのそれとしての典礼である．神の子イエス・キリストは人類をその罪から救う大業のための十字架上での死が近づいた時，弟子たちと最後の晩餐をともにしたが，その際，種なしパンをおのが肉に，赤葡萄酒をおのが血に見立て，神の子の権能で，この席でこれを食し，これを飲む者は，われと合体して神のもとに行くのであるから，これを記念としてミサ聖祭をこの聖変化を中心として行うようにと教会行事の中心を据えた．そこに葡萄酒のあることを忘れてはならない．

　これは見方によるとキリストの想像力の見事な飛躍である．それは詩の美しい魅力を呼ぶ力が葡萄酒には潜んでいるのだ，とも言えよう．そういうことになれば，李白の襄陽歌にある二行

　遙看漢水鴨頭緑
　恰似葡萄初醱醅
　（遠くに鴨の頭のように青緑の漢江の流れを眺めるとあたかもようやく醱醅を始めたばかりの葡萄液に似ている）

もその力が喚起したものであろう．美しい葡萄酒の詩には盛唐初期で李白に二，三十年先立つ王翰の名詩「涼州詞」がある．

葡萄美酒夜光杯	葡萄の美酒をガラスの杯に入れ
欲飲琵琶馬上催	飲もうとしたら琵琶が馬上で鳴る
醉臥沙場君莫笑	酔うて戦場で倒れてもばかにするな
古来征戦幾人回	古来，出征して何人が帰って来たか

このような詩になると，昔旧制高校時代に私が在学した第一高等学校の寮歌に奢侈の徒を事として治安の夢にふける榮華の巷を象徴するものとして「ああ玉杯に花受けて，緑酒に月の影宿し」という詩句があったが，それなどは白葡萄酒を宝石の杯に入れて飲む贅沢のことであろうか．

葡萄の美酒はアナクレオンの詩の中では，「ホタン，ピーノー，トン，オイノン，ヘウドゥスィン，ハイ，メリムナイ」と日本語でも調子よく読めるギリシアの古詩があって，それを訳せば，「葡萄の美酒を飲むときは，憂の数も消えてゆく」ということである．

九州大学の名学部長であった目加田誠先生喜寿の賀に贈った私の短歌に「飲むときは無将大車や玉ははき醒めての後はいかにしたまう」というのがあるが，酒は葡萄酒に限らず，憂いを掃うものとされる．それは忘却の水なのであろうか．断じてそうではない．少くとも古典ギリシアではシュムポジオン（symposion――共に飲む宴）とは，つまりシンポジウムとは哲学を語り合う集いのことであった．プラトンの「饗宴」と訳された原著の題は「symposion」であって，一人一人が横になる寝椅子を与えられ，葡萄酒や食物の置かれている卓を囲んで語り合うのであるが，中には酔いつぶれる者もいるが，その宴の果て，ソクラテスの毅然とした祈の立ち姿が見事に書かれており，この書物では葡萄酒はソクラテスの尊い思索の喚起力となっている．

酒を詠みましては天下一品の歌人志賀白風の作に，「満月を求めて仰ぐ大空に映る琵琶湖は天のさざなみ」という絶唱がある．この歌などは日本酒の歌かも知れないが，冴え渡る満月を硬質のギヤマンの杯に映してみれば青み渡る葡萄の美酒であってもよく，それに映じた月の色から琵琶の湖のきらめきを思えば，王翰の聞いた琵琶の音も想像できて，仰ぎみる天のさざなみという下の句の遠い淵源をここにみることもできようか．

思えば今を去ること，もう幾年になろうか，フランスの専門家たちも驚歎したワイン・ケラーを高圓宮御健在の折，塚本御夫妻がわれわれ夫婦も宮様の御相手にとお呼び下さって見せて下さったが，さまざまの名品の並ぶ中，その夜の宴には1918年の古酒をふるまって下さった．楽しくゆたかな思い出の夜であった．今，私は重篤の癌を病み，抗癌剤の治療を受けて入退院を反復する身の上となり，酒はあまり強くはなかったが，葡萄酒の高貴な香りと味とをこよなく愛したというのに禁酒の身の上となってしまった．郷愁の葡萄酒に寄せて悲しいノスタルジーを書くほかはない．私には書き残しておきたい思索の山があり，今も死力をつくして夜昼の別なく書きついでいる．この気力で恢るのではないかと念じつつ，今のおもいをしたためて，塚本御夫妻の編みなさる書物の末席につらなる光栄を喜ぶものである．さらば，なつかしき郷愁の果てに立つ葡萄酒よ，また逢い，味わう日まで，ごきげんよう！

今道友信氏のポートレート
これは『夜と霧』の著者である心理学者のヴィクトル・フランクルが描いたもの．ウィーンのホテル・レギーナで，フランスの哲学者ポール・リクールと今道氏が仲良く論戦していたとき，横にいたフランクルがレストランのメニューの裏に，習い覚えたカタカナとドイツ語の署名文を添えて描いた．またその横にはウィーンの高名な哲学者レオ・ガブリエルもいた．

著者紹介
今道友信　1922年生まれ
東京大学名誉教授
Imamichi Tomonobu International Institute of Philosophy―Ecoethica (Kopenhagen in Denmark)　終身理事長

主要著書
『同一性の自己塑性』（東京大学出版会，1971年）
『美の位相と芸術』（東京大学出版会，1971年）
『エコエティカ』（講談社学術文庫，1990年）
『知の光を求めて』（中央公論新社，2000年）
『ダンテ神曲講義』（みすず書房，2002年）
『In Search of Wisdom』（LTCB International Library，2004年）
『美の存立と生成』（ピナケス学術叢書，2006年）
『超越への指標』（ピナケス学術叢書，2008年）
『中世の哲学』（岩波書店，2010年）

葡萄酒坏雑考

由水常雄

日本では，いつ頃から葡萄酒が作られるようになったのであろうか．その源流を確認することは容易なことではない．飲んでしまうと跡かたも残さない酒の歴史は，それを作った道具や容器，酒器・酒坏などの現存遺物を調査するか，記録のある時代であれば，その記録に頼るしかない．

日本も含めて，東洋における最も頼りになる古記録といえば，中国の「二十五史」を措いて他にないであろう．

中国の国始めから始まる最初の史書である『史記』を調べてみると，中国に関係するワイン造りに関する最古の記録が収録されていた．

「大宛の人たちは、葡萄で酒を為る。富人は酒を蔵して万余石に至る。久ものは、十歳を経たものもあるが、（その酒は）（腐）敗しない。人びとは、その酒を耆んで飲んでいる。」（『史記』、巻123、大宛、列伝第62）

大宛とは，中央アジアのフェルガーナ地方にあった，古来中国とは密接な関係のあった国である．そこでは，葡萄酒が日常的に作られており，みんながそれを耆んで飲んでいるという記述である．

『史記』に続く『漢書』には、「張騫が西域に派遣された時に、大宛から苜蓿と葡萄を持ち帰った」と記述されている．苜蓿とは，別名「うまごやし」ともいい，その実は扁円形で，その中に米のような粒があり，ご飯に作ることもできるし，醸造して酒に作ることもできるという．『本草綱目』（明，萬暦6年(1571)）を書いた李時珍は，張騫の持ち帰った葡萄の種を漢武帝の宮廷内の庭園に植えたのが，中国の葡萄栽培の始りとなったと記している（33巻果部）．

そして，この後，中国では葡萄の栽培や葡萄酒造りが一般化してゆく．図1は，原田淑人博士が，昭和5年9月20日に外務省文化事業部で講演された「考古学上より見たる東西文化の関係」の時に使われた写真資料の「支那南北朝時代石刻」図（5世紀）（後に『東亜古文化研究』に収録，昭和15年，座右宝刊行会刊）である．

葡萄棚の下で，西域人と想われる武将とその家来たちの酒宴の場面が描かれていて，葡萄果実や葡萄酒が一般化していた状況が，よく示されている．この図の中で，武将が持っているのが，角坏（リュトン）で，中国では兕觥と呼ばれていたものである．西アジアのアカイメネス王朝時代（BC550～BC331）以来盛んに作られた酒坏で，金，銀製から銅製，陶製のものまであり，また，坏を飾る動物頭部にも，獅子から始って，雄牛，鹿，羊，馬，鷲や，架空の動物などもある．そして，こうしたリュトンは中国にも伝えられていて，その出土例も数多く，画像に描かれたものも，多く残されている．葡萄酒を飲む宴会の花形となった中心的な飲酒器で，後にギリシアを通じてヨーロ

図1 支那南北朝時代刻石宴会図部分

図2 獣首形瑪瑙リュトン　西安何家村出土・唐代．ビザンチン時代7～8世紀．高6.5cm，長15.6cm（陝西省博物館蔵）．

ッパ世界にも拡がっていった（図2）（ギリシア名＝コルヌコピア，豊穣の角坏）．

この「葡萄棚下の酒宴図」が作られた南北朝時代と同時代の西アジアは，ササン王朝の隆盛時代で，ササン文化の黄金時代であった．現在の地中海東岸地方から，東はアフガニスタンやインド北部に至るまでの広大な範囲をもつ大帝国を形成していた．そして，このササン王朝こそが，葡萄酒の名産地であったのだった．したがって，多くの葡萄酒用の酒器や酒坏が創り出され，ユーラシア一帯に送り出されていた．その代表的な例が白瑠璃碗（カット・ガラス碗）であった（図3, 4）．ユーラシア大陸の各地で出土したり，伝世したりして残されて実存している白瑠璃碗の数量は，約2000個に達するほどである．この碗は，もともとワイン・グラスとして作られたもので，この白瑠璃碗を持った酒宴図の数々が残されている（図5〜7）．ササン朝の王室工房（王都クテシフォンの南方約50キロ地点にあるキッシュ遺跡から，その工房跡が発見されている）で紀元3世紀から6世紀にかけての約400年間に製造されて，輸出されたと想定される白瑠璃碗などのワイン・グラスの量は，おそらく数十万個にも達していたであろうと推定される．安閑天皇陵か

(a) 白瑠璃碗　3〜6世紀．ペルシア．高 8.5 cm（正倉院蔵）．

(b) 白瑠璃碗の復元品（復元品はすべて筆者製作）．

図3　白瑠璃碗

図4　白瑠璃碗　安閑天皇陵出土．4〜6世紀（東京国立博物館蔵）．高 8.6 cm．

螺鈿鏡　河南・洛陽潤河西唐墓出土

左：切子装飾付瑠璃碗をかたむける高士，右：切子装飾付瑠璃碗を高士に捧げる胡貌の童子

図5　螺鈿背高士酒宴図

240　ワインにまつわる文化的考察　Réflexions culturelles sur le vin

ら出土した白瑠璃碗や正倉院宝物として伝えられている白瑠璃碗の他に，京都の上賀茂神社（図8，9）や福岡県の沖ノ島祭祀遺跡から出土した例（図10，11）など，わが国に伝えられて現存しているものだけでも4点にのぼるのである．おそらく，これらの白瑠璃碗が伝来してきた時には，ペルシア産の葡萄酒

図6　酒宴図　パルミーラ出土．3世紀．夫妻宴会図．白瑠璃碗を持つ．

図7　葬祭宴　3世紀．パルミーラ出土．石灰岩．高110cm．幅205cm（ダマスクス博物館蔵）．

図8　凸出凹刻円文カット碗断片　上賀茂神社境内北側土塀跡出土．4～5世紀．ペルシア．6.0×4.2cm．

図9　円文カット碗　ササン朝ペルシア．4～6世紀．イラン出土．（上賀茂神社出土のササン・カット・グラス碗断片と同種の完器）．

図10　凸出円文碗断片　福岡県沖ノ島祭祀遺跡出土．6世紀．作品4～5世紀．ペルシア．長2.8cm（宗像神社）．

図11　凸出円文カット碗　寧夏回族自治区固原県南郊．季賢墓出土．（北周．天和4年＝569年卒）．4～5世紀．ササン朝ペルシア．高8.0cm（沖ノ島祭祀遺跡出土の断片と同種の完器）．

も伝来していたであろう．ちなみに，中国語や日本語で使われている葡萄は，ペルシア語の Buda（現代イラン語 Bāda＝葡萄）に由来している名称であった．

その後，唐代に入ると，葡萄酒の大流行時代を迎える．唐の詩人王翰の詩「涼州詞」は，その状況をみごとに描出している．

　葡萄の美酒　夜光坏
　飲まんと欲すれば　琵琶　馬上に催す
　酔いて　沙場に臥すも　君笑う莫かれ
　古来　戦に征きて　幾人か回らん

この夜光坏とは白瑠璃碗のことである．
また，酔人詩人の李白も，詠う．

　五陵の年少　金市の東
　銀鞍白馬　春風を度る
　落花踏み尽して何処にか遊ぶ
　笑って入る　胡姫酒肆の中

碧眼，雙目の瞳，金髪白肌の胡姫たちが，長安の都で酔客を誘い，葡萄酒の金樽で，桃源境に導く．

政治制度や社会的行事など，あらゆるものが唐の都をモデルにして造られた平城京は，積極的に唐の文化や慣習なども輸入していた．そして，宴席の酒はもちろん葡萄酒でなければならなかっただろう．

平城京の発掘調査によって，葡萄の木の枝が出土したことを調査団の一員から聴いたのは，もうだいぶ以前のことであったが，何故かその出土はその後あまり問題にされたことがなかった．東大寺や正倉院宝庫には，銀製やガラス製の美しいワイン・グラス（図12，13）が伝えられていることからも，奈良時代とりわけ天平年間には，葡萄酒も輸入されたり，場合によっては，作られたりもしていたのではなかろうか．

昭和58年に楽游書房から，刊行された西東秋男著『日本食生活史年表』には，

　養老2年（718）
　行基（668-749），中国伝来の葡萄の種子を携えて東下し，
　勝沼に播種したといわれる。

と記している．その出典は明記されていないが，行基はわが国に千字文を将来した王仁の末裔であり，東大寺の大仏建立に尽力した大僧正であったから，中国からの文物の将来には無関係ではなかったであろうが，その事実については確認する手だて

図12　紺瑠璃坏　7世紀．ペルシア．高11.2cm（正倉院蔵）．

図13　狩猟文銀坏　唐．8世紀（陝西省博物館蔵）．

はない．

しかし，この行基の甲州勝沼での中国伝来の葡萄の播種につながるものであったかどうかは不明であるが，鎌倉時代に，甲府にほど近い上岩崎の地で，その土地の雨宮勘解由なる人物によって，文治2年（1186）に葡萄の木が発見され，後に雨宮はそれを栽培して結実させた立派な葡萄を，新しく鎌倉幕府の将軍となった源頼朝に献上（建久8年）した，という古記録が，フランス人のJ．ドートルメール（J. Dautremer 'Stuation de la vigne dans l'empire du Japan' "Transactions Asialic Society of Japan" Vol.XIV, 1886, pp.176-185）と元津和野藩役人で，後に元老院議員や枢密院議員となった子爵福羽美静（1831-1907）によって刊行された『果樹園芸論』（1892年私家版）に発表されている．

そして福羽美静はさらに，雨宮家の別の古文書の中に，雨宮家から武田晴信（信玄）に贈ったみごとな葡萄に対して，信玄から下賜された刀剣に付けられていた記録も発見した．その古文書に天文18年（1549）の年記が記入されていたことを確認している．しかし，そこには葡萄酒に関する記録は確認されていない．

ところで，雨宮勘解由は，なぜ将軍源頼朝に甲州の葡萄を献上したのであろうか．頼朝が，源平戦争に勝利した後に，直ちに実行した大事業は，平重衡によって焼打ちにあって炎上した大仏殿の再興であった．大仏殿は崩け落ちてしまい，大仏は熔解して首が落ちてしまっていた．その復興のために頼朝は全面的な支援を行うとともに，荒廃していた正倉院宝庫の修理や宝物の点検や補修にも力を貸した．一方では，後白河法皇も，東大寺に宝蔵していたあらゆる種類の宝器や宝物の中から，主要なものを正倉院に移納させることをすすめていた．その結果，建久4年（1193）に正倉院を開封して，調査した宝物目録『東大寺勅封蔵開検目録』には，それまでの正倉院開検目録には全く記録されたことのなかった多くのガラス器が，初めて登場し，その数量が24個も記録されているのである．2個のイスラム世界で作られたデカンター（9世紀）（図14），ササン朝ペルシアの王室工房で作られた7世紀の美しい紺瑠璃坏（図12）も，初めてこの目録に登場したのであった．いずれも，ワイン用の酒器であり，一目見るだけでも忘れ難い印象を焼き付けられる美しい最高級のワイン・グラスと，デカンターである．

これらのワイン用酒器の新しい出現が，当時の話題になって，その噂が日本中に拡がっていたのであろうか．雨宮勘解由による頼朝への甲州葡萄の献上は，そうした当時の背景の中で行われた出来事であったのではなかっただろうか．

それにしても，ササン朝ペルシアの王室工房で，7世紀に造られたこの紺瑠璃坏は，最も難しい装飾技法によって造られていることから，他に類型品も極めて稀少で，現存しているものは，世界に2点しか存在していない．その2点もアジアに到来していて，1点は玄宗皇帝のもとに（図15），もう1点は新羅王のもとに（図16）送られてきていた．おそらくは，ササン王朝の王から，アジアの王たちに送られた3点の環文装飾坏であったのであろう．

しかし，玄宗皇帝の白色瑠璃環文鉢にも，新羅王の紺瑠璃環文坏にも，銀製の台脚はなく，西域の窟院寺院の壁画などに描かれた環文坏などにも台脚が付けられていないことから，もと

図15　玄宗皇帝遺宝　高9.7cm．7世紀．西安何家村出土．

図14　白瑠璃水瓶（正倉院）　高27.2cm．胴径14.0cm．9世紀．ペルシア．

図16　緑瑠璃舎利坏　韓国，漆谷郡松林寺，磚塔出土．

図17 明治年間になってから，塵芥中より発見された紺瑠璃坏の台脚受座金具

図18 紺瑠璃坏用銀台脚復元品（由水常雄作）

図19 正倉院ガラス器　紺瑠璃坏．高12.0 cm（由水常雄復元作品）．（原作品はササン朝ペルシア王室工房製作．7世紀．銀脚：日本または中国製）．

もとこれらの特殊な環文装飾坏には銀製台脚は付けられていなかったことが伺える．

正倉院の紺瑠璃坏は，おそらく，日本に到着後に，新たに銀製台脚が制作されて取り付けられ，ワイン・グラスとして完成されたと推測される．これを創り出す背景には，葡萄酒坏としての明確なイメージがあったと推測されるのだが，それは筆者の想い込みが過ぎるであろうか．

ちなみに，この銀製台脚に彫り込まれた忍冬唐草文様の意匠は（図17），7世紀の日本で流行した明確な様式を示していて，その類型品は，飛鳥時代の巴瓦の文様や金工，染色文様などにも使われていた飛鳥時代の流行の意匠であった．そして，この金具をガラス坏に接着するための糊としては，大豆糊が使用されていたことも，これが日本製台脚であったことを補証していると思われる（由水常雄復元の銀製台脚と紺瑠璃坏の復作品）（図18，19）．

このようにして完成された銀製台脚付の紺瑠璃坏は，それを見た人の心に鮮烈な印象を与える美しい魅惑の坏といっていいであろう．おそらくは，最初は天皇家に，そしてその後は東大寺の寺主などに承け継がれてきたものであっただろう．文治元年（1185）の大仏再興の開眼会に際して，東大寺寺主より初めて大仏に奉献されて，衆目の注視するものとなったのであろう．

甲府の雨宮勘解由も，その話を聞いて，自ら育てた甲州葡萄の選りすぐりの葡萄を源頼朝に贈ったものと想われる．まさに，正倉院の紺瑠璃坏こそ，ワイン文化を象徴する至高のワイン・グラスである，と讃えることができるであろう．

著者紹介

由水常雄（よしみずつねお）　1936年，徳島県に生まれる
早稲田大学大学院博士課程修了（美術史）
1968年より1970年まで，チェコ（旧チェコスロバキア）政府招聘留学生としてプラハのカレル大学大学院に学ぶ
ガラス工芸史，東西美術交渉史専攻．多摩美大，早大，岩手大，日本女子大などいろいろな大学で教鞭をとる
1981年，ガラス作家養成校・東京ガラス工芸研究所，能登島ガラス工房などを開設
現職：国立台湾芸術大学客員教授，箱根ガラスの森美術館顧問

主要著書

『図説西洋陶磁史』（ブレーン出版，1977年）
『アール・ヌーヴォーのガラス』（淡交社，1983年）
『ガラスの道』（中公文庫，1988年）
『トンボ玉』（平凡社，1989年）
『世界ガラス美術全集』（求龍堂，1992年）
『ローマ文化王国・新羅』（新潮社，2001年）
韓国語版『ローマ文化王国―新羅』（ソウル，シアトル出版社，2002年）
中国語版『鏡子的魔術』『香水瓶』（ともに上海書店出版社，2004年）
『天皇のものさし』（麗澤大学出版会，2006年）
『正倉院の謎』（決定版・魁星出版，2007年）
『正倉院ガラスは何を語るか』（中公新書，2009年）

付　録

シャトー・オーナーお勧めのチーズ

　ここでは，アンケート形式でこちらから提示したチーズのなかから，ボルドーの 14 のシャトーが自分たちのワインに合うものとして勧めてくださったものを，シャトーごとに紹介しておこう．

こちらから提示したチーズ

青カビタイプ		
●ブルー・ド・ラカイユ	●フルム・ダンベール・アフィネ・オ・ヴァン・モワルー（ロドルフ・ル・ムニエ熟成）	●モンブリアック
●ロックフォール・カルル		

白カビタイプ		
●ブリ・ド・モー	●ブリ・ド・ムラン（ロワゾー熟成）	●シャウルス・フェルミエ

白カビタイプ（続き）		
●クロミエ・レ・クリュ	●ガプロン	

ハード・セミハードタイプ		
●ボーフォール・ダルパージュ	●コンテ・ド・モンターニュ	●ミモレット・エクストラ・ヴィエイユ
●サン・ネクテール・レティエ	●サン・ネクテール・フェルミエ・ブリュエルセレクション	

ウォッシュタイプ		
●クレミエ・ド・ショーム	●モン・ドール	●ポン・レヴェック・レ・クリュ

シャトー・オーナーお勧めのチーズ

ブルビタイプ		
●アベイ・ド・ベロック	●オッソー・イラティ	

シェーヴルタイプ		
●カベクー・フォイユ	●クロタン・ド・シャヴィニョル・ドゥミ・セック	●サント・モール・ド・トゥーレーヌ（ロドルフ・ル・ムニエ熟成）

（写真提供：フェルミエ）

フェルミエ愛宕本店
電話：03-5776-7720

14 シャトーの回答

シャトー・カノン・ラ・ガフリエール
Château Canon La Gafeliére

白カビタイプ	ハード・セミハードタイプ	ブルビタイプ
●ブリ・ド・モー ●ブリ・ド・ムラン ●クロミエ・レ・クリュ	●ボーフォール・ダルパージュ ●コンテ・ド・モンターニュ ●ミモレット・エクストラ・ヴィエイユ ●サン・ネクテール・レティエ ●サン・ネクテール・フェルミエ・ブリュエルセレクション	●アベイ・ド・ベロック ●オッソー・イラティ

シャトー・コス・デストゥールネル
Château Cos d'Estournel

白カビタイプ	ハード・セミハードタイプ
●ブリ・ド・モー	●コンテ・ド・モンターニュ ●ミモレット・エクストラ・ヴィエイユ ●サン・ネクテール・レティエ

シャトー・ド・ファルグ
Château de Fargues

青カビタイプ
●ブルー・ド・ラカイユ ●フルム・ダンベール・アフィネ・オ・ヴァン・モワルー(ロドルフ・ル・ムニエ熟成) ●モンブリアック ●ロックフォール・カルル

シャトー・ディケム
Château d'Yquem

青カビタイプ	ハード・セミハードタイプ
●フルム・ダンベール・アフィネ・オ・ヴァン・モワルー(ロドルフ・ル・ムニエ熟成) ●モンブリアック ●ロックフォール・カルル	●コンテ・ド・モンターニュ

シャトー・ガザン
Château Gazin

青カビタイプ	ハード・セミハードタイプ
●フルム・ダンベール・アフィネ・オ・ヴァン・モワルー(ロドルフ・ル・ムニエ熟成)	●コンテ・ド・モンターニュ ●サン・ネクテール・レティエ

シャトー・オーバイイ
Château Haut-Bailly

白カビタイプ	ハード・セミハードタイプ	ブルビタイプ
●ブリ・ド・ムラン(ロワゾー熟成)	●コンテ・ド・モンターニュ ●ミモレット・エクストラ・ヴィエイユ ●サン・ネクテール・フェルミエ・ブリュエルセレクション	●オッソー・イラティ

シャトー・キルヴァン
Château Kirwan

ハード・セミハードタイプ
●サン・ネクテール・フェルミエ・ブリュエルセレクション

シャトー・ラ・コンセイヤント
Château La Conseillante

ハード・セミハードタイプ	ブルビタイプ
●コンテ・ド・モンターニュ ●ミモレット・エクストラ・ヴィエイユ	●オッソー・イラティ

シャトー・ラトゥール
Château Latour

ハード・セミハードタイプ	ブルビタイプ
●ボーフォール・ダルパージュ ●コンテ・ド・モンターニュ ●サン・ネクテール・レティエ	●オッソー・イラティ

シャトー・ラ・トゥール・ブランシュ
Chateau La Tour Blanche

青カビタイプ	ハード・セミハードタイプ
●ブルー・ド・ラカイユ ●フルム・ダンベール・アフィネ・オ・ヴァン・モワルー（ロドルフ・ル・ムニエ熟成） ●モンブリアック ●ロックフォール・カルル	●ボーフォール・ダルパージュ ●コンテ・ド・モンターニュ ●ミモレット・エクストラ・ヴィエイユ

シャトー・レオヴィル・バルトン
Château Léoville Barton

白カビタイプ	ハード・セミハードタイプ	ウォッシュタイプ
●ブリ ●クロミエ・レ・クリュ	●ボーフォール・ダルパージュ ●サン・ネクテール・レティエ	●ポン・レヴェック・レ・クリュ

シャトー・マルゴー
Château Margaux

白カビタイプ	ハード・セミハードタイプ	ウォッシュタイプ
●ブリ・ド・モー ●ブリ・ド・ムラン（ロワゾー熟成） ●シャウルス・フェルミエ ●クロミエ・レ・クリュ ●ガプロン	●ボーフォール・ダルパージュ ●コンテ・ド・モンターニュ ●サン・ネクテール・レティエ ●サン・ネクテール・フェルミエ・ブリュエルセレクション	●モン・ドール ●ポン・レヴェック・レ・クリュ
ブルビタイプ	シェーヴルタイプ	
●アベイ・ド・ベロック ●オッソー・イラティ	●クロタン・ド・シャヴィニョル・ドゥミ・セック ●サント・モール・ド・トゥーレーヌ（ロドルフ・ル・ムニエ熟成）	

シャトー・トロット・ヴィエイユ
Château Trotte Vieille

青カビタイプ	白カビタイプ	ハード・セミハードタイプ
●ロックフォール・カルル	●ブリ・ド・モー	●ミモレット・エクストラ・ヴィエイユ
ウォッシュタイプ	ブルビタイプ	シェーヴルタイプ
●クレミエ・ド・ショーム	●オッソー・イラティ	●カベクー・フォイユ

ヴィユー・シャトー・セルタン
Vieux Château Certan

白カビタイプ	ハード・セミハードタイプ	ウォッシュタイプ
●ブリ・ド・モー	●サン・ネクテール・レティエ	●ポン・レヴェック・レ・クリュ
ブルビタイプ	シェーヴルタイプ	
●アベイ・ド・ベロック	●クロタン・ド・シャヴィニョル・ドゥミ・セック	

あとがき

　ワイン造りにたとえると，いよいよ瓶詰めの段階に入ってきただろうか．この本を造る作業にも，ずいぶん長い月日を費やしてきたものだが，その作業も，ここまで来ればもう大詰めだろう．

　2年前のことか，本書の原稿を書きだしてからしばらくたったころ，ボルドー・ワインの本なのだから，せっかくだから本書のなかにご登場いただいているシャトー・オーナーのみなさんにもコメントをいただけないものかと思い立ち，体調を崩していた私に代わってボルドー・ワインアカデミーの総会に出かける家内に，オーナーたちへのその旨の依頼を託した．

　帰ってきた家内から報告を受けて驚いた．こちらは，短いコメントでもいただければと思っていただけなのに，アカデミーに属しているシャトー・オーナーのみなさんがこぞって「ツカモトの本なら」とおっしゃり，応援してくださることになった，と家内は興奮した面持ちで話している．それから多くの資料を送っていただいた．第3章のシャトー紹介に類書にはないものがあるとすれば，それはすべて心温かいボルドーのシャトー・オーナーのみなさんのおかげだ．

　なお，本書をまとめるに当たっては，そうしたシャトー・オーナーのみなさん以外にも大勢のかたがたにお力添えをいただいた．望外にも，巻末に目にも胸にも染み入る玉稿を寄せてくださった今道友信先生と由水常雄先生を始め，豊かな知識をもとに一部の原稿に目を通してくださった赤坂山王クリニックの院長にしてレコール・デュ・ヴァンの創立者であり，ラジオのパーソナリティも務めておられるドクター・ソムリエの梅田悦生先生，フランス語の資料を読み解くのを手伝ってくださったジェニファー・ジュリアンさん，原稿の整理を担当してくださった大西央士さん，最後にこの本の装幀，扉デッサンならびにレイアウトについてご尽力くださったデザイナーの太田はるのさん，それにもちろん，朝倉書店編集部の方々にも，遅々として進まぬこちらの作業に辛抱強くおつきあいをいただいた．ここで，みなさんに心よりお礼を申し上げておきたい．

　そして，あとひとり，謝意を伝えておきたい人がいる．2006年11月に長く国際ワイン・コンクールの審査員を務めてきたスロベニアで，当時のヤネス・ドゥルノウシェク大統領から功労勲章をいただいたときにも，お礼のあいさつの最後をその人への謝辞で締めくくらせていただいた．家内，塚本レイ子だ．彼女の応援と奮闘がなければ，本書も決してかたちを成すことはなかった．私の人生をつねに陰で支えてくれた彼女には，ここでとくに謝意を伝えておきたい．どうもありがとう．

2010年6月

塚本俊彦

著者略歴

塚本俊彦
(つかもと としひこ)

- 1931 年　旧オランダ領東インドに生まれる
- 1955 年　青山学院大学経済学部修士課程修了
- 1957 年　甲州園（現株式会社ルミエール）入社，ワイン造りを始める
- 1967 年　第 2 回 EC モンドセレクション国際ワイン・コンクールで赤，白ともに金賞受賞
　　　　　以後 35 年にわたって国際ワイン・コンクールで連続入賞
- 1976 年　社主就任
- 1983 年　国際ワイン・コンクールの審査員に就任
- 1998 年　東洋人として初めてボルドー・ワインアカデミーの客員会員となる
- 1999 年　フランス政府よりフランス共和国国家功労勲章シュバリエ農事功労勲章叙勲
- 2006 年　スロベニア政府より功労勲章叙勲
- 現　在　株式会社ルミエール会長

訳書：『ザ・ワイン』（日本科学技術供与，1986 年）
著書：『ワインの愉しみ』（NTT 出版，2003 年）

ボルドー・魅惑のワイン　　　定価はカバーに表示

2010 年 8 月 20 日　初版第 1 刷

著　者　塚　本　俊　彦
発行者　朝　倉　邦　造
発行所　株式会社　朝　倉　書　店

東京都新宿区新小川町 6-29
郵便番号　162-8707
電　話　03(3260)0141
Ｆ Ａ Ｘ　03(3260)0180
http://www.asakura.co.jp

〈検印省略〉

© 2010 〈無断複写・転載を禁ず〉　　　中央印刷・牧製本

ISBN 978-4-254-10236-9　C 3040　　　Printed in Japan

食品総合研究所編 **食 品 大 百 科 事 典** 43078-3 C3561　　B5判 1080頁 本体42000円	食品素材から食文化まで，食品にかかわる知識を総合的に集大成し解説。〔内容〕食品素材(農産物，畜産物，林産物，水産物他)／一般成分(糖質，タンパク質，核酸，脂質，ビタミン，ミネラル他)／加工食品(麺類，パン類，酒類他)／分析，評価(非破壊評価，官能評価他)／生理機能(整腸機能，抗アレルギー機能他)／食品衛生(経口伝染病他)／食品保全技術(食品添加物他)／流通技術／バイオテクノロジー／加工・調理(濃縮，抽出他)／食生活(歴史，地域差他)／規格(国内制度，国際規格)
食品総合研究所編 **食 品 技 術 総 合 事 典** 43098-1 C3561　　B5判 616頁 本体23000円	生活習慣病，食品の安全性，食料自給率など山積する食に関する問題への解決を示唆。〔内容〕I. 健康の維持・増進のための技術(食品の機能性の評価手法)，II. 安全な食品を確保するための技術(有害生物の制御／有害物質の分析と制御／食品表示を保証する判別・検知技術)，III. 食品産業を支える加工技術(先端加工技術／流通技術／分析・評価技術)，IV. 食品産業を支えるバイオテクノロジー(食品微生物の改良／酵素利用・食品素材開発／代謝機能利用・制御技術／先進的基盤技術)
おいしさの科学研 山野善正総編集 **お い し さ の 科 学 事 典** 43083-7 C3561　　A5判 416頁 本体12000円	近年，食への志向が高まりおいしさへの関心も強い。本書は最新の研究データをもとにおいしさに関するすべてを網羅したハンドブック。〔内容〕おいしさの生理と心理／おいしさの知覚(味覚，嗅覚)／おいしさと味(味の様相，呈味成分と評価法，食品の味各論，先端技術)／おいしさと香り(においとおいしさ，におい成分分析，揮発性成分，においの生成，他)／おいしさとテクスチャー，咀嚼・嚥下(レオロジー，テクスチャー評価，食品各論，咀嚼・摂食と嚥下，他)／おいしさと食品の色
日本果汁協会監修 **最新 果 汁・果 実 飲 料 事 典** 43060-8 C3561　　A5判 680頁 本体23000円	果実飲料の高品質化・多様化を目指す革新的技術の導入や輸入果汁の全面自由化など，わが国の果汁産業が遭遇している大きな変革期に即応して，果汁・果実の基礎から製造，管理までを総合的に解説。〔内容〕果汁の科学／果汁飲料製造・果実(カンキツ，リンゴ，ブドウ，モモ，他)／製品(果肉飲料，果粒入り果実飲料，混合果実飲料，乳性飲料，粉末飲料，冷凍果実飲料)／品質改善技術／製造機械・装置／副原料／材料(果実飲料用容器)／品質保証／試験法／副産物，排水・廃棄物処理
日本香料協会編 **香 り の 総 合 事 典** 25240-8 C3558　　B5判 360頁 本体18000円	香りに関するあらゆる用語(天然香料・香料素材，合成香料・製法・分析，食品香料・香粧品香料，香水，嗅覚・安全性・法規・機関など)750語を取り上げ，専門家以外にもわかるように解説した五十音配列の辞典。〔内容〕アビエス・ファー／アブソリュート／アルコール／アルデヒド／アロマテラピー／エッセンシャルオイル／オイゲノール／オードトワレ／グリーンノート／シャネルNo.5／テルペン合成／匂いセンサー／フェニル酢酸エチル／ポプリ／マスキング／ムスク／他
日本伝統食品研究会編 **日 本 の 伝 統 食 品 事 典** 43099-8 C3577　　A5判 648頁 本体19000円	わが国の長い歴史のなかで育まれてきた伝統的な食品について，その由来と産地，また製造原理や製法，製品の特徴などを，科学的視点から解説。〔内容〕総論／農産：穀類(うどん，そばなど)，豆類(豆腐，納豆など)，野菜類(漬物)，茶類，酒類，調味料類(味噌，醬油，食酢など)／水産：乾製品(干物)，塩蔵品(明太子，数の子など)，調味加工品(つくだ煮)，練り製品(かまぼこ，ちくわ)，くん製品，水産発酵食品(水産漬物，塩辛など)，節類(カツオ節など)，海藻製品(寒天など)

上記価格（税別）は 2010 年 7 月現在